城市湿地系统规划研究
——北京的探索与实践

北京市城市规划设计研究院

中国建筑工业出版社

图书在版编目（CIP）数据

城市湿地系统规划研究——北京的探索与实践/北京市城市规划设计研究院.
北京：中国建筑工业出版社，2011.4
ISBN 978-7-112-12935-5

Ⅰ.①城… Ⅱ.①北… Ⅲ.①城市-沼泽化地-环境规划-研究-北京市
Ⅳ.①P942.107.8

中国版本图书馆 CIP 数据核字（2011）第 030279 号

责任编辑：蔡华民　王　磊
责任设计：董建平
责任校对：王誉欣　姜小莲

城市湿地系统规划研究
——北京的探索与实践
北京市城市规划设计研究院
*
中国建筑工业出版社出版、发行（北京西郊百万庄）
各地新华书店、建筑书店经销
北京嘉泰利德公司制版
北京画中画印刷有限公司印刷
*
开本：880×1230 毫米　1/16　印张：12½　字数：310 千字
2011 年 10 月第一版　　2011 年 10 月第一次印刷
定价：**108.00** 元
ISBN 978-7-112-12935-5
（20333）

《城市湿地系统规划研究》
编　委　会

主　　编：潘一玲

副 主 编：王　军　张晓昕　韦明杰　马洪涛

顾　　问：柯焕章　朱嘉广　施卫良

参编人员：杨东方　魏保义　姜其贵　廖昭华

序

2010年初冬，很高兴读到北京市城市规划设计研究院编著的《城市湿地系统规划研究——北京的探索与实践》一书初稿。

目前，水生态环境恶化、水资源短缺和热岛效应等问题严重制约了我国城市，特别是北方城市的发展。湿地（Wetland）是地球上水陆相互作用形成的独特生态系统，是生物重要的生存环境，也是自然界最富生物多样性的生态景观之一。被誉为“地球之肾”的城市湿地系统能够在维护生物多样性、调节局地小气候和物质循环、调节水资源、改善水环境、控制洪水、丰富景观、提高城市品位、增加旅游资源等多方面为城市提供服务功能，是改善人居环境，创建宜居城市和社会可持续发展的必要条件之一。目前世界上很多国家都认识到湿地对生态城市建设的重要性，各种关于城市湿地监测、建设、恢复、重建和管理等方面的研究项目相继出现，并取得了很多研究成果，但这些研究成果往往局限于湿地的某特定方面的功能（如水质净化、生物多样性、景观、文化等）或某个具体的湿地。本次书针对上述影响城市发展的问题，结合城市湿地的功能，从宏观大尺度上，进行了多学科、大团队的集成性研究，明确了城市湿地的主要功能，开展了城市湿地不同效能的定量和定性研究，分析了城市湿地系统变化与城市发展之间的关系，研究了城市湿地不同功能的集成、城市湿地与城市发展和文化传承之间的集成，同时研究了城市湿地系统的规划方法和关键技术，包括各类主导功能湿地面积计算、空间布局优化确定、城市湿地生态需水计算、滨水带规划、城市湿地综合优化方法等，并在北京加以实践。相信这些经过认真整理的技术资料和实践经验，能使读者开卷有益。

通读本书，相信大家会在以下几个方面获得一定收获：

1. 在超大城市尺度上进行北京中心城地区城市湿地规划研究

本书以地处半湿润半干旱的季风性气候地区的特大城市北京中心城地区为具体研究对象，针对北京市宜居城市建设的需求和实际情况，研究了北京中心城地区城市湿地的主要效能和城市湿地规划编制的方法学和若干关键技术，以此为基础编制了北京中心城地区湿地系统规划。在宏观的城市规划层面上提出了北京中心城区湿地的适宜面积、各类主导功能湿地的数量、面积、空间布局、湿地生态需水量和水源保障方案等。

2. 在集成研究的基础上提出城市湿地生态需水量计算的新方法

本书在对国内外多种生态需水计算方法的比较研究基础上，选择生态功能法作为基准方法，提出了利用外包络线计算城市湿地生态需水的新方法。首先计算满足各种湿地生态功能目标的需水量，在此基础上利用外包络线的方法分析确定了最终的湿地系统生态需水量。

3. 利用学科交叉，研究了城市湿地的防洪效能，提出了利用蓄滞洪区建设湿地以及发挥城市湿地防洪效能的路线和方法

本书从水利防洪学科和环境系统工程学科的交叉角度，研究了城市湿地和蓄滞洪区的区别与联系以及城市湿地的防洪效能，提出了在城市湿地规划中利用防洪规划中的蓄滞洪区建设城市湿地。同时提出了蓄滞洪用湿地的概念，以在城市防洪规划中充分利用城市湿地的防洪效能。在此基础上研究提出了蓄滞洪用湿地面积计算、空间布局确定的方法，并编制了蓄滞洪用湿地规划。

4. 利用数值模拟方法进行了湿地对城市气候的影响分析

本书选取城市边界层模式和城市小区尺度模式，分别对城市湿地特别是湿地对于气候的影响进行模拟研究和分析，得到了不同尺度条件下湿地对于气候影响的结果，为科学合理制定湿地系统规划奠定了基础。

北京市城市规划设计研究院编制的这本新作，虽尚有一些不成熟之处，但其中也不乏真知灼见，方法和思路也是可以加以借鉴的。作为一个 30 多年来城市河湖湿地领域的亲历者，掩卷静思，甘苦自知，感触良多。匆匆记录于上，是为序。

中国水利水电科学研究院教高
中 国 工 程 院 院 士

前　言

湿地（Wetland）是地球上水陆相互作用形成的独特生态系统，是生物重要的生存环境，也是自然界最富生物多样性的生态景观之一。被誉为“地球之肾”的城市湿地系统能够在维护生物多样性、调节局地小气候和物质循环、调节水资源、改善水环境、控制洪水、丰富景观、提高城市品位、增加旅游资源等多方面为城市提供服务功能，是改善人居环境，创建宜居城市和社会可持续发展的必要条件之一。相关研究表明：城市湿地系统在各类城市生态系统中贡献最大，很多功能是其他系统无法取代的。

由于城市规模的不断扩张、降水量减少与地下水位下降，导致北京中心城地区的湿地面积大大减少，保存下来的也有相当一部分因污染严重而丧失了生态属性。同时，由于湿地面积的减少与城市建设用地的不断增加导致了城市热岛效应的增加、生态环境恶化、水资源短缺和季节性调配不均等问题，这严重妨碍了北京的城市居民的生存环境。

经国务院批准的《北京城市总体规划（2004～2020年）》确定了北京的发展建设要按照经济、社会、人口、资源和环境相协调的可持续发展战略，体现为国家的国际交往服务，为科技和教育发展服务，为改善人民群众生活服务的要求，将北京建设成为经济繁荣、文化发达、社会和谐、生态良好的现代化国际城市。并确定了将北京建设成为“国家首都、世界城市、文化名城、宜居城市”的宏伟目标。

北京市规划委员会从将北京建设成为宜居城市的高度上，提出了进行“北京中心城地区湿地系统规划研究”的任务，并委托北京市城市规划设计研究院承担此任务。北京市城市规划设计研究院在对本次规划研究任务进行深入发掘的基础上，提出了八个相关研究课题，并联合清华大学、中国环境科学研究院和北京市气象局气候中心等单位共同开展研究工作。在相关课题研究成果的基础上，北京市城市规划设计研究院汇总了各课题研究成果，并在此基础上编制了北京中心城地区湿地系统规划，分析了湿地系统与北京城市可持续发展间的战略关系，成功地完成了本次规划研究的任务。

本次研究是以北京中心城地区作为研究对象，工作分为湿地效能及湿地与城市发展关系的研究、湿地规划编制方法研究及中心城地区湿地系统规划三个组成部分。研究涉及生态、环境、水利、气象、景观、地理、城市规划等诸多学科，主要分为以下八个专题进行研究：（1）湿地系统的水质净化效能研究；（2）湿地系统的蓄滞洪水效能研究；（3）湿地系统对地下水资源的补充作用研究；（4）湿地系统的合理构成及对整个城市的自然生态系统影响研究；（5）湿地系统与城市景观建设的关系研究；（6）湿地系统与城市发展战略关系研究；（7）湿地对北京中心城地区气候的影响研究；（8）湿地系统生态需水量研究。北京中心城地区湿地系统规划主要包括：湿地系统布局方案，滨水带规划、水源规划、面源污染控制规划、规划分期实施及保障措施等，可以指导北京中心城地区湿地系统的保护、恢复和建设，从而使湿地系统在北京城市建设中发挥其重要的作用。

本次研究得到了北京市水务局、北京市水文总站、朝阳区水务局、昌平区水务局、房山区水务局、海淀区水务局等单位的大力支持，在此表示感谢。本研究成果可供城市规划、环境工程、水利工程等相关专业的规划设计和研究人员参考使用。

目　录

第1章　概述

1.1　城市湿地概念解析

1.1.1　主要的湿地定义

湿地一般是指从水体到陆地的自然过渡地带。最早关于湿地的定义是在1956由美国渔业和野生动物局（Fish and Wildlife Service）为保护候鸟及鱼类资源而提出的："湿地指的是被浅水、暂时或间歇水体所覆盖的低地……它包括以出露植被为明显特征的浅湖和池塘；但是不包括永久性河流、水库和深湖泊的水面，以及那些对湿地植被生长没有什么效果的暂时性水面"。这一定义列出了湿地的2个基本特征，即湿地水文和湿地植物。1979年，加拿大国家湿地工作组（Canadian National Wetlands Working Group）对湿地进行了如下定义："湿地是指那些水位在地表、接近或高于地表，因而使得土壤在相当长的时间内处于饱和状态的地带。这些条件促成了湿地即水生过程，具体表现为湿地土壤、水生植物和各种适于潮湿环境的生物活动。"这一定义引入了湿地的第三个基本特征，即湿地土壤。同年，美国渔业和野生动物局对湿地的定义进行了补充修改：湿地是指从陆地系统向水系统过渡的地带，其地下水位通常是处于或接近地表，或整个地带被浅水覆盖。湿地应至少具备下面3项特征中的一个：（1）至少间歇地支持以湿地植物为主的植被；（2）基层主要是未被排水的湿地土壤；（3）如基层不是土壤，则在每年生长期的一段时间内处于饱和状态或被浅水所覆盖。与加拿大的湿地定义相比，渔业和野生动物局的定义有2处较大的改动：一是湿地不必常年支持湿地植物；二是湿地可以在特殊条件下只具有3项指标中的一个。在美国水资源保护中具有里程碑地位的净水法案（Clean Water Act，1977）中第404条将湿地定义为："能够在一定的保证率情况下，在特定的时段内被地表或地下水淹没或饱和的地带，并且在正常情况下支持适宜于饱和土壤条件下生活的植被生长……"。1993年，由美国国家科学院任命一个委员会（National Research Council，NRC），在对湿地的特征进行科学评价的基础上，提出了："湿地是一个依赖于基质的表面或附近持续的或周期性的浅层积水或饱和的物理、化学、生物特征。通常的湿地的诊断特征为水成土壤和水生植被。除非特殊的物理、化学、生物条件和人为因素，使得这些特征消失或阻碍它们发育，湿地一般具备上述特征。"在这个定义中提出的水成土壤以及水生植被等名词成为今后湿地定义的常备名词。同年，英国学者Lloyd等人定义湿地是"一个地面受水浸润的地区，具有自由水面。通常是四季有水，但也可以在有限的时间段内没有积水，自然湿地的主要控制因子是气候、地形和地质。人工湿地还有其他控制因子。”随后，在1995年，美国农业部通过其下属的自然资源保护联盟（NRCS）在“食品安全行动”列出了“Swamp Buster”的条款，湿地被定义为：“湿地是一种土地，它具备一种占优势的水成土壤；经常被地表水或地下水淹没或饱和，生长有适应饱和土壤环境的典型水生植被；在正常情况下，生长有一种这样的植被。”[1,2,3,4,5,6,7]

可见，国际上对湿地的定义有很多种，虽然各有侧重，但基本都是以湿地的3个特征作为识别湿地的依据，即湿地水文、湿地植物和湿地土壤。也就是说，湿地具有积水或淹水土壤、厌氧条件和相应的动植物等特殊性质，使其在本质特征上既不同于陆地生态系统也不同于水体生态系统的独特生态系统。

与上述湿地定义侧重点不同的是关于湿地的国际重要性的拉穆萨公约（Ramsar Convention on Wetlands of International Importance，简称Ramsar Convention）对湿地的定义，即“湿地是指不问其为天然或人工、长久或暂时性的沼泽地、泥炭地、水域地带，静止或流动的淡水、半咸水、咸水，包括低潮时水深不超过6m的海水水域”。从定义中可以看出它将一些水体本身以及诸如稻田、鱼塘一类的人工系统也包括在内[2]。Ramsar Convention作为一个世界性的环保组织，在推动全球范围内包括湿地保护在内的各种环保工作中起到了积极作用，先后在25年中帮助包括中国在内的近百个国家开展了湿地保护工作[8]，从而成为目前国际上通用的湿地定义。

1.1.2 目前湿地定义存在的问题

虽然Ramsar Convention中关于湿地的定义已经为大多数国家认可，但是它对湿地较为广泛的定义也受到了一定的批评。在Ramsar Convention的定义中，湿地除了从陆地到水体的过渡带外，还包括江河湖泊等水体以及一些以生产为目的的人工系统：“无论是自然还是人工形成的，永久还是暂时的，淡水、微咸水还是咸水……”。根据这个定义，湿地除了过渡带以外，还包括河渠、稻田与虾蟹池等。这种扩大的定义表面上似乎有利于在更广泛领域内开展湿地研究和保护工作，但在无形中却分散了湿地保护工作的焦点，同时增加了在实践中进行湿地保护的困难。相关文献[2]指出，如果按照Ramsar Convention对湿地的定义，整个印度次大陆的农田都是湿地。而对这种所谓的“湿地”进行保护是根本不现实的。这个与实际管理脱节、缺乏科学根据的定义主要是由于Ramsar Convention只讲环境保护，不讲其配套管理的工作重点造成的。

此外，将水体本身及一些人工系统也划分为湿地，对湿地的研究和保护有两方面不利因素。首先，从湿地作为“地球之肾”的功能来说，正是由于其处于过渡带的特殊地理位置，它可以隔断污染物进入江河湖泊这些自然界中扩散性强的系统的途径，并在这些污染物对人类造成危害之前将其消化、分解。同时Ramsar Convention湿地定义中的人工与天然湿地无论在形式还是在功能上都不能相提并论。在把天然湿地转化成人工湿地以后，自然湿地原有的、能够改善人类生活环境及为野生动植物提供栖息地或繁殖地等许多功能都会消失。所谓的“人工湿地”，尽管具备湿地的一些特征，已经是与天然的湿地迥然相异的系统。这里需要特别指出的是，所谓“人工湿地”与国际上习用的“人工建成的湿地（Constructed Wetlands）”是两个完全不同的概念，前者是指如水渠、水库、稻田、虾蟹池这样的人工系统，而后者是指在人为因素下建成的“自然”湿地系统。例如，美国为了减少农业对佛罗里达州大滩涂磷的输入，在农田与水系的交界面上，通过修筑堤坝和导流建筑建立了大片的湿地，对农业排水进行预处理。其次，就湿地自身保护来说，对湿地的这种广义定义也是不利的。由于过渡带湿地所处的特殊地理位置，以及它所带来的环境效益很难用金钱来衡量，它在遭受人类活动破坏的过程中首当其冲。过渡带的面积通常比水体面积要小得多，当其受到破坏时往往不被人们所重视。例如，一个直径为 10km 的圆形湖泊，总面积为 78.5km^2。假设从湖面水体到陆地过渡带的宽度为 300m，则过渡带的面积约为 9.4km^2，仅占总面积的 11.9%。所以，Ramsar Convention 对湿地的定义无形中降低了保护过渡带湿地的意义。

1.1.3　城市湿地定义的提出

如前所述，目前按照 Ramsar Convention 中的定义进行城市湿地系统的规划将存在诸多问题，因此，在本次研究中，笔者认为为了更好地进行城市湿地系统的规划与建设，对其定义应该分为两类，即科学定义与管理定义。

其中，科学定义应该从生态学的角度对城市湿地系统进行定义，其目的是为了进行科研。而管理定义则应该从便于政府部门进行管理的角度进行定义，其目的是合理界定城市湿地的范围，从而为城市湿地的建设与保护提供支持。综合之前的诸多定义，本次研究认为，从城市规划与管理的角度出发，城市湿地系统的管理定义为：分布于城市（镇）内除河道、湖泊外的天然或人工、长久或暂时性的水域地带称为城市湿地。

1.2　城市湿地的国内外研究进展概况

1.2.1　国际研究进展

国际上就城市湿地开展的研究，已有久远的历史。城市建设过程中，河湖水系或沼泽都是城市规划布局的内容和对象，如古罗马城地下排水系统与河道的组合关系[9]。特别是一些“河道城市”，城市建设与防洪系统建设都是并行的。随着人类对城市问题认识的深入，对城市湿地的水质监测、园林保护，湿地对人类活动的影响等方面的研究日益增多[10,11,12]。

将城市湿地系统作为研究对象的研究，是近十几年才提出的。随着城市的发展，城市化进程不断加快，城市环境问题日益突出，湿地被侵占、改造以至消亡，影响到人类自身的健康发展[13]。美国、澳大利亚、瑞典、英国等世界上湿地研究较为先进的国家，其在城市湿地研究方面也是领先的。其中 Laura E J 和 Joan G E 等人[9,14,15,16,17]，首先意识到了湿地在城市景观规划中的地位和作用。城市是人类高度集中的区域，要想在城市中建立和谐健康的人居环境，湿地是必不可少的规划基础内容之一。在一些发展中国家，如非洲的乌干达、亚洲的印度等[18,19]，也都普遍意识到了城市湿地对城市发展不可忽视的地位和作用。

目前世界上更多的国家都认识到湿地对建设生态城市的重要性，各种关于城市湿地保护、恢复、重建、规划等方面的研究项目和研究组织相继出现[20,21,22]，并取得了一定的研究成果，尤其是建造人工湿地进行水质净化方面，成就更为突出。

总的看来，国际上对城市湿地的研究已经相当活跃，涉及各个领域。但在广度上尚未形成综合性强的成果，在深度上有许多基础理论问题尚在讨论，目前尚缺少系统的城市湿地规划方面的成果或专著。

1.2.2 国内研究进展

从城市湿地科学的角度来看，我国在这方面的研究开展得较晚。在1995年召开的中国湿地科学研讨会及随之出版的文献中，尚未见到城市湿地的概念。但近几年我国城市湿地研究却出现了良好的开端，专业文献增多，涉及了城市湿地的主要领域。例如在基础理论方面，潮落蒙等初步论述了城市与湿地的关系，指出了湿地是城市生态环境结构中十分重要的组成部分，是城市生态系统的核心内容。现代城市已不再是单纯的追求经济利益，而是向生态型、可持续型城市发展[23]。

在应用基础方面，俞孔坚等将城市湿地列为城市生态基础建设的十大战略之一[24]。一些学者讨论了城市湿地的功能和综合评价，论述了城市湿地与生态城市发展的关系[25]。许多地区开展城市湿地的恢复研究，特别是在松花江流域的长春、哈尔滨，海河流域的天津，黄河流域的济南，长江中下游地区的杭州市、上海市等，西北地区的西安市，以及青藏高原的拉萨市拉鲁湿地区，都实施了城市湿地恢复的重大生态工程[26,27,28,29,30,31]。值得特别指出的是山东荣成建成了首个国家级的城市湿地公园。

在湿地生态工程方面，全国有数十个城市开展城市人工湿地污水处理的试验研究，不少已投入生产。如天津设计的人工湿地污水处理系统工程，在功效上已经接近国际先进水平，并突破了冬季不能运行的难关[8,32]。在政府行为方面，北京、天津、南京等许多城市在城市生态规划中列入相关内容[33,34,35,36]。继山东荣成建成中国第一座现代概念的城市湿地公园之后，南京、杭州、哈尔滨等数十座城市都拟定了城市湿地公园计划。

在学术交流与社会教育方面，北京在2003年成立了全国第一所结合湿地科研与公众教育的学校——北京湿地学校。2004年在唐山召开了中国首次城市湿地保护学术讨论会。中科院与高校等多部门与政府合作，对北京的河流、湖泊及沼泽湿地开展了多层次综合研究，并对生态奥运提出科学建议。

总体来看，我国在城市湿地研究的某些方面取得了一定的初步成果，但仍属于起步阶段，与发达国家相比仍有差距，此外，目前针对城市湿地的研究往往局限于某特定方面的功能（如水质净化、自然湿地保护等），故在规划层次上进行城市湿地的系统性研究将是今后湿地研究的发展方向。

1.2.3 北京市的湿地研究进展

2001年4月由北京市林业局牵头，会同市计委（现市发改委）、市建委、市教委、市科委、市农委、市财政局、市公安局、市交通委、市园林局等单位，共同制订了《北京市湿地保护工作计划》。此工作计划共分为六个部分，分别介绍了北京市湿地概况、北京市湿地保护管理的现状、湿地保护与利用存在的主要问题、北京市湿地保护的重要意义、北京市湿地保护与合理利用的指导思想与目标、北京市湿地保护行动内容。此工作计划在自然湿地的保护与利用方面，内容十分全面，也成为了北京市自然湿地保护与利用的重要文件。但由于该工作计划主要集中于自然湿地的保护与利用，没有对城市湿地，特别是人工湿地系统进行研究。

1.2.4 城市湿地研究中存在的主要问题

1. 城市湿地的分类尚需完善

综合分析国内外已有的关于湿地分类的研究成果，目前见到的分类系统中，只有美国环境保护局的分类中见到城市湿地。城市湿地综合分类系统还未形成。城市湿地在湿地大系统中的位置，以及自身的分类体系，都是复杂的研究内容。而城市湿地的完善分类是进行城市湿地系统规划的基础，因此这方面的分类方法亟待确立。

2. 城市湿地学的综合研究薄弱

城市湿地在城市建设中的重要性越来越被人们意识到，但人们对城市湿地的研究都还只停留在单要素的探讨[10,11,12,14]，没有明确的研究内容，国内外都还没有关于城市湿地理论体系方面的报道。这对于城市湿地作为一门学科的发展来说，缺乏理论支持。

3. 城市湿地研究方法体系的确立

作为特殊的湿地综合体，城市湿地的研究也需要有先进、实用的研究方法来支撑。因此现在急需确立城市湿地的研究方法体系。这已经成为限制城市湿地向前发展的制约因素。

4. 城市湿地的优先发展领域和未来发展方面

目前来看，城市湿地的研究具有明显的自发性，既缺乏整体布局系统，也缺乏学科特色。因此，城市湿地研究亟待确立优先发展领域以及未来的主要发展方向。

1.2.5 城市湿地研究发展方向展望

综合城市湿地科学发展所面临的问题，城市湿地系统的研究未来的发展方向主要集中在以下几个方面：

1. 基础理论方面

未来城市湿地研究的基础理论研究主要方向为：城市湿地的分类方法，湿地系统物质循环研究，湿地功能的综合评价方法，城市湿地的监测系统。

2. 应用基础方面

未来城市湿地研究的应用基础研究主要方向为：城市湿地规划理论与方法，生态城市的城市湿地设计，城市湿地管理法规，城市湿地的供水潜力分析。

3. 工程应用研究

未来城市湿地研究的工程应用研究主要方向为：高效人工湿地处理污水技术，城市湿地修复技术，人工湿地建设技术，城市湿地公园建设。

1.3 项目情况概述

1.3.1 项目背景

湿地（Wetland）是地球上水陆相互作用形成的独特生态系统，是生物重要的生存环境和自然界最富生物多样性的生态景观之一。按照国际湿地公约（Ramsar公约）中的定义："湿地是指不问其为天然或人工、长久或暂时性的沼泽地、泥炭地、水域地带，静止或流动的淡水、半咸水、咸水，包括低潮时水深不超过6m的海水水域"。

经国务院批准的《北京城市总体规划（2004～2020年）》确定了北京的发展建设要按照经济、社会、人口、资源和环境相协调的可持续发展战略，体现为中央党、政、军领导机关的工作服务，为国家的国际交往服务，为科技和教育发展服务，为改善人民群众生活服务的要求。将北京建设成为经济繁荣、文化发达、社会和谐、生态良好的现代化国际城市。并确定了将北京建设成为"国家首都、世界城市、文化名城、宜居城市"的宏伟目标。在建设宜居城市的过程中，必须坚持以人为本，切实改善居住环境，满足人民群众物质、文化、精神和身体健康的需要，提高人民群众的居住和生活质量。

但是，在建设宜居城市的过程中，生态环境恶化、水资源短缺和热岛效应等问题严重制约了宜居城市的建设步伐。这些问题的解决也成为了北京建设宜居城市的关键所在。

被誉为"地球之肾"的城市湿地系统能够在维护生物多样性、调节局地小气候和物质循环、调节水资源、净化水环境、控制洪水、丰富景观等多方面为城市提供服务功能。相关研究表明：城市湿地系统在各类城市生态系统中贡献最大，很多功能是其他系统无法取代的。对于保障城市生态环境安全和维持城市可持续发展有着极其重要的作用。针对北京中心城地区的具体情况，湿地系统可以在增加城市水面面积、美化城市景观、调节小气候、维护生物多样性、补给地下水、调蓄洪水、改善水环境、提高城市品位、增加旅游资源等方面发挥重要的作用，是改善人居环境，创建宜居城市和社会可持续发展的必要条件之一。

目前，由于城市规模的不断扩张，很多自然湿地已经逐渐消失，保存下来的湿地中也有相当一部分因污染严重而丧失了湿地的生态属性。20世纪70年代以来，我国海河流域的湿地系统的退化以及水生态环境日趋恶化，已影响了流域内社会经济的可持续发展。作为海河流域内最重要的大城市，北京城市湿地系统的规划和建设对于整个海河流域水生态恢复将有着极大的推动作用。正是在这个背景下，北京地区从"第八个五年计划"开始陆续开展了一些湿地的研究工作。但是，对于城市湿地系统的综合性研究不够。

为了更好地发挥湿地的功能与作用，把北京建设成为宜居城市，必须改变目前"重绿地、轻湿地"的现状，加强对于城市湿地的保护、建设和研究，编制科学的、可操作性强的湿地系统规划。

本次关于城市湿地的系统性研究尚属首次，这一工作的开展不仅将为北京市，更将为全国范围内湿地系统的规划研究工作开辟一条新路，该项研究的开展及研究成果的推广无疑对城市的可持续发展有着极其重要的作用。

北京市规划委员会，从将北京建设成为宜居城市的高度上，提出了进行"北京中心城地区湿地系统规划研究"的任务，并委托北京市城市规划设计研究院承担此任务。北京市城市规划设计研究院在对本次规划研究任务进行深入发掘的基础上，提出了六个相关研究子课题，并联合清华大学、中国环境科学研究院和北京市气象局气候中心等单位共同开展研究工作。在相关子课题研究成果的基础上，北京市城市规划设计研究院汇总各子课题研究成果，并在此研究基础上编制了北京中心城地区湿地系统规划，分析了湿地系统与北京城市可持续发展间的战略关系，完成了本次规划研究的任务。

1.3.2 项目研究意义与必要性

由于城市建设用地增加、降水量减少与地下水位下降，导致北京湿地及水域面积大大减少。湿地系统的减少与城市建设用地的不断增加导致了城市热岛效应的增加、生态环境恶化、水资源短缺和季节性调配不均等问题，严重妨碍了将北京建设成为宜居城市的目标。因此，将北京建设成为“宜居城市”的过程中，必须在湿地系统建设中投入较大精力，使湿地的建设与城市的发展相协调。本次研究的意义具体表现为：

（1）为北京创建“宜居城市”，合理确定北京中心城地区的人均水面面积提供依据；

（2）构建“以人为本”的和谐社会，增加中心城地区水面面积，调节小气候，为创造良好的中心城地区景观效果以及城市生态的修复与建设提供基础；

（3）充分利用水资源，开展雨洪利用，为缓解本市地下水资源紧缺状况提供支持；

（4）保障城市防洪安全，贯彻北京市防洪规划，控制本市出境洪水，为在本市境内滞蓄超标准洪水创造条件；

（5）为协调北京中心城地区河湖湿地系统与城市建设用地、道路系统的矛盾，控制中心城地区河湖湿地系统的占地提供依据；

（6）为改善城市环境，对污水处理厂的部分退水和初期雨水进行深度处理，改善水环境，从而为北京创建“宜居城市”提供环境和市政建设方面的有力支持；

（7）为恢复部分历史河湖湿地，提升城市文化品位，增加旅游资源提供有力的支持。

1.3.3 研究范围

1.3.3.1 研究时间范围界定

本次研究的时间范围为：2006～2020年。

1.3.3.2 研究空间范围界定

由于城市水系统是一个关联的整体，因此在对城市水系统进行研究的过程中不能将水系割裂开来进行研究，故而在本次研究中，没有按照行政边界进行研究，而是按照水系情况进行研究，其具体表述为：南起新凤河至凉水河，北抵南沙河，西起永定河，东至温榆河至北运河，包括北京市中心城地区和海淀山后地区，总面积约1845km^2，见图1-1。

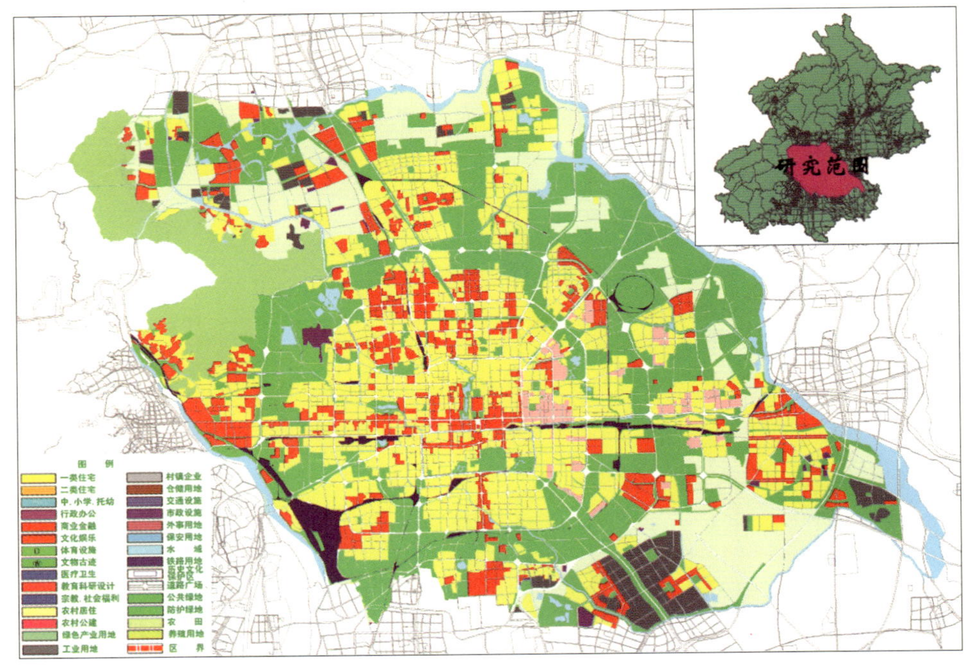

图 1-1 研究范围示意图

1.3.4 研究对象范围界定

本次研究的对象为城市湿地，即在研究空间范围内除水田以及鱼塘外的天然或人工、长久或暂时性的水域地带，包括研究范围内的全部天然或人工的河道、湖泊与蓄滞洪区。

1.3.5 研究区域情况分析

1.3.5.1 自然概况

北京位于华北平原的北端，西靠太行山脉的西山，北依燕山山脉的军都山，北部和西部群山环抱，山岭连绵，东南面向平原，地势从西北向东南倾斜。全市总面积约 16405km^2（其中山区约 10066km^2，平原约 6339km^2），分为 16 个区县，其中城近郊区 6 个，包括东城、西城、朝阳、海淀、丰台、石景山区；远郊区县 10 个，包括门头沟区、房山区、通州区、顺义区、昌平区、大兴区、平谷区、怀柔区、密云县、延庆县。

北京地处中纬度，属温带大陆性季风气候。其特征是：春季干旱多风，夏季高温多雨，秋季天高气爽，冬季寒冷晴燥。多年平均气温 12℃，一月份气温最低，平均气温 -4℃；七月份气温最高，平均气温 26℃。据 1956～2000 年平原地区年降雨量资料统计，多年平均降水量为 585mm，年均降水总量约为 98 亿 m^3，其中山区降水量为 577mm，降水总量约为 60 亿 m^3；平原降水量为 597mm，降水总量约为 38 亿 m^3。由于受到季风气候及地形的影响，降雨具有时空分布极不均匀，年际变化悬殊，丰枯交替发生等特点。丰水年与枯水年相比，全市平均降水量可差 3.5 倍，个别地区可差 5.8 倍，丰枯年连续出现时间一般为 2～3 年，最长连续丰水年可达到 6 年，连续枯水年可达 9 年，据历史记载最长枯水期曾达到 20 年。降雨量年内分配很不均匀，一般年份汛期（6～9 月）雨量约占全年降水量的 85%，丰水年汛期雨量可占 90% 以上，其中最大三天雨量可占全年 30% 左右。这些特点造成北京市河湖汛期洪水大，洪涝灾害严重，平时又无水源的不良自然状况。

北京市的洪涝灾害历来都很严重，威胁着首都人民的生命财产安全和社会经济的发展。据史料记载，从金代开始至 1949 年的 834 年中，永定河决口、漫溢、改道共 150 余次，平均每 5 年发生一次洪水灾害。如 1668 年 7 月大暴雨，浑河（永定河）发水，冲决卢沟桥及堤岸，直入正阳、崇文、宣武、齐化诸门。1890 年永定河洪水冲入西便门一带，护城河水深丈余，朝阳门外水浸过桥，自六月初一至初九断绝行人。新中国成立以来中心城地区也发生过 1959 年、1963 年大暴雨，对中心城地区造成灾害最严重的是 1963 年 8 月 8 日至 8 月 9 日的特大暴雨。

1.3.5.2　研究区域面积及人口情况

本次研究范围的面积为 1845km^2，较北京中心城 1085km^2 的面积大。主要增加区域为：海淀山后地区、顺义区温榆河南岸地区、大兴区凤河及凉水河北岸地区、通州区北运河以西地区。

根据《北京城市总体规划（2004～2020 年）》，中心城在 2020 年的人口为 850 万人。对于新增加的 4 个区域，根据其规划住宅用地的面积测算人口，结果为海淀山后地区 35 万人，顺义区温榆河南岸地区 16 万人，大兴区凤河凉水河北岸地区 17 万人，通州区北运河以西地区 32 万人，合计新增人口约为 100 万人。故本次研究区域内的总人口约为 950 万人。

1.3.5.3　研究区域河湖水系概况

北京地处海河流域，有大小河流 100 余条，长约 2700km。这些河流分属于大清河水系、永定河水系、北运河水系、潮白河水系、蓟运河水系等五大水系，并成为北京平原区地下水的主要补给源。上述五大水系携带的砂砾等松散颗粒物形成了北京冲洪积扇平原。永定河位于城市上游，是北京市的防洪重点河道。北运河位于城市下游，是城市河道排水的尾闾，其上游的温榆河是源于北京境内的唯一河流。新中国建立以来，为了防洪排水和城市供水，先后修建了官厅、密云、海子、怀柔等 85 座大、中、小型水库。

在本次研究范围内有南沙河、清河、坝河、通惠河、凉水河等五条主要排水河道及其 40 多条主要支流，河道总长度约 460km（主要属北运河水系）。这些河道担负着北京中心城的防洪排水、供水、美化环境、调节小气候的作用。其中护城河、筒子河、土城沟、通惠河、长河等河道是在不同历史时期人工开挖而成，新中国成立后，为解决城市供水又先后修建了引水进城的永定河引水渠和京密引水渠。但是，近些年，由于北京市水资源紧缺，中心城河道中只有永定河引水渠、京密引水渠、南护城河、通惠河（高碑店闸以上）、长河、北护城河基本常年有水，其余河道基本没有常年补给水源。

近十年来，随着我国经济实力的大幅度提高，以及政府对市政基础设施的高度重视，北京市水利建设进入一个新的发展时期，为提高城市防洪能力，改善水环境和城市景观，对市中心区河湖水系进行了综合整治，按照景观河湖要求，先后治理了长河、昆玉河、筒子河、转河、菖蒲河，其中，昆玉河和长河还实现了通航。并对清河上段、万泉河、马草河下段、坝河（酒仙桥段）、北小河（望京段）等河道进行了治理，提高了河道的输水、防洪能力。在大力进行河道综合整治的同时，先后治理了“六海”、紫竹院湖、动物园湖、玉渊潭湖等湖泊。

1.3.5.4 北京地区水资源现状分析

2001～2005年期间，北京地区平均年降水量为424.54mm，比常年平均降水量少160.06mm。五年中，2001年降水量最少，只有338.9mm，2004年降水量最多，为485.5mm。2005年降水量为483.0mm。

2001～2005年期间，北京地区水资源短缺形势严峻，全市水资源总量为16亿m^3～21亿m^3，相当于多年平均的43.0%～57.1%。其中，地表水资源量由2001年的7.78亿m^3降至2005年的5.77亿m^3，相当于多年平均的29.6%～46.0%；地下水资源量呈下降趋势，由2001年的15.75亿m^3降至2005年的14.65亿m^3，相当于多年平均的57.2%～64.6%。

1.3.6 研究指导思想与原则

以邓小平理论和“三个代表”重要思想为指导，以全面建设小康社会和实现现代化为目标。贯彻落实以人为本，全面、协调、可持续的科学发展观，不断提高构建首都和谐社会的能力，努力创建宜居城市。有效发挥湿地系统在提高人居环境质量中的作用，充分满足人们对于湿地系统的多重要求。同时，严格按照以下原则进行规划研究：

1. 贯彻统筹人与自然和谐发展的原则，协调好人口、资源和环境的规划配置，协调好城市防洪安全、城市生态安全与城市建设的关系。

2. 贯彻建设资源节约型和生态保护型社会的原则。充分贯彻国家第十一个五年规划中的要求，利用湿地系统的水质净化效能提高水资源利用率并保护好北京市的生态环境。

3. 贯彻好建设宜居城市的原则。通过湿地系统的建设，将北京建设成为山川秀美、空气清新、环境优美、生态良好、人与自然和谐、可持续发展的生态城市。

4. 贯彻统一规划、统筹兼顾的原则。使城市建设与城市湿地建设相协调，使湿地建设规划与流域防洪规划相协调。

1.3.7 研究内容

本次研究涉及生态、环境、水利、气象、景观、地理、城市规划等诸多学科，为了更好地完成本次研究，分为以下几个专题进行研究并分别编写分报告：

专题1：北京中心城地区湿地系统的水质净化效能研究

主要内容：在北京市特定的气候条件下，研究各类型湿地在水质净化方面的效能及湿地系统对北京市水环境改善的贡献；确定湿地系统用于污水处理厂出水深度处理的一些设计参数；探讨污水处理厂二级出水及初期雨水经城市湿地净化后回灌地下的可行性。

专题2：北京中心城地区湿地系统生态用水研究，调蓄洪水作用及其对地下水资源补充作用研究

主要内容：湿地系统生态用水的水量及水源；北京市现有及未来水资源条件下可

供给湿地系统生态用水的水量；湿地系统与蓄滞洪区的关系研究；利用湿地系统对地下水资源补给作用研究。

专题 3：北京中心城地区湿地系统对北京中心城地区气候的影响研究

主要内容：研究北京中心城地区湿地面积的变化、布局对北京中心城地区气候的影响，主要涉及对温度、湿度及风场的影响。

专题 4：北京中心城地区湿地系统的合理构成及对整个城市的自然生态系统影响研究

主要内容：研究维持湿地系统自身健康发展所需的地质条件、动植物等一系列生态条件；探讨湿地系统的增加、布局对于整个城市的自然生态系统的影响及其对维护生物物种多样性所起的作用。

专题 5：北京中心城地区湿地系统与城市景观建设的关系研究

主要内容：研究如何利用湿地系统创造优美和谐的城市景观，美化北京中心城地区环境。

专题 6：北京中心城地区湿地系统与城市发展战略关系研究

主要内容：协调北京中心城地区湿地系统与中心城地区土地利用规划的关系；确定北京中心城地区历史文化名城建设需要恢复的历史古河道、古湖泊、历史湿地；探讨湿地系统建设对北京市及整个海河流域社会经济可持续发展的贡献。

由于本次研究是应用性研究，其最终目的是形成合理的、可操作性强的北京中心城地区湿地系统规划，以指导北京中心城地区湿地系统的保护恢复和建设，从而使湿地系统在北京城市建设中发挥其应有的作用。因此，以上六个功能性专题研究的目的均为服务于总报告要求，最终的北京中心城地区城市湿地系统规划及总报告将涉及以上六个方面的内容并且提出适合北京实际的湿地建设规划方案。

1.3.8 技术路线

城市湿地的建设是建设宜居城市的重要条件之一，在进行城市湿地系统研究的过程中，首先，要对城市湿地系统的各种效能进行研究，湿地系统对于城市的效能主要包括：水质净化、调蓄雨洪、景观、保持生物多样性、调节小气候、回补地下水、提升城市文化品位等。

其次，要在基础研究的基础上，对湿地系统规划方法进行分析研究，主要包括不同类型湿地的面积确定方法，空间布局方法以及滨水带规划方法。

最后，要以北京中心城地区作为案例研究对象，编制城市湿地系统规划，为建设宜居城市提供依据。规划主要包括：湿地系统布局方案、滨水带规划、水源规划、面源污染控制规划、规划分期实施及保障措施。研究技术路线，见图 1－2。

图1－2　研究技术路线示意图

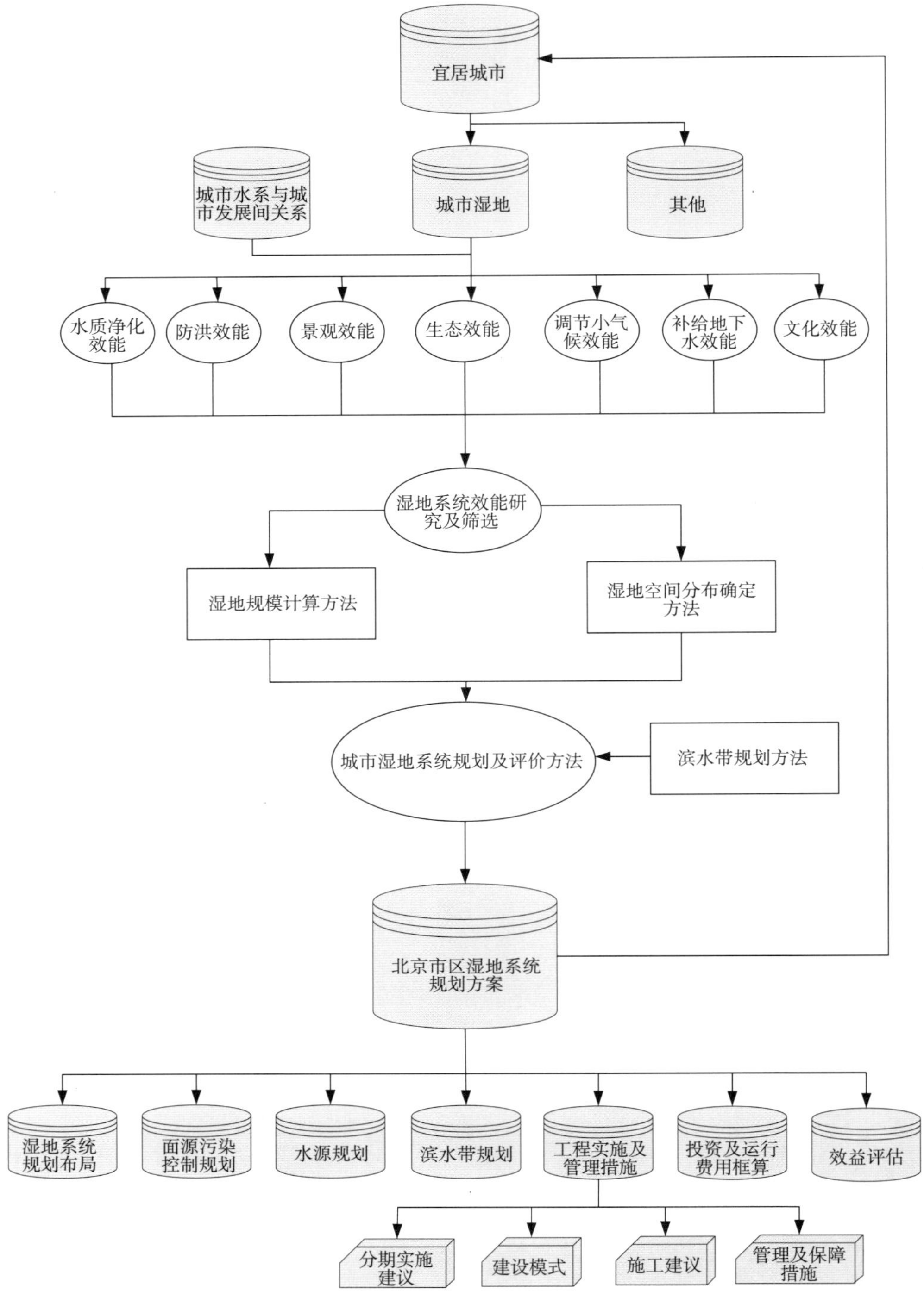

第 2 章　北京湿地现状与问题解析

水是生命之源，人的生产、生活都离不开水，因此，城市的发展也与水有着密切的关系。本章将分别从北京的基本情况、北京城市湿地历史情况、北京城市湿地现状和存在问题等方面对北京城市湿地的现状和存在问题进行解析。

2.1　研究区域基本情况

2.1.1　自然概况

北京位于华北平原的北端，西靠太行山脉的西山，北依燕山山脉的军都山，北部和西部群山环抱，山岭连绵，东南面向平原，地势从西北向东南倾斜。区域自然条件及洪涝灾害概况，详见 1.3.5.1。

2.1.2　社会经济概况

2.1.2.1　人口规模

1990 年人口普查显示，北京常住人口（户籍人口和居住半年以上的外来人口）1082 万人，2003 年常住人口达到 1456 万人，1990 ~ 2003 年常住人口共增加 374 万人，增长 34.6%，年均增长率为 22.3‰，其中自然增长率为 9‰，人口迁移增长率为 7.3‰，外来人口增长率为 150‰。根据《北京城市总体规划（2004 ~ 2020 年）》，中心城在 2020 年的人口为 850 万人。对于新增加的 4 个区域，根据其规划住宅用地的面积测算人口，结果为海淀山后地区 35 万人，顺义区温榆河南岸地区 16 万人，大兴区凤河凉水河北岸地区 17 万人，通州区北运河以西地区 32 万人，合计新增人口约为 100 万人。故本次研究区域内的规划总人口约为 950 万人。

2.1.2.2　城镇建设用地规模

近几十年来，经济持续快速增长，城市建设规模不断扩大，城镇建设用地规模量达到历史最高水平。1990 ~ 2002 年，全市共新增城镇建设用地 542km^2，全市城镇建设用地规模达到 1150km^2。其中中心城城镇建设用地规模约 630km^2，远郊地区城镇建设用地规模达到 500km^2。根据《北京城市总体规划（2004 ~ 2020 年）》，综合考虑城市发展的需要和土地资源相对匮乏的状况，满足可持续发展的要求，2020 年城镇建设用地规模控制在 1650km^2 以内，新增城镇建设用地 500km^2。其中，中心城在 2020 年的规划建设用地为 778km^2。对于新增加的 4 个区域，海淀山后地区 109km^2，顺义区温榆河南岸地区 60km^2，大兴区凤河凉水河北岸地区 65km^2，通州区北运河以西地区 95km^2，合计新增建设用地面积约为 329km^2。故本次研究区域内的规划总城镇建设用地约为 1107km^2。

2.1.2.3 产业发展与布局

近十几年来，北京产业规模持续扩大，经济发展水平快速提高，2003 年地区生产总值达到 3663.1 亿元，人均地区生产总值达到 3040 美元，与 1990 年相比，分别增长了 6.3 倍和 5.1 倍。同时，产业结构发生了显著变化，从第二产业主导转变为第三产业主导，三次产业的比重从 1990 年的 8.8∶52.4∶38.8 变化为 2003 年的 2.6∶35.8∶61.6。根据《北京城市总体规划（2004～2020 年）》，到 2020 年，北京地区国内生产总值将达到 15000 亿元，人均 GDP 突破 10000 美元；第三产业比重超过 70%，第二产业比重保持在 29% 左右，第一产业比重降到 1% 以下。其中，对于第一产业在西北和北部山区重点发展观光农业、林果种植业和养殖业，在平原地区重点发展设施农业、观光农业、农产品加工等高附加值农业；对于第二产业，重点发展电子信息、光机电、生物医药、汽车制造、新材料等高新科技产业和现代制造业，鼓励发展服装、食品、印刷、包装等都市型工业；对于第三产业，要进一步完善传统商业服务业，充分发挥首都功能的优势，大力发展现代服务业，重点发展金融保险、商业、物流、会展、文化、旅游、房地产等产业。

2.2 北京城市湿地历史概况

北京是历史悠久、世界闻名的文化古都，距今已有三千多年的历史。历史上的北京曾是一个林麓苍莽、溪涧楼错、河渠纵横、井满泉滢的水乡，也是一个依水而建、循水发展的城市。从最早在永定河冲积扇上建立北京城开始，人们为了生存与发展，不断沿水发展着城市，同时人们为了发展经济也开凿了大量的人工水系形成了便利的漕运系统。本节将从北京城的形成历史、漕运、历史名桥以及皇家园林等几个方面讨论北京城市湿地的历史情况。

2.2.1 山水交汇形成北京湾

北京的西部、北部和东部是绵延的太行山脉和燕山山脉。高山峻岭从西北部缓缓倾斜，向东南延伸，地势下降到 100m 以下与华北大平原相接。地理学上将这块平原称为北京湾。北京湾有五条主要河流：拒马河、永定河、温榆河—北运河、潮白河、泃河。其中，以永定河最大，北京平原就是由永定河、潮白河和拒马河冲积洪积扇堆积而成。

北京平原河网密布，并不断地发育，频繁地摆动，留下许多泊淀。最大的一个，在通州的南部，有个漂亮的名字叫延芳淀。

离永定门 10km 远的南苑，曾经也是一片湖泊沼泽地带，东西长约 17km，南北宽约 12km，面积约 210km^2。由于处于永定河冲积扇的前缘，这里泉源密布，号称有 72 泉。曾有一亩泉、眼镜泡子、小海子、二海子、三海子、四海子、五海子、头海子等水淀。

北京的地下水也很丰富。在永定河和潮白河两大洪积冲积扇的中上部地区，形成两大地下水溢出带，泉水丰沛。

其一，沿山前平原成弧形，分布于南部的昆明湖、紫竹院至右安门，直到南苑镇，有多处平地涌泉，海淀万泉庄附近有28眼泉水，乾隆皇帝“立碣二十八”，给每道泉都命了名。

其二，温榆河流域从南口以下至百泉庄、四家庄、亭子庄等，地形呈长条状分布。像一亩泉、千蓼泉、满井、百泉等。

2.2.2　永定河——北京的母亲河

永定河放荡不羁，从三家店出山后在北京平原上有几次大的摆动：

（1）商代之前河水经八宝山向西北方向流去，经今昆明湖再入清河，走北运河一线入海；

（2）后来约在西周时期，永定河主流从八宝山北摆至紫竹院一线，经今积水潭沿坝河及北运河方向入海；

（3）春秋至西汉时期，河水自积水潭又摆向南流，经今后海、什刹海、北海、中南海向南流去，经龙潭湖、萧太后河和凉水河流入北运河再入海；

（4）自汉代至隋代期间，永定河已经移入今北京城南，即由石景山南流再东折，经马家堡和南苑之间继续东南流，又经凉水河和北运河入海；

（5）唐代以后，卢沟桥以下的永定河分为两支，东南支仍走马家堡和南苑之间，南支沿凤河流动，并逐步西摆，后来南支成为主流。自康熙年间筑堤之后，永定河变成今天这个样子。

北京平原呈西北高、东南低走势，西北部海拔高度平均为51m左右、东南部为37m左右，高低相差14m，地面坡度为1.2‰～1.3‰。永定河形成的下游冲积平原，为北京城的形成提供了地域空间。从燕国以及西周建蓟城开始，北京已有3400多年的建城史，城址虽多次变更，但始终未离开永定河，始终建在这块永定河冲积扇的脊背上。永定河冲洪积扇上松软的土地还为北京人带来了良好的种植条件。所以说永定河是北京的母亲河。

2.2.3　北京城——循水演变的城郭

一般来说，中国古代城市的设置，特别是早期城市的设置，往往主要受政治、军事因素的影响。但是，当决定在某一地区设置城市后，其在该区域内的地理位置却是由周围的地理环境决定的。春秋战国时期的《管子》一书就明确提出了选择城址的标准，其“乘马篇”云：“凡立国都，非于大山之下，必于广川之上。高毋近旱而水用足，下毋近水而沟防省。”“度地篇”云：“盖天子圣人也。故圣人之处国都，必于不倾之地，而择地形之肥饶者，向山左右，经水若泽，内为落水之泻，因大川注焉。”即合理的城址应是既能保有充足的水源，又能有效地避免洪涝之害的傍山临水高敞之地。

城市的生存与水源有密切关系，历史上曾有许多著名都市，或因河流改道而废毁，或因水源枯竭而衰落。北京古代城址的变化和河流水系的变迁有着密切的关系。

2.2.3.1 永定河渡口两侧的燕国与蓟国

依据《史记·乐记》中“武王克殷及商，未及下车，而封黄帝之后于蓟。”即公元前1045年，周武王东征伐纣灭商之后，曾追踪殷商势力在太行山东麓古代大道的最北段，分封了燕和蓟两个小王国，以巩固北方的势力范围。燕国的统治中心则在永定河上的古代渡口以南大约三十多里，接近现在京广铁路琉璃河车站所在的地方，房山区琉璃河镇董家林村。这是北京最早的城邑。它拥有广大而肥饶的腹地。蓟国以蓟城为统治中心，控制着南北交通的枢纽。到了东周的春秋时期（公元前770年~公元前476年），燕国势力日益强大，终于兼并了蓟国，而且迁都到蓟城。从此蓟城以燕都闻名于世。

（1）圣水（大石河）与周初燕国

公元前11世纪，周武王灭商，西周王朝建立，在今北京地区封有燕、蓟两国。琉璃河西周燕国遗址在今房山东南琉璃河地区董家林村，圣水（今大石河）流经西侧和南侧。西周燕国都城平面示意图，见图2－1。

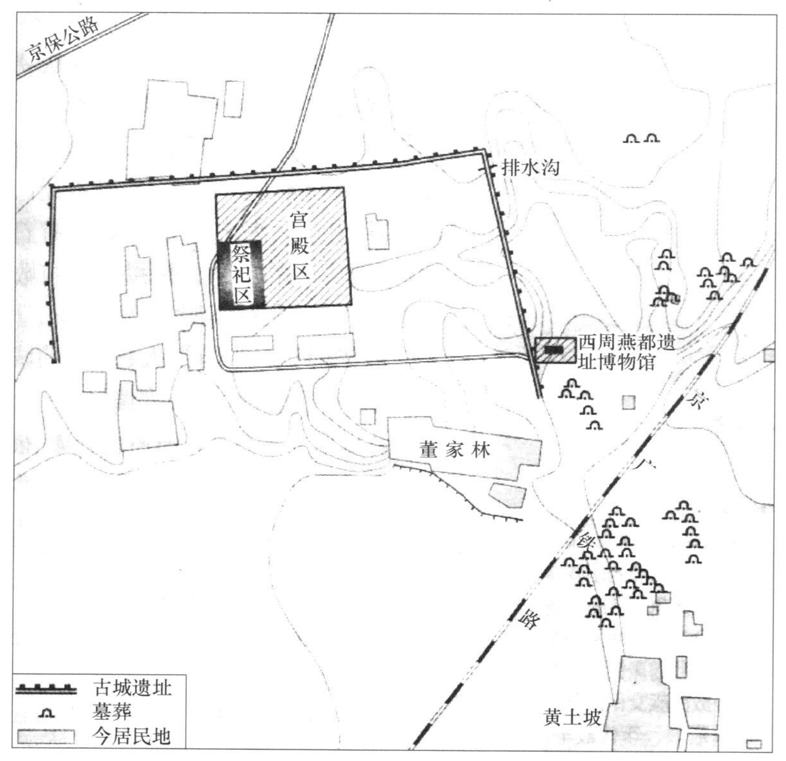

图2－1 西周燕国都城平面示意图

（2）西湖（莲花池）与东周蓟国

由于圣水经常暴涨泛滥，所以，燕国将都城从永定河西南迁至永定河东北的蓟丘（广安门以南一带）。由西湖（今莲花池）、洗马沟（今莲花河）以及永定河经车厢渠东引下游的高梁河作为都城水源。西周蓟国都城平面示意图，见图2－2。

2.2.3.2 水利工程与战国、两汉及三国

督亢地区位于北京平原拒马河下游，包括今天的涞水、涿州、房山、新城等平原地带，古督亢水利，断断续续延续了一千多年，及至今日，房涞涿灌区仍在发挥效益。

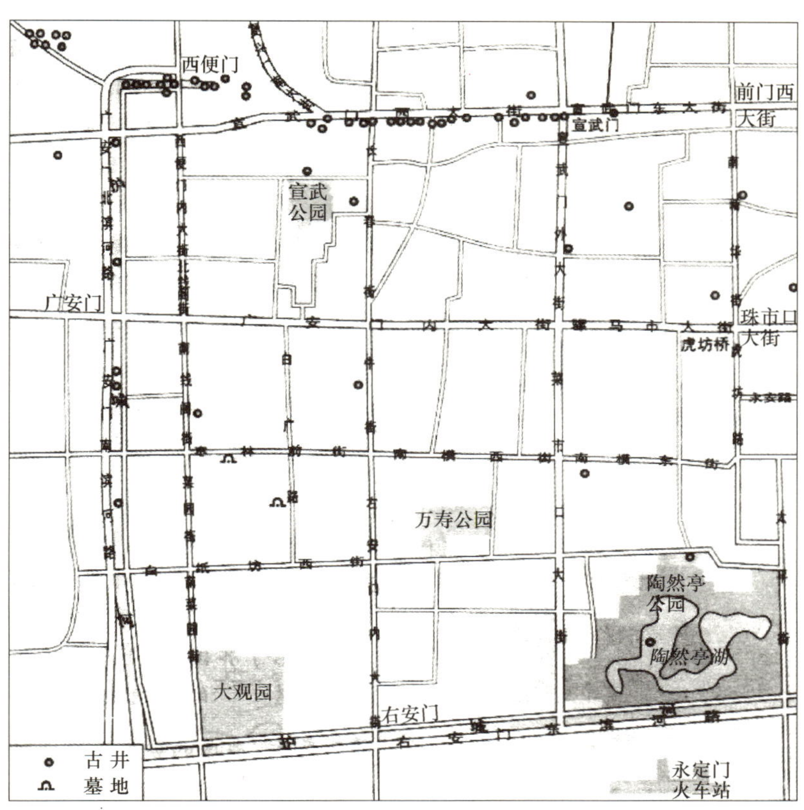

图2－2 西周蓟国都城平面示意图
注：古燕国都城的遗址，在北京西南房山区琉璃河镇的董家林村。这是已知北京史上最早的城邑。后来，燕国吞并了蓟，将蓟城作为燕国的都城。古蓟城的大致范围是北京城外城西北角向东，经宣武门至和平门一带、广安门内外、法源寺东北、陶然亭公园等处。这里经常发现战国时代蓟城人民汲水的陶井、井圈。

东汉光武帝时，渔阳太守张堪在顺义北小营一带引潮白河水“开稻田八千余顷，劝民耕种，以致殷富。”

三国曹魏时代，刘靖在今石景山永定河道上修建一座水利工程——戾陵堰。开左岸岩石凿成矩形引渠，名“车厢渠”。车厢渠的通水路线沿高粱河西段东行，在今老山以北，向东北行在今紫竹院附近与今高粱河道接通，利用高粱河道，沿高粱河东支经坝河与温榆河接通。戾陵堰水利工程前后发挥效益三百余年，对蓟城地区的农业起过重大作用，见图2－3和图2－4。

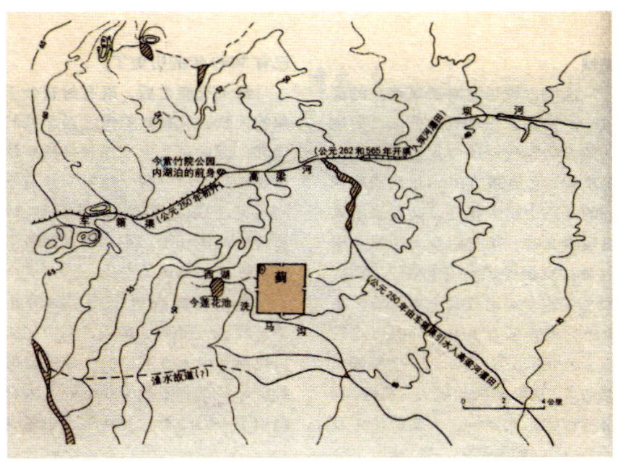

图2－3 三国时期（公元262年）历史水系图（左）
图2－4 车厢渠与古蓟城位置示意图（右）

2.2.3.3 北京最早的皇家园林——莲花池、莲花河与蓟城、幽州、辽南京、金中都

自西周经春秋时期到战国末期，中国的奴隶制从鼎盛走向衰败，公元前226年

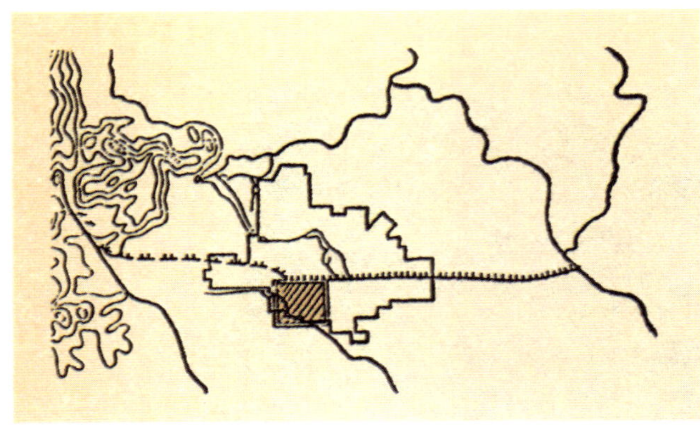

图2－5　辽南京北京城区示意图

10月，秦军拔掉燕都蓟城。秦王嬴政建立了专制主义中央集权国家后，全国以郡县制管理。秦王在蓟城附近建立了广阳郡，治所就设立在蓟城。汉代时设置幽州建制，州治所仍设立在蓟城，历经魏、晋、南北朝、隋、唐各代皆有幽州建制，因此，历史上常以幽州称呼蓟城。公元916年，塞外的契丹族建立了辽朝。公元936年，后晋石敬瑭为了做皇帝卖身投靠契丹政权，将包括幽州在内的16个州拱手送给辽朝，辽在幽州设立南京。公元1012年改称燕京。公元1113年，女真族建立了金朝，公元1149年，海陵王完颜亮篡夺皇权，于1151年击败辽军来到燕京，遂把燕京改为金中都，并将城垣向东、西、南三面展扩三里。

蓟城、幽州、辽南京、金中都，遗址都在现北京城的西南部（图2－5和图2－6），重要的原因是因为莲花池和莲花河。莲花池原为蓟城西郊泉流汇聚的小湖，统称“西湖”，湖水东流为洗马沟，即莲花河。这片城外西北隅的湖泊，一直承担着蓟城的护城河、园林、水道的供水。另一个原因是蓟丘。从大的地理位置上说，蓟城的位置非常重要，是南北的交汇点：向西北出南口，向东北出古北口，向正东可达山海关再转向北去。

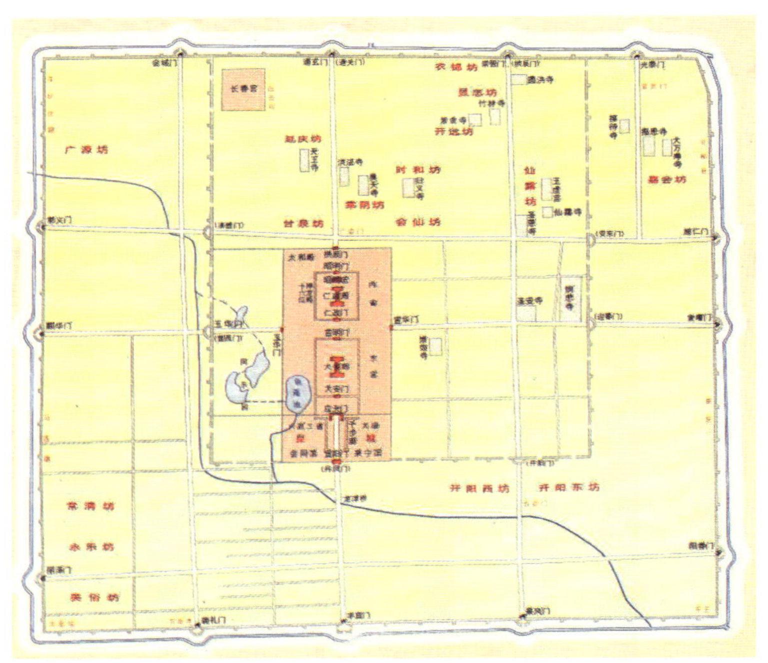

图2－6　金大定、贞祐年间（公元1160～1215年）历史水系图

显然，这时莲花池的水源已经不能满足，于是开辟了属于高粱河水系的西山泉流导入城，先入莲花池，顺莲花河流入城内；或者先流入今玉渊潭，从玉渊潭流入中都北护城河，再入城内同乐园。从挖掘的金中都龙津桥的水关遗址来看，当时的河道十分宽阔，水流是很丰沛的。1215年，蒙古军队破都进城，同乐园顿成废墟。

金在建中都城时，发现东北郊高粱河有宽阔的水面，于是在古白莲潭以南的水域，大兴工事，开拓水面，堆筑岛屿，建造大宁离宫。疏水积山，取名琼华岛，周围水域叫太液池，又称北宫。

2.2.3.4 缘水而建大都城——高粱河与元大都城

高粱河与北京城市的发展有重要的渊源关系，元大都城的建立就是从早期城市的莲花池水系向高粱河水系的转移（图2－7）。

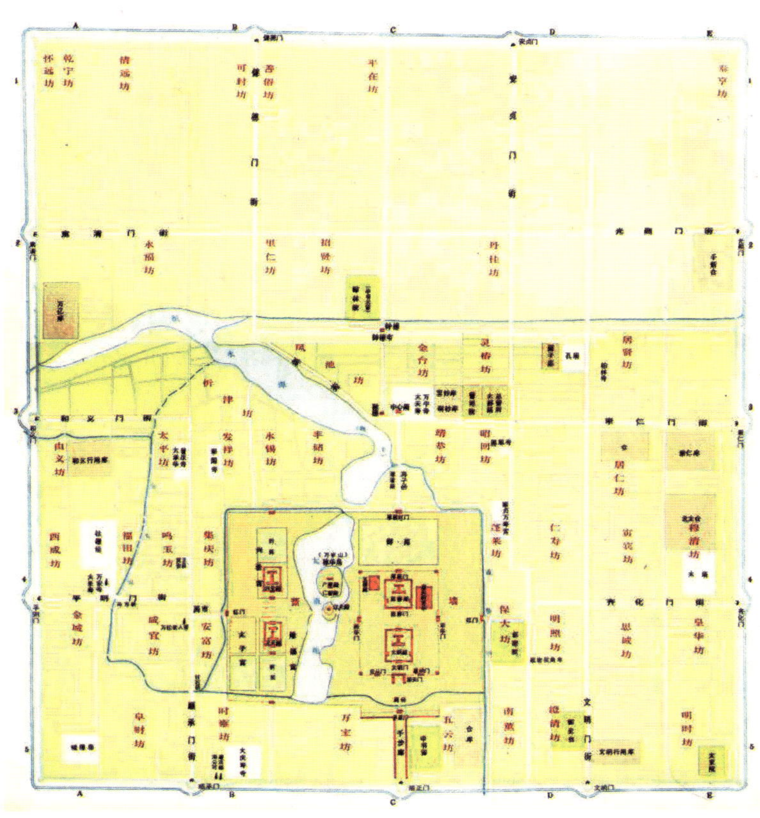

图2－7　元至正年间（公元1341～1368年）历史水系图

金代利用高粱河故道水域建成的富丽堂皇的大宁离宫，对元代修建大都城具有重大的影响。忽必烈一到燕京就住在大宁离宫。至元四年（1267年），开始以琼华岛和周围湖泊为中心建造新城，至元九年新皇宫落成。至1285年，大都城建成，历时18年。新建的大都城充分利用了高粱河较宽阔的湖泊水体，以琼华岛及其周围水域为中心，巧妙地将三组宫殿建筑群环列在湖泊的东西两岸。东岸建的是皇宫，称“大内”，即明清紫禁城的前身；西岸的南部建隆福宫，北部建兴圣宫，分别为皇太子和皇太后所居。中间较宽阔的水域叫“太液池”。环绕三组宫殿群加筑城墙，称为萧墙，也就是后来所称的皇城。环绕皇城外面的是大城，也即外郭城。为保证太液池宫苑的清洁水源，特从玉泉山开始修了一条叫金水河的专线供水河道。

高粱河西段河道，是永定河出山后从石景山附近分出的一条支流。由于永定河南移，这一段河道逐渐淤塞了。古高粱河的东段具体位置在今紫竹院湖的前身。从紫竹院出来后过白石桥、高粱桥，过西直门北向东分两支，一支为北支继续东流，沿今北护城河一线向东，经坝河入温榆河。另一支是南支，由德胜门南下，过今积水潭、什刹海、北海、中南海，穿长安街，东南经前门、金鱼池、龙潭湖，出左安门，过十里河村东南，经马驹桥入湿水（今北运河）。据近年对地下埋藏古高粱河道探测，最宽达600m，曾是史前期的永定河故道。

此外，还在大都未建之前，当时杰出的水利工程家郭守敬，就曾建议引用玉泉山水以通漕运，但这个计划，未得实现，因为五年以后新建大都城，玉泉山水已专为宫苑之用。为了恢复河运，至元二十八年（1291年），郭守敬第二次建议，另用昌平白浮泉水，引入旧闸河以济漕运。至元二十九年（1292年）河道告成，粮船可从通州以南高丽庄经闸河进入都城，停泊在积水潭，史文有“舳舻蔽水”的描写，可以想见当时的盛况。为此，这条闸河被命名为“通惠”，这个名称一直保留到今天（图2－8、图2－9）。

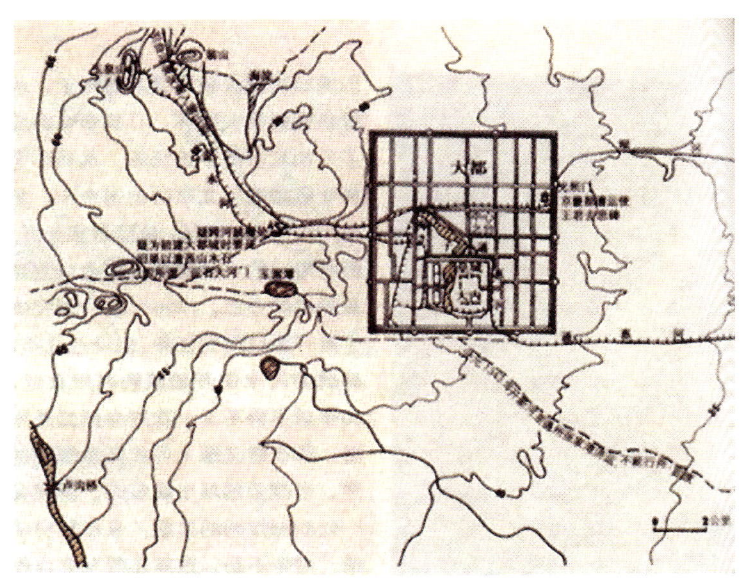

图2－8　元都城的设计与河湖渠道的关系

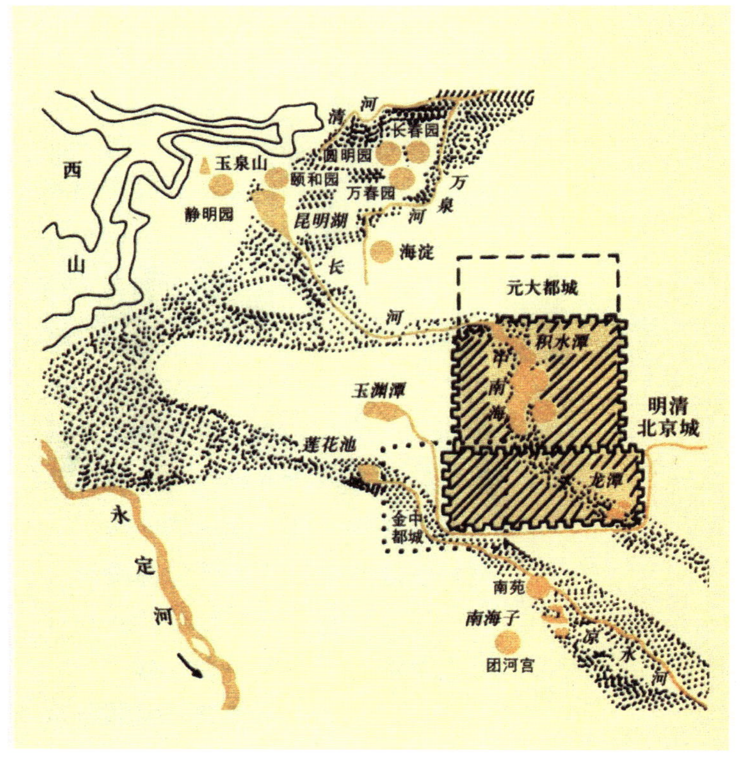

图2－9　古河道与北京园林关系图

2.2.3.5　西山泉水与明清北京城

元朝末年，反抗蒙古统治者的农民起义如暴风骤雨，席卷全国。朱元璋领导的农民起义军在长江中下游发展起来，占领了江南半壁江山，于公元 1367 年派兵北伐，并于次年占领元大都。朱元璋建立的明朝帝国原建都南京，燕王朱棣依靠手中掌握的重兵，夺取了帝位，将明朝首都由南京迁至北京。明北京城在元大都的基础上进行了大规模改造，前后耗时 15 年，明北京城于公元 1420 年基本建成。

明代北京城是在元大都的基础上修建的。城为四重城，分别为紫禁城、皇城、内城，明嘉靖三十二年（1533 年），又修建了外城。后为清代所沿用。明北城垣南缩 5 里，南城垣南展 2 里。而皇城北墙向北推移，东墙向东推移，因此，元大都城旧水道有了较大改变，将绕经旧皇城东北及正东一面的运河（元通惠河上游），圈入城中，粮船从此不能入城，因此积水潭也日益淤垫，湖面逐渐缩小。在皇城改建的同时，太液池加凿了南海，遂有“三海”之称。同时根据城市的需要又建立起一个新的水道体系。明初白浮引水工程湮废后，城市河湖主要靠玉泉山和西山泉水汇流入七里泊（今昆明湖）为入城水源。水自今昆明湖东南行经长河、高粱河在西直门附近入城。入城后分流成护城河、筒子河、内外金水河、御河，明代北京城内水系，见表 2－1。明万历、崇祯年间（公元 1573～1644 年）历史水系图，见图 2－10。

明代北京城内水系表　　表 2－1

编号	水系名称	内容
1	护城河	北护城河：西直门转河三岔口起，东行过德胜门、安定门至城东北角止，长 6.9km，明代在原高粱河、积水潭、坝河基础上开挖建成。 东护城河：自东直门北起经朝阳门至东便门止。长 5km。 西护城河：自西直门北三岔口，经阜成门，至西便门城角，与南护城河相接，长 5km。明代在元代护城河上扩建而成。 前三门护城河：自西便门起，经宣武门、正阳门、崇文门至东便门汇入通惠河，长 7.6km。是明代开挖的一条贯通城市中心的河道，也是内城河湖排水和外城北部近河地带排水的总出水河道。 南护城河：起自西便门，流经外城，经右安门、永定门、左安门、广渠门向北直流入通惠河，长 15.5km。是明代筑外城时新建的。
2	筒子河	又称紫禁城护城河。全长 3.5km。从今什刹海南经北海北门西压桥，沿内宫监西墙、西板桥大街东侧向南，到紫禁城西北隅注入筒子河。环绕紫禁城后，从宫墙东南隅入外金水河，折向南过御河桥入前三门护城河。另外，西南筒子河东端有一矩形方涵暗渠穿行午门广场之下，进入太庙变明渠，逶迤东南入筒子河东南退水渠。
3	内外金水河	内金水河：是明代建紫禁城时所修。在紫禁城内，全长 2km。是紫禁城的供排水系统，至今仍发挥作用。同时还提供消防水源。 外金水河：中南海退水自南海东南日知阁流出后有一条织女河，进入今中山公园，经水榭出今公园东墙，向东流过天安门前的金水桥，从今劳动人民文化宫前东行入菖蒲河，在今南河沿入御河。中间有筒子河东西两退水渠的水流入。外金水河是紫禁城和三海的排水尾闾河道。
4	御河	原是元代通惠河的城内部分。明建城时将其划入皇城内。漕船只能到东便门外的大通桥。御河从积水潭东岸的万宁桥东南行经东不压桥入皇城，沿火药局南墙东流，到皇城东墙沿内侧南下，经北河沿、南河沿，过长安街，出正阳门东水关，进入今前三门护城河，向东入通惠河。从长安街到东城墙根有 3 座御河桥。

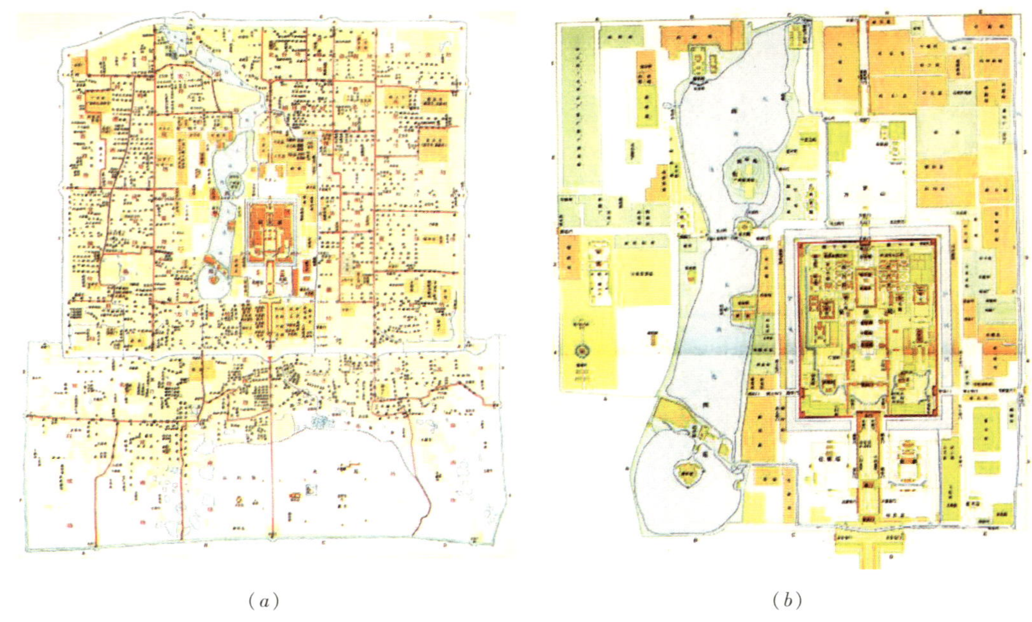

图2-10 明万历、崇祯年间（公元1573～1644年）历史水系图
（a）明北京城水系图；（b）明皇城水系图

由于白浮泉断流，水源的枯竭，通惠不能行舟，而且日益堙塞。因此，从通州以南张家湾运河码头到京师，漕粮主要靠陆运，所费不赀。成化七年（1471年）户部尚书、工部侍郎经过实地勘查之后，认为白浮泉水既不可引，运河一段已圈在皇城之中，粮船不能进城，建议当用玉泉山诸泉之水，以为通惠河（当时称大通河）之上源。嘉靖六年（1527年）巡仓御史吴仲又请重浚通惠河，总结了历次失败的原因，在节水上下功夫，全面改造闸坝工程，严密闸的管理，不使河水走泄，增开月河，筑减水闸，妥善处理蓄排关系，把大通河（即通惠河）与北运河漕运交接点改在通州城北，在入北运河口处修石坝一座，北运河来船由人工搬运米粮到坝的上游，重新装船上行。要经过五座闸门，同样搬运五次。米粮运到大通桥再转陆运到朝阳门附近的仓库。此后五六十年，基本沿用了这种运输方法。

清朝继明朝之后建都北京，亦称京师。清朝的统治者完全沿用明朝的北京城，只对紫禁城内的部分建筑作了重建和改建。清朝将巨大的财力投入到北京西北的园林风景区建设，营造了规模空前、华丽非凡的宫殿建筑群。清乾隆二十一年（1756年）在玉泉山南和昆明湖西侧，依高程建了两个湖泊，一个是高水湖，一个是养水湖，用来调蓄玉泉山多余水量和西山一带的山洪以及其他闲散水源，按高程次第节蓄起来。当高水湖水量有余时先导入养水湖，再导入金河。金河当是元代金水河旧道，其右岸还有一小湖叫泄水湖。可排金河多余的水，防止长河引起决溢。

清代京师的河湖水系总的格局与明代没有改变。通惠河仍承担运输漕粮入京任务，直到清末光绪二十四年（1898年）京津铁路竣工以后，海运漕粮由天津通过铁路直运北京，不再经过通州，通惠河数百年来漕运任务才算告终，转以运送各地商货入京为主。清帝王为了其奢侈享乐，于清康熙四十八年（1709年）开始在西北郊海淀一带进行了大规模的，以河湖水系为中心的皇家园林——“圆明园三园（圆明园、长春园、绮春园）”的建设，时间长达150年，占地5200亩，其中湖泊面积达2000多亩，水源除去海淀附近万泉庄一些细小的平地泉流之外，主要的还是依赖玉泉山与瓮山泊的水源，见图2-11。

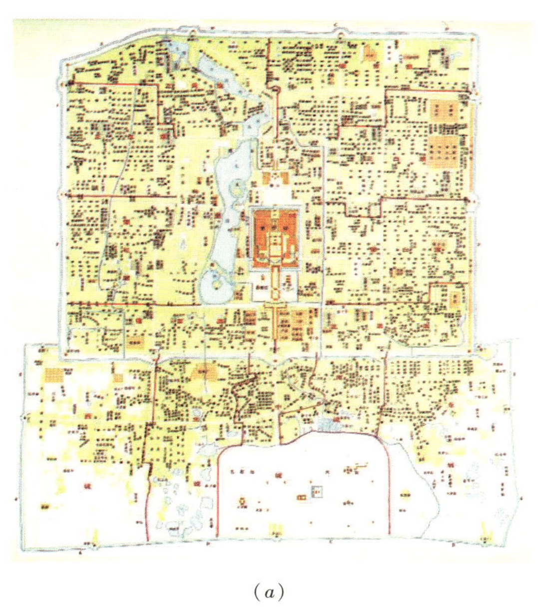

(a)

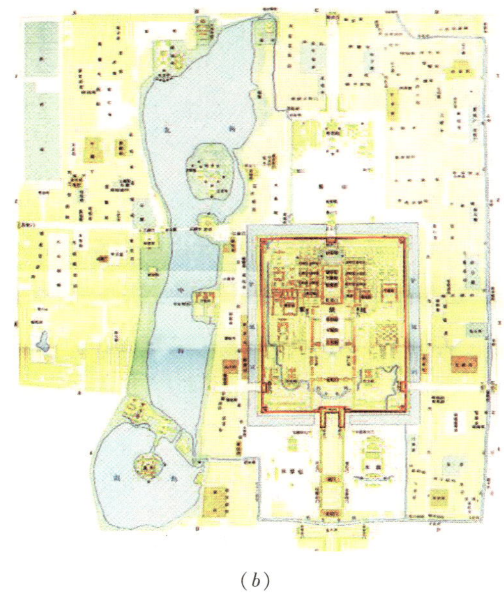

(b)

图 2-11　清乾隆十五年（公元 1750 年）历史水系图
(a) 清北京城水系图；
(b) 清皇城水系图

2.2.3.6 大规模的水利建设与现代的北京城

公元 1911 年辛亥革命成功，两千余年的封建统治从此结束，次年一月一日中华民国建都于南京，随后袁世凯窃取大总统职位，政府迁移至北京。民国期间，由于连年战乱，水利设施建设停滞不前。曾于 1929 年对全城河道进行过调查和规划。以后又于 1934 年 9 月，工务局制定了《北平市河道整理计划》，但未能实施。

在水利工程方面，为解决河道污染，改善环境，先后将内城的大明濠（今南北沟沿暗沟）、御河（东华门大街—前三门大街段）、龙须沟上段改为暗沟。

新中国成立前，因中心城地区河湖多年未治理，河道窄小淤积，堆积垃圾污物，流水不畅，其中以护城河，尤其是前三门护城河最为严重，阻碍雨水排泄。市中心的什刹海、北海、中南海等湖泊和筒子河新中国成立前水深不足 1m，有的已干涸和成为稻田。护岸倒塌，污水排入，杂草丛生，蚊蝇孳生，严重污染环境，如图 2-12 所示。

新中国成立以后，北京市随即开始疏挖城区护城河、“六海”、金鱼池、陶然亭湖、龙潭湖、紫竹院湖，扩大玉渊潭蓄水能力，疏浚莲花河、凉水河、坝河、北小河、清河和南旱河（部分图片见图 2-13）。于 1954 年建成官厅水库、1957 年建成永定河引水渠。为整治环境，将御河（什刹海—东华门大街）、龙须沟下段、织女河部分段改为暗沟，将金鱼池填平。此外，于 1960 年建成密云水库、1966 年建成京密引水渠，并在 1965 年将前三门护城河崇文门以西和西护城河复兴门以南河道改为暗沟。

进入 20 世纪 70 年代，中南海兴建“519”工程，中山公园内部水系随之变动，将织女河其

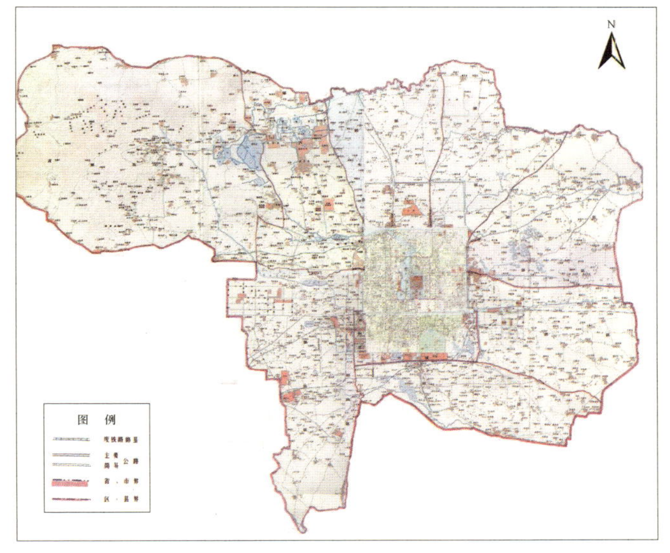

图 2-12　1947 年北京市水系分布图

余段改为暗沟。1973～1974 年，为改善菖蒲河沿岸卫生状况和有关部门为存放物资需要，将菖蒲河上段 260m 改为暗沟，其北侧的 1775m 长的筒子河退水渠也改为暗沟，1982 年菖蒲河下段也改为暗沟。1971 年，环内城的地铁二期工程开工，将西护城河复兴门以北长 4.25km 河道改为暗沟。由于沿河和沿暗沟的污水截流工程截污不彻底，大量污水入河，严重污染了河道水质，尤其是无河水补给的前三门崇文门以东及南护城河西便门前河段（西盖板河出口下），污染更为严重；两岸环境极差，根据当地居民要求，分别于 1975 年和 1985 年开始改为暗沟，全长 1.8km。1972～1983 年，将自高梁桥至三岔口闸的转河段裁弯取直，改为 760m 的暗沟，直接与北护城河上段暗沟相连。1977 年，由于地铁车辆段占用位于北护城河北侧的太平湖，将北护城河首段改为暗沟（长 0.86km）。

(a)

(b)

图 2－13 新中国建立后部分水系现照
(a) 广源闸桥现照；
(b) 后门桥现照

改革开放后，北京先后疏浚整治清河、北护城河、亮马河、万泉河、小月河、凉水河，疏挖昆明湖，大大改善了中心城地区的排水条件。并自 1998 年起进行中心城地区河湖水系的综合治理，疏挖京密引水渠昆玉段、长河、双紫支渠、“六海”和筒子河，并沿河修建污水截流管道，河岸两侧实现绿化，使其成为环境优美的风景观赏河道，京密引水渠昆玉段和长河还实现了通航。北京中心城地区水系分布，见图 2－14。

图 2－14 北京中心城地区水系分布图

2.2.4 漕运——历史发展的经济命脉

2.2.4.1 辽金漕运水道

隋大业年间开挖南北大运河，南达杭州，“北通涿郡”，涿郡即北京地区。辽南京（即北京地区）作为陪都后，人口增至 30 万。南京地区处于与宋朝的临界地区，京南的霸州白沟河以南都是宋代疆土，南京的粮食供应只能从北方的辽河流域和山西、内蒙古地区供应，借滦河和蓟运河再北转北运河这条水道至南京。从北运河上溯到通州里二泗，经张家湾后，斜向西北有条河叫萧太后运粮河。

这条河上溯到左安门附近的八里庄，过今龙潭湖，西溯陶然亭，进入高梁河南支故道，往北达到南京城的东垣，接大小川淀。萧太后运粮河的水源是高梁河南支和玉渊潭洼淀水。萧太后运粮河的开凿时间当在辽代统和二十三年至二十七年（1005～1009年）之间。

北京成为金代中都后，人口从 30 万增至 100 万。在漕运水源上曾有三大举措：（1）疏浚辽代用过的萧太后运粮河；（2）第一次金口引永定河水通漕运；（3）韩玉引清水修闸河。

2.2.4.2 元、明、清的坝河、通惠河、清河、温榆河漕运

（1）坝河漕运

在郭守敬的主持下，将玉泉水经高梁河北支入坝河，作为运道。并在燕京附近修了 7 座漕仓以供粮储。后来由于修建金水河，玉泉水大部分入大都城内供皇城使用，坝河漕运受到严重影响。元初至元十六年（1279 年），大力疏浚坝河，西起光熙门，东至温榆河，筑坝 7 座，分成梯级水面，分段行船，改行驳运。后来至郭守敬主持修建通惠河后，仍不断使用坝河漕运粮食。终元一代坝河漕运断续使用 90 年。元代坝河七坝推测位置示意图，见图 2－15。

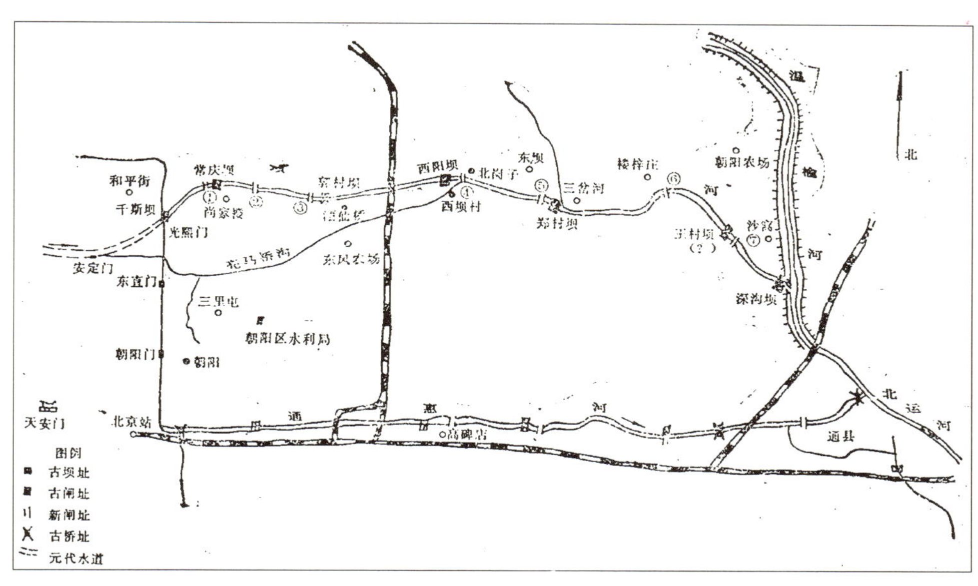

图 2－15　元代坝河七坝推测位置示意图

（2）通惠河

忽必烈下令疏通恢复了南北大运河由杭州至通州，保障南粮北运。但仅靠坝河运量有限。经常淤浅不能通舟。郭守敬经详细的踏勘测量，发现在温榆河水系上游沿北山和西山山前地带有白浮泉等众多泉流散布，立即提出从温榆河诸泉中引水济漕的计划。至元二十九年春动工，至元三十年完工。通惠河上的闸坝，见表 2－2。

通惠河上的闸坝　　**表 2－2**

序号	闸名	数量、位置、现状
1	广源闸	2 座。上闸即今万寿寺东古闸，遗迹犹存；下闸在今白石桥下，清代开始废弃。

续表

序号	闸名	数量、位置、现状
2	西城闸	2座。上闸即今高粱桥前的石闸，遗迹尚存。下闸在护城河边，元末时废弃。
3	朝宗闸	2座。都在德胜门水关至西护城河之间，明初废弃。
4	澄清闸	3座。又名海子闸，上闸在后门桥下，遗迹尚存；中、下闸两座在东不压桥胡同和北河胡同，明初不再使用。
5	文明闸	2座。上闸在正义路北口，下闸在今船板胡同中间，明初不再用。
6	魏村闸	2座。下闸在今船板胡同东口，下闸在北京站东南。明宣德年间废弃。
7	庆丰闸	2座。又名籍东闸，上闸在今东便门外庆丰闸村，直到1965年拆去闸墙，下闸约在深沟村附近，明代中期废弃。
8	平津闸	3座。又名郊亭闸，上闸在花园村，于1969年拆除，中闸准确位置不详。
9	普济闸	2座。又名杨尹闸，下闸在今普济闸村，1987年拆除；下闸在下闸以东四里老龙背村附近，明中期即已废弃。
10	通州闸	2座。又名通流闸，上闸在今通州城新华大街与人民路交叉口；下闸在通县南门外，明代称南浦闸的位置，南浦闸闸基残存。
11	河门闸	2座。又名广利闸，在张家湾上游和下游各一座。亦早已废弃。

通惠河在工程方面的主要成就主要表现在：

① 这是北京历史上第一次跨流域引水。北京市的莲花池、莲花河与高粱河从大的流域上来说都属于永定河水系。通惠河工程以昌平东南3km的白浮泉为起点，筑堰障水向西行，沿山前50m高程修建水渠，途中汇集11道泉水。导引诸泉汇流至翁山泊（今昆明湖）。而翁山泊则属于高粱河水系了。当时把这条东水西调水渠叫白浮翁山河。为了使引水渠不被山洪冲毁，在沿线与山溪河流交叉处，修建12处“清水口”石笼工程，每当山洪出现时即自行冲开石笼，使洪水沿原溪河下泄，汛后及时修复，以保障水渠行水。

② 将翁山泊扩建为平原水库。翁山泊元代又称七里泊、西湖、西湖景。原是玉泉山诸泉汇聚形成的天然湖泊。修建通惠河时，为便于调蓄水量，建立进口闸和出口闸，成为北京地区最早的平原水库。

③ 在通惠河道上修建闸坝工程。新修建的水道沿今长河、高粱河入积水潭。再从积水潭东岸的海子桥（今后门桥）流出，东经东不压桥、北河沿、南河沿，过今正义路御河桥迤东，过船板胡同、北京火车站，出东便门，沿今通惠河一线到通州。鉴于北京地区坡降过陡，水流难以控制，沿途修建船闸11处，计24座以为调控，见图2－16。

通惠河是明清最重要的漕运河道。1438年，在东便门外修大通桥。顺治中，修通州石坝及通惠河上五闸。清太平天国时，漕运中断。

（3）其他河道漕运

温榆河（东汉建武十三年《后汉书·王霸传》）、潮白河（明嘉靖）、沟河（战国燕文侯）、琉璃河（明万历）、清河（清朝）自古就有漕运的记载。

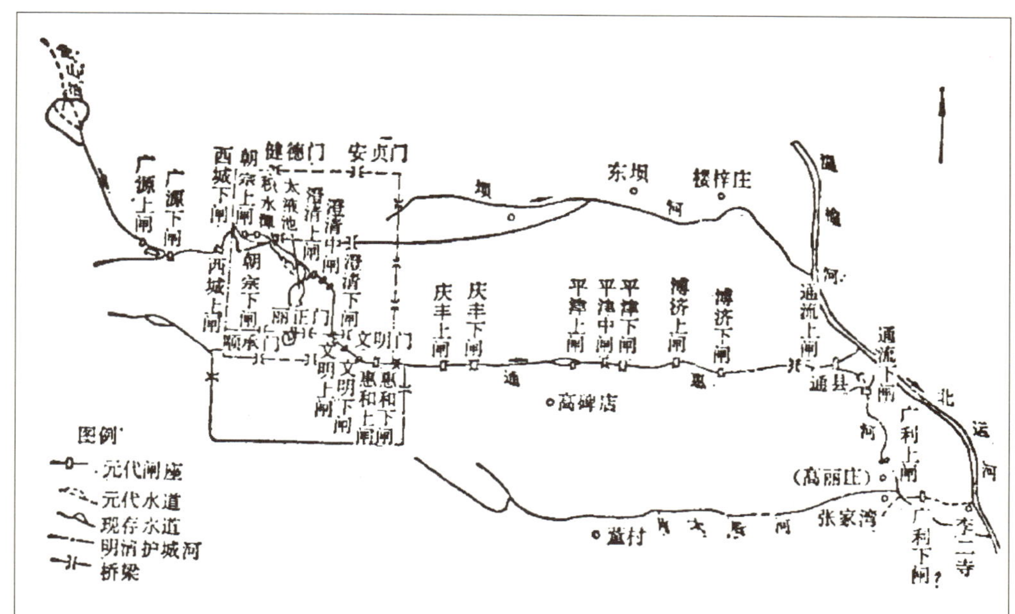

图 2－16　元代通惠河二十四闸位置示意图

温榆河：温榆河水系开发较早，《后汉书·王霸传》记载，东汉建武十三年（公元 37 年）即有记载。温榆河一直是通往交通要冲昌平为居庸关戍军供应粮饷的主要通道，元朝时，通州沿温榆河北上至双塔村，元初开凿了双塔漕渠。在明朝，温榆河还是朱棣修建十三陵的第一个陵——长陵建筑材料和粮食的运输通道，巩华城（沙河镇）至陵寝修有航道。巩华城和安济桥（南沙河）是重要的仓库站。

潮白河：潮白河牛栏山以上无明显河槽。明嘉靖三十四年疏开密云白河济漕运，于杨庄筑塞新口，使白河故道疏通与潮白水合而为一。从此，潮、白合于密云西南十八里河槽村。船可通到牛栏山。乾隆三十八年（1773 年），潮白河与温榆河下游相合后，北运河槽船至通州，须由潮白河入温榆河才能抵石坝。

清河：清河开凿于康熙年间（1707 年），不断修治。漕运从清河镇至沙子营至通州石坝，满足清河驻军所需粮饷。清河上建有 7 座闸，至清河镇。大约使用到光绪初就废止了。

泃河：早在公元前 355 年，战国时代的燕文侯七年，燕国与齐国在泃河口曾经打过一次大仗，就是用泃河运送军援。主要送往平谷边关要地军事运输，直到 1940 年才止。

（4）积水潭

积水潭是漕运的水陆总码头。据有关资料记载，积水潭总面积约 200 万平方米，比现在的什刹海总面积大得多。积水潭东岸元代有万宁桥，又称海子桥。是水陆交通的要道。万宁桥西侧还有座石闸称澄清闸，是积水潭下游出口控制闸。

2.2.5　湿地与历史名桥

2.2.5.1　历史名桥

北京市历史名桥，见表 2－3 和图 2－17。

北京市历史名桥 表 2-3

序号	名称	位置和演变
1	卢沟桥	金代大定二十九年始建，明昌三年（1192 年）建成。距今已有 810 多年，是华北地区最长的石拱桥，长 266.5m。
2	朝宗桥	北沙河上。明正统十二年（1447 年），拆除旧木桥重建新石桥，桥长 130m。
3	清河桥	1416 年，在清河镇南侧的河段上修建一石桥，命名为广济桥。清代改名为清河桥。1984 年修清河时将古桥拆掉，以石料在东南方的小月河上重新建了一座“广济桥”。
4	八里桥	明正统十一年，在通州西门外的河上修建了永通桥，后改为八里桥。在朝阳区与通州区交界处的通惠河段上，20 世纪 80 年代，市政府为保护古桥，在古桥北侧开掘分水渠道，并在分水河上新建一座三孔混凝土桥，与老桥南北相连，起分洪泄压作用。
5	通运桥	在通州区张家湾南门外的萧太后河上，又称萧太后桥。
6	马驹桥	位于凉水河上，通州至黄村的公路上。明顺天六年（1462 年）将木桥改为石桥。桥南东西两侧各有一个碑亭。新中国成立后，代之一座钢筋混凝土平身的新桥，将乾隆年重修马驹桥记的残碑移到燃灯塔院内，古桥就此永远消失。
7	琉璃河桥	位于房山区琉璃河镇北面，架设在琉璃河上。嘉靖二十五年（1546 年）建成大石桥，桥长 165.5m。清末以后，大桥虽然日渐破损，但一直承担着京都通往西南各省繁重的交通任务。2000 年 10 月 15 日，新建钢筋混凝土大桥后，老桥退休，当地政府要在这里修建琉璃古桥公园，而且彻底铲除了曾铺在桥面上厚厚的沥青层，一块块凹凸不平的大石块重见天日。
8	青龙桥	北京曾有三座青龙桥，一座位于海淀区颐和园西北侧，另一座在延庆县的八达岭镇边，还有一座不太为人知晓的在西城区复兴门外。
9	长春桥	长春桥位于海淀区蓝靛厂附近的京密引水渠上，已拆除，建钢筋混凝土平板桥，并在两河分叉处修建了一座长河控制闸。
10	麦钟桥	麦钟桥是长河上的一座石桥。位于长河中游。清代时，麦钟桥又称麦庄桥。乾隆年间桥头曾建一座碑亭，石桥已毁，新中国成立后在旧桥石礅处新建了一座混凝土平桥，1999 年，将桥面拆除，只保留桥墩基础，并在桥北刻写了“古麦钟桥遗址”的保护标记。在旧桥东侧又建了一座新的单孔拱形石桥，仍名麦钟桥。
11	高梁桥	位于西直门外北下关，架设在长河下游。始建于元世祖至元二十九年（1292 年），为三孔连拱，桥上游设有水闸，名高梁闸，历次修葺，现看到的是清代修过的单孔拱券。1982 年市政府改造时，在高梁桥以东的下游河段改为暗河的同时，也把桥体拆除向北移建一段距离。
12	金水桥	外金水河上外金水桥。 内金水河上内金水桥。
13	北海大桥	北海前门西侧，是北京城内最大的桥，就是北海大桥。明朝时将承光殿前的西桥由木桥改为石桥，东西长 117.58m。1933 年维修大桥时，将木牌坊改为钢筋混凝土结构。
14	地安门桥	地安门桥位于鼓楼大街南部。皇城的北门又称后门，又称后门桥。本名元朝初建时叫万宁桥，因处什刹海东，也称海子桥。闸口遗迹今在。2000 年疏浚时专门修葺了地安门桥。

高梁桥

白石桥（新建）

安河桥（正在原桥基上仿建）

朝宗桥

青龙桥（正在原址仿建）

图2－17　部分历史名桥现照

2.2.5.2 消失了的桥（表2－4）

北京市已消失的名桥　　表2－4

序号	名称	位置和演变
1	北新桥	鼓楼和东直门之间有个地名叫北新桥。桥的位置在十字路口以南露西德文具店门前。
2	大通桥	东便门外通惠河上有一座三孔石桥，就是大通桥，大通桥下为一闸，东八里是庆丰闸。20世纪60年代修二环路时，拆掉了大通桥。
3	三里河桥	作为地名保留下来的三里河有两处，一处在阜成门外，另一处在前门大街以东。前门外的三里河桥位于三里河与珠市口大街的交叉处。2001年挖掘出石桥旧基。西三里河桥在阜成门外三里处，桥下的水自玉渊潭向东流入护城河。1900年三里河桥惨遭八国联军毁坏。

续表

序号	名称	位置和演变
4	虎坊桥	今南北新华街一线是在古凉水河故道上逐渐形成的。今中南海一带的地面上集水汇流后流入排水渠，然后穿过化石桥和南城墙在响闸桥流入护城河。外城的潘家河沿一代的积水也汇入凉水河附近的排水渠，沿今虎坊桥大街往北，穿过骡马市大街东端和琉璃厂，也在响闸桥入护城河。为了不影响东西向的交通，就在这条水渠与东西向大街的交会处修建了一座不大的石桥，即虎坊桥。20 世纪 20 年代时，桥、河都被掩埋于地下，2001 年铺修广安门大街时，在原中华书局大楼西南侧挖掘出埋入地下近百年的旧虎坊桥。
5	天桥	南城因地势低洼多处积水成塘，水塘的水多了就流入明沟流入护城河里。老舍笔下的龙须沟即这条排水沟。 正阳门外大街是皇朝的主要通天大道。
6	牛郎桥和织女桥	南长街与金水河西段相交的交叉处修建了一座石桥，南池子与金水河东段相交的石桥。两街相距不足三里，但因天安门前 T 形天街不可穿行，需要向北至北河沿绕行，或向南到东交民巷绕行。所以，把南池子那座桥叫牛郎桥，南长街那座桥叫织女桥。如今，两座桥都已埋入地下。
7	御河桥	位于北京饭店对面正义路一线的玉河河段上。曾有三座桥。1915 年，玉河盖板为暗河，桥被埋入地下，地上修成马路。1949 年，南御河桥的桥栏还露在地面上。现无遗迹了。
8	东不压桥 西压桥	两条旧桥基都在新修的平安大街上，东西不足 500m。什刹海与太液池之间水道，东西向有道路，在北海后门和马尾巴斜街南口各修了一座木桥。明皇城北墙和东墙外扩时，皇城东墙把南北河沿这段河道圈入皇城，压住了北海后门的桥，称西压桥，而位于马尾巴斜街南口的那座桥因稍偏北没有被压住，叫东不压桥。
9	李广桥	柳荫街北口。明朝大宦官李广在私宅西河道上修建的一座桥。新中国成立后这条河道填起叫柳荫街。
10	白石桥	北京作为地名保留下来的有三处：一处在紫竹院东门外，另两处在景山附近。紫竹院东门外的白石桥是长河上的几座石桥之一。20 世纪 50 年代扩建马路时，把土路改成沥青路面，20 世纪 90 年代桥两侧的石桥栏尚留在两条马路中间。1998 年改扩建白颐路时，彻底将旧桥栏拆除，在扩建了的马路两侧仍旧修建了白色石桥栏，使地名与桥名仍保持一致。 景山墙外西北拐角处板桥也混称白石桥。景山院墙外西南角的白石桥架在北海入故宫的沟渠上。这两座桥又称鸳鸯桥。新中国成立后明渠改暗沟，白石桥被埋到了地下。
11	东安门桥	皇城东安门外有一条城内通惠河的故道，在东安门外修建一座三孔石拱桥。20 世纪 50 年代末，明河改为暗沟，在铺南北河沿马路时，把旧桥埋在马路下面。1999 年铺设热力管线时挖出了古桥石基。2001 年修建皇城根遗址公园时，将东安门门楼和石桥基进行保护性挖掘，修筑参观通道。
12	安济桥	位于南沙河上。明正统十二年（1447 年），拆除旧木桥重建新石桥，桥长 114.7m。1958 年拆除石桥建成钢筋混凝土桥，1997 年修建八达岭高速公路时，再次拆除。

2.2.5.3 埋在地下的桥

新中国建立后，当时北京有元明清留下的古代桥梁 100 多座，这还不包括公园内的古桥。到目前为止，修复保留下来较完整的古代石拱桥仅剩下十几座。由于一些明河改为暗沟或下水道，或将河道填平修路，河上的桥也一起被填埋，目前埋在地下的明代古石桥还有 4 座，清代和民国时期埋在地下的明代古桥 8 座。

这12座古桥是：

（1）宣武桥，现在就埋在中国图片社南边一点的一间小房旁的马路下面，距离地面仅50cm；

（2）白石桥，现位于景山后街西头，埋时也是只有桥身，没有栏杆；

（3）甘石桥，现埋在广安门外大街西头，原北京钢厂门口前的马路下；

（4）东不压桥，在平安大街上，东不压桥胡同南口；

（5）望恩桥，现在东华门大街东边、南河沿北口，是一个三孔石桥；

（6）玉河桥，现在南河沿南口，埋在长安街上；

（7）江米桥，现在东交民巷（原名叫江米巷）与正义路交叉路口下边，路面高起很明显；

（8）横桥，现在西直门内大街，赵登禹路北口；

（9）马市桥，现在西城白塔寺路口；

（10）萧家桥，现在宣内石驸马大街西口，在四川饭店以西；

（11）甘石桥，现在东单北大街的西斜街东口往南边一点；

（12）永济桥，现埋于长辛店南口外。

2.2.6 湿地与皇家园林

2.2.6.1 西郊园林

从公元11世纪起，在海淀开始营建皇家园林，到800年后清朝结束时，园林总面积达到了1000多公顷。在这些皇家园林中，最著名的就要数“三山五园”了。“三山五园”中的三山是指香山、玉泉山和万寿山。这三座山上分别有静宜园、静明园、清漪园，再加上东边的畅春园和圆明园，就是所谓的五园。海淀一带，则更是旧日有名的园林区（表2-5、图2-18）。

海淀重要皇家园林表 **表2-5**

序号	名称	状况与演变
1	清华园	不是现在的清华园。明朝万历皇帝的外祖父李伟建造。是半跨海淀湖上（北海淀）周长十里的一个大花园。故址在今海淀镇北邻、北京大学西墙以外、京颐公路迤西那大片田地，当时号称“京国第一名园”
2	勺园	画家米万钟开辟。面积不大，但布置精巧。勺园故址已被包入北京大学校墙之内
3	畅春园 圆明园 自怡园 淑春园	清朝，康熙、雍正、乾隆三代前后一百五十多年，纷纷在海淀建造御园。 （1）重修清华园，改名畅春园。 （2）畅春园之北新建圆明园，毗连圆明园，还有长春园、万春园。 （3）宗室大臣的赐园：自怡园（康熙朝武英殿大学士明珠）、淑同园（乾隆宠臣和珅）、淑春园（北大未名湖畔）。 环绕诸园的周围，又有八旗的营房。海淀以北十数里均为禁地。 咸丰十年（1860年），英法联军大肆掠夺圆明园，然后纵火焚烧。光绪二十六年（1900年），八国联军进占北京，海淀诸园再受洗劫

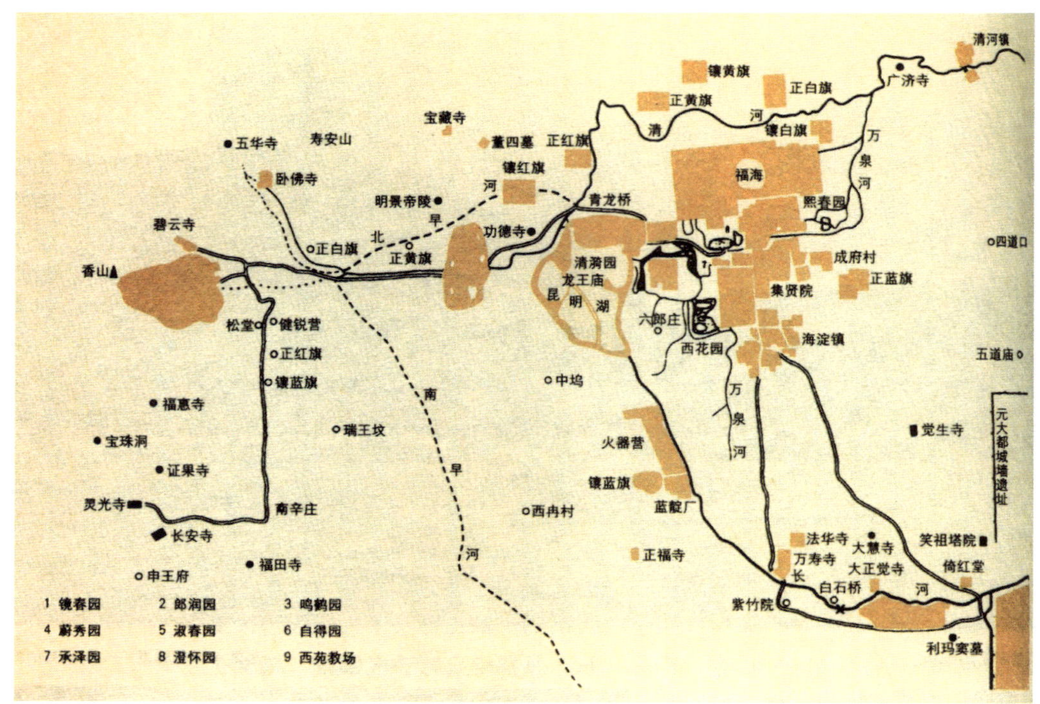

图 2－18　北京西郊苑囿示意图

2.2.6.2　南苑

历史上的南苑即南海子，在北京城南 10km，是元、明、清封建王朝的皇家园囿，平均海拔 31.5m。其范围包括现在大兴区旧宫镇的全部和瀛海镇、亦庄镇、西红门镇的大部分地区以及毗邻的丰台区南苑镇、朝阳区小红门镇的部分地区，东西长 17km，南北长 12km，总面积约 $210km^2$（图 2－19）。

南海子的历史，可以上溯到辽代。京城南郊等地，是辽主进行渔猎活动的主要地区；金代将中都近郊划分为若干“围场”分拨诸王涉猎，称“下马放飞泊”。元朝时，下马放飞泊成为皇家园囿。明永乐年间又扩充，开辟了北大红门、南大红门、东红门、西红门。并命名曰南海子。先后修筑了旧衙门提督署和新衙门提督署，以及关帝庙、镇国观音寺等，还在南海子修建了二十四园。清朝将南海作为皇家园囿重加修葺，又称南苑，在明朝南海子围墙的基础上新辟 5 门，并增设了 13 座角门。清顺治、康熙、乾隆年间先后在南苑修建了数处行宫、庙宇，康熙、乾隆、嘉庆、道光等皇帝亦常在此检阅八旗兵阵，清光绪二十六年（1900 年），八国联军侵入北京，行宫寺庙被焚烧，鸟兽尽被射杀。后被圈占耕种。

图 2－19　南苑皇家苑囿区域示意图

历史上南苑的湖沼为永定河南徙以后，古河道内部的洼地逐步演变形成的，湖沼 25 处，总面积 $6km^2$。南苑内的水系总长度达 64km，分为南北两派，一亩泉和团河（团泊）分别是北、南两派河流的发源地。一亩泉当时称小龙河，曲折东南流经南苑镇北，至旧宫南侧与自南苑西北部入苑的凉水河汇合。南派水系的发源地是团河，即今大兴黄村镇

东3km处的团河村西，团河因湖面成圆形，故得名团河，当地俗称西泡子。凤河即发源于团河。团河之水出团河行宫后，曲折东南流，在回城门西流出南苑。凤河是南派水系的主要河流，乾隆年间曾多次疏浚凤河，将下游河道改为之字形，减其水势。这些河流湖泊滋润了南苑广阔的草场，提供了充足的水源。

永定河上游修建水库后，地下水不能得到补充，泉眼干涸、小河断流，许多湖泊被开垦成稻田和养鱼池，只剩下团河源、头海子、二海子、三海子、芦苇泡子等几个水面，总面积约1.3km^2。凉水河、凤河变成城市排污河，只有小龙河比较清澈，但是20世纪80年代后全部被污染，湿地几近干涸。现在，团河行宫中的团泊尚有水面约60亩。三海子由于1985年建成麋鹿苑后，保持了60亩的人工水面。其余水体荡然无存。

2.2.7　小结

水是生命之源，北京城市的建设选址与布局，无论是历史还是现在，都是循水而变迁，就其利、避其害，见图2-20。回顾北京的建城史，无论是最早永定河渡口两侧的燕国与蓟国，还是随后的战国、两汉、三国时期的北京，乃至随后的辽南京、金中都、元大都、明清北京城，都体现着北京依水而建、循水发展的特点。此外，在北京城市发展的过程中，由水而建的皇家园林、历史名桥，以及京城的漕运也充分体现了北京由湿地而园林而皇城而都城的发展历程。

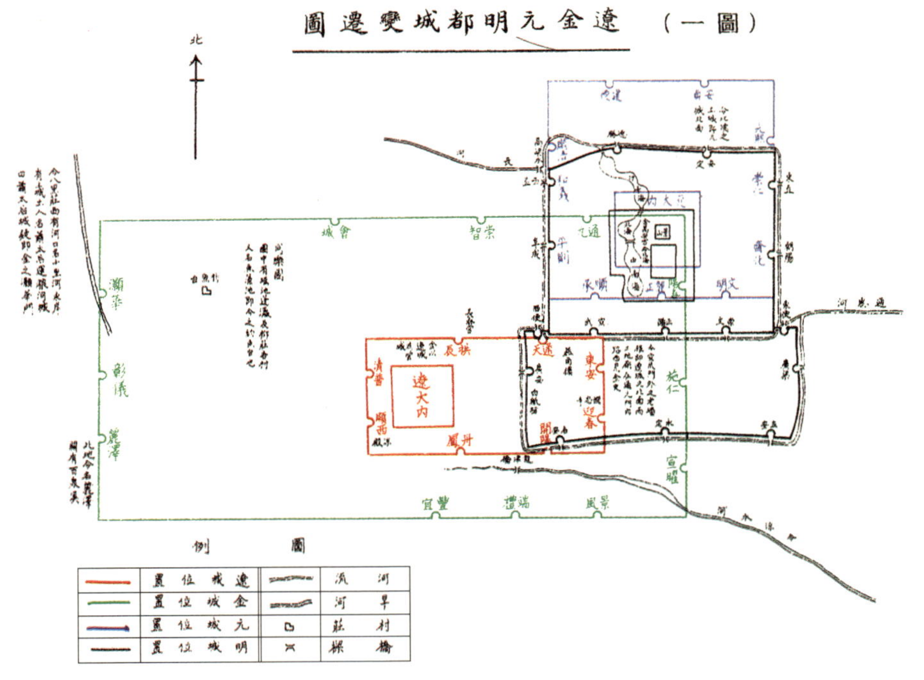

图2-20　辽金元明清都城变迁图

2.3　北京城市湿地现状

2.3.1　北京河湖水系概况

北京地处海河流域，有大小河流100余条，长约2700km。这些河流分属于大清河水系、永定河水系、北运河水系、潮白河水系、蓟运河水系等五大水系，并成为北京平原区地下水的主要补给源。上述五大水系携带的砂砾等松散颗粒物形成了北京冲洪积扇平原。永定河位于城市上游，是北京市的防洪重点河道。北运河位于城市下游，是城市河道排水的尾闾，其上游的温榆河是源于北京境内的唯一河流。新中国建立以来，为了防洪排水和城市供水，先后修建了官厅、密云、海子、怀柔等85座大、中、小型水库。

在本次研究范围内有南沙河、清河、坝河、通惠河、凉水河等五条主要排水河道及其40多条主要支流，河道总长度约460km（主要属北运河水系）。这些河道担负着北京中心城的防洪排水、供水、美化环境、调节小气候的作用。其中护城河、筒子河、土城沟、通惠河、长河等河道是在不同历史时期人工开挖而成，新中国成立后，为解决城市供水又先后修建了引水进城的永定河引水渠和京密引水渠。但是，近些年，由于北京市水资源紧缺，中心城河道中只有永定河引水渠、京密引水渠、南护城河、通惠河（高碑店闸以上）、长河、北护城河基本常年有水，其余河道基本没有常年补给水源。

近十年来，随着我国经济实力的大幅度提高，以及政府对市政基础设施的高度重视，北京市水利建设进入一个新的发展时期，为提高城市防洪能力，改善水环境和城市景观，对市中心区河湖水系进行了综合整治，按照景观河湖要求，先后治理了长河、昆玉河、筒子河、转河、菖蒲河，其中，昆玉河和长河还实现了通航。并对清河上段、万泉河、马草河下段、坝河（酒仙桥段）、北小河（望京段）等河道进行了治理，提高了河道的输水、防洪能力。在大力进行河道综合整治的同时，先后治理了“六海”、紫竹院湖、动物园湖、玉渊潭湖等湖泊。

2.3.2 北京地区水环境现状分析

2.3.2.1 北京地区地表水环境现状分析

2005年北京市地表水五大水系共监测到有水河流78条段，长2079km，其中Ⅱ类、Ⅲ类水质河长共935km，占监测总长度的45.0%；Ⅳ类、Ⅴ类水质河长共306km，占监测总长度的14.7%；劣Ⅴ类水质河长共838km，占监测总长度的40.3%。其中，北京市河流主要污染指标为化学需氧量、高锰酸盐指数、生化需氧量和氨氮，其年均超标河段分别占67.9%、48.1%、67.1%、59.5%；其次为阴离子表面活性剂和石油类，其年均超标河段分别占42.9%、46.2%。河流污染类型属于有机污染类型。

2005年共监测湖泊21个，其中Ⅲ类水质湖泊有2个，占监测总容量的14.1%；Ⅴ类水质湖泊有9个，占监测总容量的37.7%；劣Ⅴ类水质湖泊有10个，占监测总容量的21.2%。其中，湖泊主要污染物为高锰酸盐指数、生化需氧量，其年均值超标湖泊分别占90.5%和85.7%；参考项目总磷和总氮超标情况也比较严重，21个湖泊中总磷年均值超标的占85.7%，总氮年均值超标的占100%。

2005年共监测水库18座，其中，Ⅱ类、Ⅲ类水质水库有11座，占监测总库容的66.2%；Ⅳ类、Ⅴ类水质水库有6座，占监测总库容的33.9%；劣Ⅴ类水质水库有1座，占监测总库容的0.02%。其中，水库主要超标污染物为耗氧有机物、氨氮和石油类；参考项目总氮超标情况也比较严重，18 座中型水库总磷年均值超标水库占 11.1%，总氮年均值超标水库占 88.9%。

总体上，北京地区的地表水环境现状较差，河流主要表现为有机污染类型，湖泊及水库主要为营养物质超标。

2.3.2.2 北京地区地下水环境现状分析

2005 年，北京平原地区地下水优良、良好水质占所有监测井总数的 67.88%；较差水质、极差水质占所有监测井总数的 32.12%。地下水中主要超标指标为溶解性总固体、总硬度和硝酸盐氮，超标区范围主要在市中心区及南部地区。远郊区县地下水水质明显好于城近郊区，承压水水质好于潜水水质。

其中，总硬度含量超标区主要分布于：东起十八里店—八王坟，西至西直门—天宁寺—卢沟桥—北天堂一线；南自丰台区界，北至黄村，呈不规则分布；其他超标地区呈零星分布，如海淀区的巨山村、东冉村和南平庄一带；朝阳区的高碑店、双桥及西马各庄地区，石景山区的水屯、鲁谷等地。溶解性总固体超标区主要分布于：东起南磨房，西至西直门—太平桥—岳各庄—卢沟桥一线；南起南苑，北至黄村，呈不规则分布；其他在衙门口及巨山村地区呈零星分布。硝酸盐氮超标区主要分布于：东起朝阳区大北窑—龙潭湖—小红门，西至丰台区北大地—郭公庄；南起丰台区界南苑、小红门西，北至西直门，主要集中在城市南部地区。

2.3.3 北京市中心城地区现状湿地面积

水量的丰枯变化导致湿地水面具有波动特征，滨水滩地又多为草地覆盖，湿地与绿地边界没有严格的界线，所以导致湿地统计面积数据差异较大。国家林业局组织的全国实地调查，选择了单块面积大于 100hm^2 的湿地，以及河床宽度大于或等于 10m，面积大于 100hm^2 的河流。根据 2003 年海南省开展的全国湿地资源调查试点工作，在 8hm^2 到 100hm^2 之间的湿地面积占全省湿地面积的 20% 以上。推而广之，不同尺度和分辨率条件下的湿地调查结果差异是较大的。不同来源的北京湿地面积数据也存在较大差异，有必要根据规划需求进行较精确的统计。

（1）统计对象

现有规划范围内的城市水面由五部分构成：

- 永定河、北运河和温榆河等处于规划边界的大河；
- 具有季节性水源保障的景观河道；
- 公园湖泊；
- 规划蓄滞洪区；
- 其他零散池塘洼地。

（2）统计手段与方法

- 数据来源：以 2004 年 5 月、6 月 SPOT 遥感影像（分辨率 2.5m/像元）为数据源，参照 CAD 规划图进行定位，对保障供水的水体面积进行逐个统计。
- 统计范围：采用北京市提供的 CAD 图范围边界，规划范围总面积为 1618.56km^2。
- 统计标准：统计具有水源保障的水面面积。

◆ 北运河、温榆河等常年有水的河道以遥感影像显示水面面积计。

◆ 具有供水保障的经整治衬砌后的城市景观河、湖，按照满槽面积计算水面。

◆ 永定河以 50m 宽保障水面计。

◆ 城市景观河流、湖泊以工程界线内满水面计。

◆ 蓄滞洪区、零星坑塘等采用遥感影像实际水面的三分之一保障面积计。

◆ 对近年将要实施的水系连通工程也统计在内，如北土城沟东部与坝河的连通工程计入坝河，北护城河与亮马河的连通工程计入亮马河。

（3）统计结果

1）遥感影像显示实际水面总面积 33.68km^2。水面比例为 2.08%。

2）按照保障水面统计的结果：

① 三条大河 9.659km^2；

② 蓄滞洪区规划面积 17.1598km^2，

③ 蓄滞洪区保障水面 5.72km^2；

④ 城市景观河流 25.5318km^2；

⑤ 城市湖泊 6.604km^2；

⑥ 其他零散支渠、坑塘、洼地 10.6424km^2。

保障水面面积（①③④⑤）合计 47.5148km^2，占规划总面积的 2.94%。若在 2020 年保障水面实现，以预测人口 980 万计，则人均水面 4.85m^2。

最大潜力水面总面积（①②④⑤⑥）合计 79.256km^2，占规划总面积的 4.9%。若 2020 年实现全部水面，以预测人口 980 万计，则人均最大潜力水面 8.09m^2。这一面积的实现取决于蓄滞洪区和支渠、坑塘、洼地水面的充分实现。

2.4 北京城市湿地存在主要问题

2.4.1 北京城市湿地存在主要问题

（1）城市湿地面积减少

纵观北京的发展历史，历史上北京是一个河渠交错、坑塘遍布的地区，北京城区及附近湖泊水体面积比现在大得多。这些湖泊水体的成因大致分为两种：一种由地下水溢出汇积而成的，如昆明湖、紫竹院、玉渊潭、玉泉山、莲花池、万泉寺等；另一种是历史上所称的“三海大河”等古河道，加上人工改造而成的古湖泊，如太平湖（已填）、积水潭、六海等。由于近年来自然降雨量的减少和居民用水量的不断增加导致地下水开采严重、地下水位下降，从而使得湖泊下的泉水枯竭，使水域面积大大减少。同时，市区内河流空间被道路、市街、商业区、住宅区挤占，自然河汊、溪沟被填埋、暗渠化。水面面积的减少直接减少了水生态系统的栖息地。城市湿地的数目已经大幅减少，据相关调查资料，北京市的湿地面积已经从历史上的 15%，下降至 2003 年的 3%，消失的湿地中，以太平湖、东西护城河和前三门护城河等较为有名。

（2）水生生态系统退化

随着北京市城市规模不断扩大，人口剧增，导致用水量的大幅增加，同时由于近年来自然降水量的减少，河道中的急流量减少，河流自净能力降低，导致水体污染状况严重。同时，由于城市建设的迅猛发展，导致城市下垫面趋于不透水化，城市径流系数不断提高，使得河道内的洪峰流量增加。这两方面的原因都使得河道内的生境遭受了严重的破坏。

2001 年北京城市水系爆发了罕见的“水华”现象，城区淡水中的藻类生物爆发性繁殖，导致水中严重缺氧，鱼类大量死亡，一些藻类产生毒素。经测定已发生“水华”的河湖区有：北护城河、京密引水渠、中南海、积水潭（即西海）、后海、什刹海、北海、红领巾公园、朝阳公园、圆明园等。

据 2002 年北京水利科学研究所对西海、后海、前海、北海四海的监测资料，水体中藻类种群结构和数量与 1991 年中科院动物研究所的研究成果发生明显变化，生物多样性下降，爆发性污水种增加，结构趋于简单，且主要以蓝藻门、绿藻门占据优势。北海富营养水平大致维持不变，中、南海有减弱现象；前三海水生植物的生态净化作用减弱，氧化塘作用加强，营养程度也变为富营养型。

2.4.2　北京城市湿地减少及湿地生态系统退化的主要原因

2.4.2.1　自然因素的影响

（1）自然降水量减少使部分湿地枯竭

北京地处中纬度，属温带大陆性季风气候。由于受到季风气候及地形的影响，降雨具有时空分布极不均匀，年际变化悬殊，丰枯交替发生等特点。丰水年与枯水年相比，全市平均降水量可差 3.5 倍，个别地区可差 5.8 倍，丰枯年连续出现时间一般为 2~3 年，最长连续丰水年可达到 6 年，连续枯水年可达 9 年，据历史记载最长枯水期曾达到 20 年。

通过对 1841~2000 年的降水资料进行研究可以发现：

1）170 年中北京地区有两个多雨时段，一段是 19 世纪 80 年代中期至 90 年代中期，其平均降水距平百分率为 34.4%；另外一段是 20 世纪 50 年代，平均降水距平百分率是 23.0%；三个少雨期是 19 世纪 50 年代中期至 60 年代中期、20 世纪 40 年代、20 世纪 70 年代中期至今，距平百分率分别为 -18.6%、-9.7%、-6.0%。

2）20 世纪 50 年代以来降水量呈减少趋势，1964 年以后距平百分率基本均为负值，即降水量少于常年平均值。距平百分率平均每 10 年下降 8.1%。1975 年北京市水文手册统计了北京地区 100 年的降雨资料，中心城地区多年平均降水量调整为 650mm；1982 年编制北京市总体规划时，中心城地区多年平均降水量为 628mm；目前，多年平均降水量仅为 585mm。

3）1991~2000 年的 10 年间降水虽说是丰枯交替，但是偏少年份占三分之二，尤其是 1999 年、2000 年连续大旱，降水几乎不足常年的 4 成和 6 成，这是水库来水量急剧减少、地下水位迅速下降的重要原因。此外，2001~2005 年期间，北京地区平均降水量仅为 424.54mm，比常年平均降水量少 160.46mm。五年中，2001 年降水量最少，只有 338.9mm，2004 年降水量最多，为 485.5mm，见图 2-21。

自然降水所产生的地表径流是城市湿地系统的重要补给水源，近年来，自然降水的减少导致城市湿地补给水源的大量减少，湿地面积也随之大量减少。

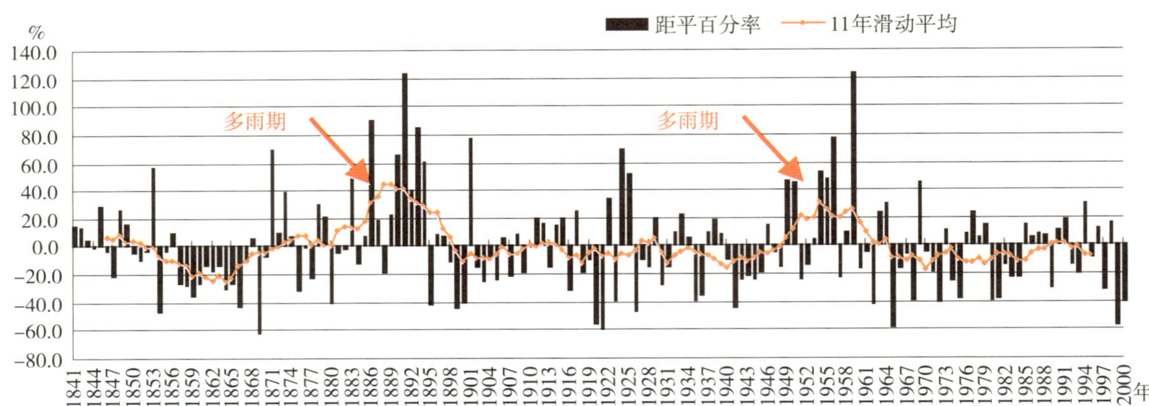

图 2－21 1841～2000 年北京降水情况图

（2）地下水位下降使湿地补给水源减少

新中国成立后，北京作为新中国的首都，人口和城市规模都不断扩大，用水量不断增加，地下水的过度开采，使得北京平原地区地下水持续亏损，到 2005 年已累积亏损约 60 多亿立方米，造成了地下水位的持续下降。中心城地区地下水因严重超采而形成巨大的“地下水空库容”，局部地区（丰台卢沟桥地区）地下水呈疏干半疏干状态。北京市平原区地下水超采强度划定范围，见图 2－22。

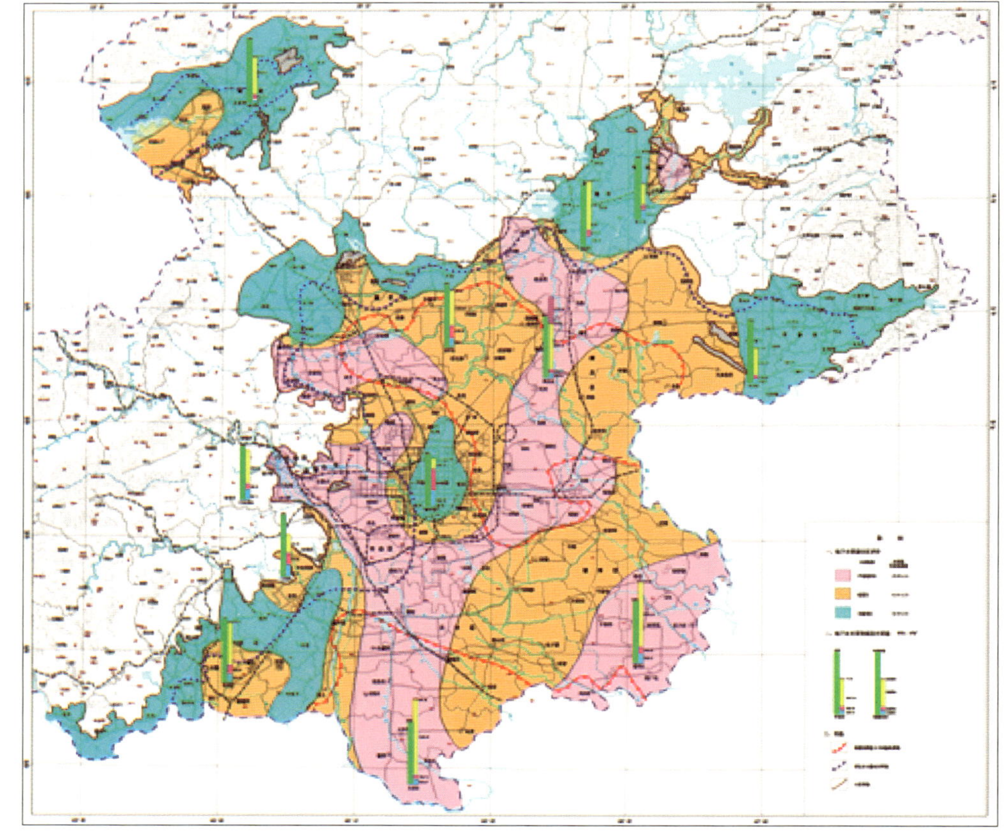

图 2－22 北京市平原区地下水超采强度划定范围图（2005 年）

2005 年 6 月，永定河两岸和东南平原仍呈现区域性的潜水水位降落，北京市平原区承压水漏斗中心区在朝阳区铁路环—天竺一带、昌平区北七家、顺义张喜庄、通州区。

湿地系统与地下水系统是紧密相连的，地下水也是湿地的重要补给水源，很多湿地就是由于地下水溢出而形成的（如玉泉山湿地）。由于地下水位持续下降，使得地表湿地缺乏补给水源，导致很多湿地逐渐消失（如海淀山后地区的大量湿地）。

2.4.2.2 城市建设用地增加

为了满足城市发展对于建设用地的需求，在以前的城市发展过程中，过度重视经济发展，轻视了城市的环境承载力、气候、水资源、景观等诸多因素，导致部分湖泊被填垫，大部分河道人工化，断面缩窄；部分河道还被改造成为暗沟。这种情况造成了湿地数量的减少以及面积的萎缩。

2.5 本章小结

本章分别从研究区域的基本情况、北京城市湿地历史概况、北京城市湿地现状和存在问题等方面进行了研究分析。认为，北京的城市发展是与北京的水系变化密切联系在一起的，可以说北京城是一个循水演变的城市，无论是永定河渡口两侧的燕国和蓟国，莲花河畔的辽南京、金中都，高粱河畔的元大都，还是引玉泉山水养育的明清北京城，无不体现了北京城市循水而建，依水发展的特点，体现了北京由湿地而园林而宫殿而都城的发展过程。从春秋战国时起，北京就开始了水利工程建设，可以说北京的城市建设史是与北京的水利工程建设史密不可分的。北京城市湿地存在的主要问题是面积减少和生态系统退化，而导致北京城市湿地不断减少，湿地生态环境恶化的主要原因包括自然因素以及人为因素，其中自然因素主要包括自然降水的减少以及地下水位的下降，人为因素主要包括城市建设用地不断挤占河湖水系。

第3章 北京中心城地区湿地系统的效能研究

为把北京建设成为宜居城市，充分发挥城市湿地系统的效能，本次研究收集分析了国内外大量的研究成果与资料，并在此基础上，通过科学实验，着重研究了城市湿地在净化水质、防洪、景观、调节小气候、补给地下水、维持生物多样性、增加城市文化品位等各种效能，为制定湿地后系统规划奠定了基础。

3.1 防洪效能

城市防洪体系包含很多内容，各组成部分相互协调运用，才能保证城市防洪安全。蓄滞洪区的建设与应用是城市防洪体系中的主要内容之一，在世界许多城市中都发挥着巨大的作用。在北京，蓄滞洪区的规划与建设已经明确纳入北京城市总体规划和北京市防洪规划，在北京中心城地区就规划有西郊砂石坑、南旱河等蓄滞洪区，体现了北京中心城地区“西蓄东排，南北分洪”的防洪指导思想。为了更好地解决蓄滞洪区日常的管理和环境改造等问题，使之成为城市的有机组成部分，需要将蓄滞洪区视作湿地来进行研究，以便为下一步的湿地综合利用规划提供依据。

3.1.1 湿地系统与城市防洪

3.1.1.1 北京中心城地区洪涝灾害及存在问题

1. 历史洪涝灾害

北京市的洪涝灾害历来都很严重，威胁着首都人民的生命财产和社会经济的发展。

据史料记载，从金代开始至1949年的834年中，永定河决口、漫溢、改道共150余次，平均每5年发生一次洪水灾害。如1668年7月大暴雨，浑河（永定河）发水，冲决卢沟桥及堤岸，直入正阳、崇文、宣武、齐化诸门。1890年永定河洪水冲入西便门一带，护城河水深丈余，朝阳门外水浸过桥，自六月初一至初九断绝行人。解放以来中心城地区也发生过1959年、1963年大暴雨，对中心城地区造成灾害最严重的是1963年8月8日至8月9日的特大暴雨。

（1）元代洪涝灾害

自至元八年（1271年）至至正二十八年（1368年）的98年间，计有48个年份在大都地区发生轻重不同的水灾，平均不到两年就有一次。水灾偏多的原因，据著名学者竺可桢所著《中国大陆五千年气候变迁》一书中所述，是元代前期处于中国大陆近五千年来气候变化过程中的第四个温暖期和元代后期由温暖期向第四个寒冷期缓慢过渡的反映。

据《元史》记载，有元一代河决堤泛滥致灾的就有22次之多。有的年份到十一、十二月和转年的正、二、三月，仍有水灾生。至元二十二年（1285年）二月，“寒浑河堤决，役夫四千人”。二十五年（1288年）四月，“浑河决，发军筑堤捍”。二十八年（1291年）二月，“雨坏太庙第一室，奉迁神主别殿”。三十年（1293年）三月，“雨坏都城，诏发侍卫军三万人完之”。延祐二年（1315年）正月，“霖雨坏浑河堤堰，没民田，发卒补之”。

（2）明代洪涝灾害

自洪武元年（1368年）至崇祯十七年（1644年）的276年间，北京地区的水灾年份有104个，平均每三年一次。依据1997年出版的《北京历史自然灾害研究》一书，对致灾原因、受灾面积、损失程度、赈灾措施等诸方面的资料记载，将水灾划分为特大水灾、严重水灾、一般水灾三个等级标准（见表3－1），明代有特大水灾9次，即宣德三年（1428年），正统四年（1439年），成化六年（1470年），正德十二年（1517年），嘉靖三十二年（1553年）和三十三年（1554年），万历十五年（1587年）、三十五年（1607年）和三十九年（1611年）；严重水灾29次；一般水灾66次。

明代北京水灾等级划分标准表　　**表3－1**

水灾等级	受灾面积	致灾原因	损失程度	赈灾措施
特大水灾	全境受灾或面积较广	连续数月暴雨，淫雨连月，河流多处决口	田禾尽淹无收，大批房屋坍塌，大量人畜淹毙	朝廷采取多种紧急赈灾措施
严重水灾	半数以上州、县受灾	连续二、三天暴雨，淫雨经旬，河流决口	田禾淹没减产，部分房屋坍塌，少量人畜淹毙	朝廷采取一、二种赈灾措施
一般水灾	少数州或局部地区受灾	降雨强度较小或持续时间短，河流无决口	灾情较轻，损失较小	朝廷未采取赈灾措施或仅一般赈济

注：清代也依此标准划分水灾等级。

明代水灾多发期，主要集中在洪武八年至二十四年（1375～1391年）、永乐十年至弘治二年（1412～1498年）、嘉靖十六年至万历四年（1537～1576年）、万历三十年至四十二年（1602～1614年），先后共153年。在这四个时段内，水灾发生频率较高，一般两年一次，甚至连年发生；间隔年数多的也只有4～5年；严重水灾和特大水灾相对比较集中。

明代水灾多发于沿河两岸，据史料记载，河流泛滥成灾达54次之多，占水灾总数的57%。其中：北运河泛滥29次，潮白河泛滥7次，浑河（卢沟河）泛滥18次。以上统计还不包括诸如“大水坏城”、“淹没禾稼”等一类简单记述的水灾在内。

（3）清代洪涝灾害

自顺治元年（1644年）至宣统三年（1911年）的268年间，北京地区有128个年份发生了轻重不同的水灾，平均两年即有一次。轻者毁田伤稼，粮食减产；重则浸坍房屋，漂溺人畜，阻断道路，引发瘟疫，致使大批人家流离失所，家破人亡。按前述水灾等级标准评估，清代发生的128次水灾中，有特大水灾5次，严重水灾30次，一般水灾共有93个年份。进一步分析，将清代划为两大历史阶段，顺治、康熙、雍正、乾隆（共152年）为清前期；嘉庆、道光、咸丰、同治、光绪、宣统（共116年）为清后期。两者比较，后期灾情明显重于前期。前期发生特大水灾2次，后期发生特大水灾3次；前期发生严重水灾12次，后期发生严重水灾18次。前期连续发生严重水灾仅1次，即乾隆三十五年（1770年）和三十六年（1771年），后期连续发生严重水灾为3次，即道光二年（1822年）和三年（1823年），光绪十二年（1886年）、十三年（1887年）和十四年（1888年）。前期发生一般水灾42次，后期发生一般水灾52次。特别是清末光绪年间的34年中，就有29个年份发生轻重不同的水灾；而康熙在位的61年中，仅有12个年份水多成灾。

（4）中华民国时期洪涝灾害

民国时期自1912～1948年的37年间，共发生轻重不同的水灾17次，即1912年、1913年、1915年、1917年、1919年、1922年、1924年、1929年、1931年、1932年、1933年、1934年、1937年、1939年、1946年、1947年、1948年，其中1922年、1924年、1929年、1939年灾情较重。1939年是北京地区近60年来最大一次洪水，以洪峰频率分析，潮白河在百年一遇以上，永定河、北运河等均在50年一遇左右，是海河流域“北四河”的典型灾年。

（5）中华人民共和国建立后洪涝灾害

新中国建立初期，各河道尚未进行全面规划治理，加之1949～1959年降水量偏大，以致多次出现洪涝灾害。自1949～1995年这47年间，发生较为严重的水灾有9年。

（6）1939年特大洪水

1939年7月至8月，连续多次暴雨，降雨日数多达30～40天，且范围较广，覆盖了潮白、北运、永定及大清河水系。

这两个月期间，有3次暴雨造成各河大洪水。第一次是受7月10～13日两次台风影响，7月10日～16日降了暴雨，主要雨区在太行山迎风和燕山西部，分布范围较广，昌平降雨量最大，达326.7mm。第二次暴雨也是受台风影响，于7月24日～29日降了暴雨，主要分布在潮白、北运、永定和大清河流域，暴雨中心区在北运河上游及官厅山峡地区，昌平一日降雨量达248mm，五日降雨量达515.5mm。三家店7月25日一日降雨量达234mm，五日降雨量达461.6mm。其他各地降雨量在100～200mm左右。第三次是受8月10日～8月13日西风带低压槽影响，发生的一次较小暴雨，主要分布在西北部地区，昌平降雨140mm，三家店降雨128mm。

这一年的暴雨特点是：历时长，次数多，范围广，强度大。昌平7、8两个月总降雨量达到1137.2mm，是北京西北部有实测资料以来的最高纪录。雨后，海河水系各河均发生了大洪水，其中：

永定河，7月25日卢沟桥洪峰达4390m^3/s，冲弯京广铁路桥梁，冲倒卢沟桥石栏杆，桥面过水，并经小清河漫溢分流2580m^3/s。下游梁各庄、石垡及南、北章客又相继决口，大兴西南部洪水泛滥成灾，冲毁京津铁路路基。卢沟桥下游右岸溢流堤附近决口，河水全部泄入小清河，冲毁铁路路基多处和桥梁两座，良乡县受灾户达4.3万户，2万户倾家荡产，死伤多人。房山、良乡两县淹没农田面积310km^2。

潮白河，7月26日上游出现洪峰10650m^3/s（调查资料），均为历史上首位大洪水，七日洪水量达22亿立方米。洪水冲毁京古铁路大桥和公路，交通全部中断。冲毁密云县护城石坝和城墙，水到西门和南门，南门外大街行船，小圣庙供桌淤没。顺义县、通县境内多处决口，苏庄拦河大闸被洪水冲毁，潮白河夺箭杆河改道。

北运河，7月27日通州水文站实测洪峰为1670m^3/s，下游左堤决口，北运河与潮白河洪水连成一片。据统计，通县、昌平、密云、怀柔、顺义等县共淹没土地43.33万公顷（650万亩）；昌平沙河镇水深3m，死伤600余人。

大清河，6、7月间阴雨40余天，7月24日又连降两天大雨，造成山洪突发，西部山区发生大洪水。拒马河紫荆关水文站洪峰为3800m^3/s，千河口水文站为7100m^3/s，大石河漫水河水文站3220m^3/s。沿河房屋倒塌，人畜伤亡，琉璃河铁路桥闷孔，周口店运煤高线桥被冲毁。

根据各河最高洪峰量推算，永定河、北运河洪水在50年一遇左右，潮白河洪水在百年一遇以上。

（7）1963年大洪水

1963年8月8日至9日的特大暴雨是一场百年以来罕见的特大暴雨，暴雨中心为中心城地区东北部酒仙桥地区，最大24h降雨量达401mm，城中心区松林闸日降雨量为325mm。这次暴雨分布特点：城中心区平均日降雨量为300mm，中心城地区平均日降雨量为265mm，城市的上游西部、北部山区为50～100mm，下游通县降雨量较小，约50mm；本次暴雨另一个特点是：次降雨量较大、持续时间较长、笼罩面积较大、短历时暴雨强度较大，所以，这次暴雨对中心城地区民房、交通、工业、农业等均造成了重大灾害及严重影响，见图3－1。

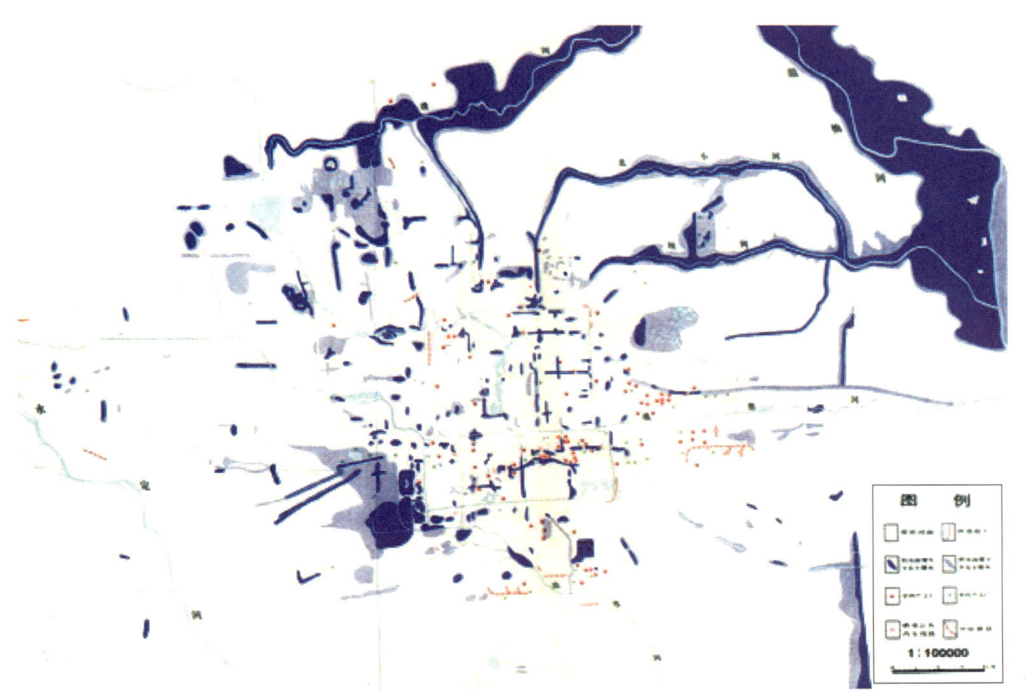

图3－1 1963年特大洪水灾情图

据不完全统计，本次暴雨致使中心城地区范围内河道和温榆河均发生大洪水，河道普遍漫溢。如温榆河全线漫溢，沿岸和平、金盏、楼辛庄等乡被淹没，皮各庄、黎各庄、沙窝等村被水围困；清河全线漫溢成灾，清华、北大、体育大学均淹水，清河镇毛纺厂停工，粉丝厂被淹，农田淹水 3.4 万亩，成灾面积约 2 万亩，沿河有 17 个村庄不同程度遭受洪水侵袭；长河洪水漫溢，淹了动物园；莲花河上游新开渠漫溢，洪水由西向东南经马连道地区漫流至右安门以西，东西宽 2km，水深超过 0.5m；凉水河在大佟桥以上漫溢，淹没大量农田；通惠河在高碑店闸以上洪水位距第一热电厂取水泵房不到 0.5m，情况十分危急，下游八里桥一带，河道洪水上岸，使京通公路中断交通，两岸农田被淹没；城区的护城河，在右安门、左安门、东便门、东北城角等处均发生险情。

由于河道漫溢，雨水管道排水不畅，淹水面积约 202km^2，中心城地区积水点共 398 处，其中积水深在 0.5m 以上的为 263 处，造成的灾害如下：砸死 27 人，倒塌房屋 1 万余间，影响 7700 户居民正常生产和生活。

城区各主要干道，如西长安街、新华门前、永内大街、朝内大街、王府井南口等道路，一般积水都在 0.5m 以上，市内公共交通车辆基本陷于瘫痪。中心城地区 56 条公共汽车路线，全部停驶或分段停驶的有 36 条。中心城地区内共有 12 条对外交通放射线，就有 9 条中断交通 3～5h，有的中断一天以上。冲毁桥梁 29 座，漫水 88 座。中心城地区铁路的桥涵或路基被冲毁共 82 处。

中心城地区内有 295 个工厂的生产受到损失，其中全部停产的有 85 个，工业损失按当年价格计约 1000 万元以上。

朝阳、丰台、海淀三个区农田淹水面积约 30 万亩，其中成灾面积约 9.8 万亩，估计损失蔬菜约 1 亿斤，粮食 1000 万斤以上。

2. 北京城市防洪存在的问题分析

（1）中心城地区上游西部山区洪水尚未得到有效控制，对城市的部分地区构成洪水威胁。目前，中心城地区上游西部山区的洪水全部流经市中心区，排入通惠河、凉水河、清河和坝河。而通惠河、凉水河、清河和坝河在治理时，由于河道用地紧张，为减少河道规模，在规划流量计算时考虑了城市上游采取蓄滞洪措施，而目前这些蓄滞洪措施的主体工程一直未能实施，城市防洪存在严重隐患。

（2）中心城地区部分主要河道和排水沟长期未治理，负担过重，排水能力不足，存在隐患，不能适应城市建设发展的要求，亟待治理。问题主要存在于南部的凉水河水系和海淀山后的南沙河水系。

凉水河是中心城地区西郊、南郊主要排水河道，并担负南护城河分洪任务。该河曾于 1988～1992 年进行过治理，由于种种原因，未按规划标准疏浚。因城市建设的发展，将使凉水河流域内建设区面积大幅度增加，现状河道防洪排水标准已经不能适应城市建设发展的要求。目前，已经对凉水河中段进行了整治，排水能力已有较大增加，需要继续对其上段和下段以及凉水河的支流马草河、丰草河、旱河、小龙河及风河进行综合整治。

南沙河是中心城地区西北部海淀山后地区的排洪总出路，其主要支流有后沙涧沟、前沙涧沟、后柳林沟、前柳林沟、周家巷沟、宏丰渠、五一排水渠、风格渠、友谊渠、前章村沟、罗家坟排水沟、上庄后河等。从1987～1998年海淀区水利局陆续对南沙河水域进行过治理，治理标准为5～10年一遇。由于南沙河流域城市化建设速度加快，不透水地面面积越来越大，下垫面的变化大大改变了流域的水文特征，地表径流量有较大幅度增长，对河道防洪要求进一步提高，现有河道的防洪标准，不能满足本地区的规划防洪排水要求，需要尽快治理。另外，为减轻下游城区的防洪排水压力，规划要求南沙河要蓄滞洪水，控制下泄流量，需要在南沙河流域建设蓄滞洪区。

（3）防汛调度、通讯等非工程措施不完善，现代化程度低，急待改进。

3.1.1.2　北京城市发展对城市防洪的影响

1. 城市发展要求更安全的环境

北京市社会经济的迅速发展、城市规模的不断扩大和2008年奥运会的举办，都要求北京市必须提高抗御各种自然灾害特别是洪水灾害的能力，建立起一个可持续发展的、安全健康的城市发展环境，从而保证首都社会、经济、文化、科技全面发展和进步。这些都对北京的防洪能力提出了更高的要求。

2. 城市排水量上升增加排水河道负担

随着北京市社会经济的迅速发展和城市规模的不断扩大，北京市生产和生活等各方面的用水量和排水量都在急剧增加，从而对北京市的排水河道的排水能力提出了更高的要求。

3.1.1.3　北京中心城地区各河流间排水关系及北京与其他地区间排水关系

1. 北京与其他地区间排水关系

为了减轻下游河北省、天津市的防洪压力，满足《海河流域规划》对北运河下泄流量的要求，北运河在市界牛牧屯引水口处的流量为：20年一遇洪水流量1470m^3/s，50年一遇洪水流量1980m^3/s。

2. 北京中心城地区各河流间排水关系

本次研究范围内的河流主要包括：通惠河、清河、坝河、凉水河以及南沙河，最终城区范围内的排水河道都经温榆河、北运河流出北京。

根据北京市整体的防汛要求，各主要河流与温榆河－北运河的排水关系为：

通惠河出口20年和50年一遇洪水与北运河20年一遇洪水相衔接，根据《北京市区防洪排水规划》中的计算结果，通惠河下泄进入北运河的流量控制为20年一遇洪水流量611m^3/s，50年一遇洪水流量746m^3/s。清河、坝河、凉水河出口50年一遇洪水与温榆河20年一遇洪水相衔接，20年一遇洪水与温榆河10年一遇洪水衔接，根据《北京市区防洪排水规划》中的计算结果，清河下泄进入温榆河的流量控制为20年一遇洪水流量316m^3/s，50年一遇洪水流量450m^3/s；坝河下泄进入温榆河的流量控制为20年一遇洪水流量340m^3/s，50年一遇洪水流量340m^3/s；凉水河下泄进入北运河的流量控制为20年一遇洪水流量864m^3/s，50年一遇洪水流量1077m^3/s；南沙河流域则需要蓄洪100万m^3。

随着城市规模的不断扩大，河道治理标准的提高，使得河道规模全面扩大。而对于大部分河道而言，其周边一般已成为规划城市建设区，要大规模扩展河道已不可能，特别是有相当一部分河道已完成治理工作，若要实施改建则投资巨大，不是很现实。为了不增加温榆河及北运河的防洪负担，城市建设与城市防洪之间需要协调用地矛盾，适当安排滞蓄洪区。

3.1.1.4 小结

由以上分析可以看出，北京在历史上就是一个饱受洪灾侵害的地区，历次大规模的洪水泛滥都不同程度地影响了北京的经济发展，特别是1963年特大暴雨带来的灾害更使我们认识到：只有建立一个良好的城市防洪排水体系，才能为城市健康发展提供坚固的基础。

由于北京城市的迅猛发展，导致城市对于安全性要求不断提高，与此相应，城市的防洪排水压力逐渐增大。但是北京中心城地区各主要排水河道向温榆河和北运河泄洪时都有一定的下泄流量要求，同时北运河在汛期下泄进入河北的流量也有要求；而且由于城市建设用地紧张，城市河道也不可能无限制扩宽；这些都决定了在汛期时，必然有一部分洪水需要滞蓄在北京中心城地区范围内。

因此，要提高城市的防洪能力，必须在坚持和发展传统的洪水调蓄措施的基础上，合理规划城市蓄滞洪区系统，并将其作为湿地的一个组成部分，发挥其滞蓄洪水，涵养水源，改善生态环境的综合作用是十分必要的。

3.1.2 北京中心城地区湿地系统的防洪效益

3.1.2.1 湿地系统与蓄滞洪区间的区别与联系

参照国际湿地保护公约及其他一些国家的湿地定义，我国对于湿地定义为："陆缘为含60%以上湿生植物的植被区、水缘为海平面以下6m的近海区域，包括内陆与外流江河流域中自然的或人工的、咸水的或淡水的所有富水区域（枯水期水深2m以上的水域除外），不论区域内的水是流动的还是静止的、间歇的还是永久的。"根据《中华人民共和国防洪法》第四章第二十九条的规定，"蓄滞洪区是指包括分洪口在内的河堤背水面以外临时贮存洪水的低洼地区及湖泊等。"

由对湿地与蓄滞洪区的定义中可以看出，蓄滞洪区与湿地系统的最主要区别就在于蓄滞洪区内除汛期外可以无水，且无需存在湿生植物的植被区，蓄滞洪区的无水时间可以为整个非汛期乃至汛期不需要分洪的时段。

虽然湿地与蓄滞洪区在有无水上和植被上有一定差别，但是通过两者的定义可以看出，蓄滞洪区一般以依靠在分洪口在内的河堤背水面以外的低洼地区及湖泊建立的，这些地段大部分都已经是湿地，即使现在还不是的部分也极有条件成为湿地。此外，从提高城市整体生态功能和景观环境效果的角度考虑，蓄滞洪区也适宜进行湿地化建设以美化环境、改善生态。

综上所述，虽然湿地与蓄滞洪区存在一定的差别，但由于两者之间仍然有很大的相似之处和联系，因此在本次研究中，将蓄滞洪区作为湿地系统的一部分进行研究，即在本次研究中采用蓄滞洪用湿地的概念。

3.1.2.2 蓄滞洪用湿地与传统蓄滞洪区的区别

在本次研究中的蓄滞洪用湿地是指主要功能为蓄滞洪水用的城市湿地，因此其即需要保持湿地系统的属性，也要具备蓄滞洪区的属性。

与传统蓄滞洪区相比，蓄滞洪用湿地的特点是需要保留一定的常水面，以维持蓄滞洪区内生物的生长，构造良好的湿地生态环境。

3.1.2.3 蓄滞洪用湿地的调蓄作用

蓄滞洪用湿地作为城市湿地的一种，其主要承担的任务是调蓄城市洪水，因此其选址应为城市河道附近的低洼地区。

对于蓄滞洪用湿地的调蓄作用的确定，与传统的蓄滞洪区略有不同。传统蓄滞洪区的调蓄容量为蓄滞洪区的总容积，而蓄滞洪用湿地由于其内部有一常水面，因此其调蓄容量应为常水面至调蓄水位之间的容积。基于此概念，对于城市内主要作用不是调蓄洪水的湿地系统，也可以计算其蓄滞洪的能力，即通过其常水位与调蓄水位之间的高差确定调蓄容量。

3.1.2.4 北京中心城地区蓄滞洪量研究

北京中心城地区利用湿地系统作为城市防洪体系采取“西蓄、东排、南北分洪”的工程措施。

“西蓄、东排”是指规划利用西郊砂石坑、南旱河蓄滞洪区、玉渊潭调蓄中心城地区西部洪水，减少进入中心地区的洪水，确保城市防洪安全；同时将不能调蓄的洪水向东部的通惠河排泄。

“南北分洪”是指当南护城河发生20年一遇及其以上标准的洪水时，由西南城角向凉水河分洪；当遇特殊情况和超标洪水时，还要由东南城角经大羊坊沟向凉水河分洪。当北护城河发生20年一遇及其以上标准的洪水时，由东北城角向坝河、水碓湖分洪，同时考虑利用北护城河、水碓湖调蓄洪水。

（1）河道规划流量分析计算

a. 通惠河

通惠河流域总面积214km^2，其中规划建设区面积154km^2，农田区面积60km^2。根据《北京市防洪排水规划》中的计算结果，可以得到通惠河规划流量，如表3－2所示。

通惠河规划流量分析计算成果表 **表3－2**

序号	断面名称	规划流量（m^3/s）	
		Q_{20}	Q_{50}
1	高碑店闸	464	566
2	西会村西	570	687
3	普济闸	602	726
4	通州	611	746

b. 凉水河

凉水河流域总面积408km^2，其中规划建设区面积228km^2，农田区面积180km^2。根据《北京市防洪排水规划》和《凉水河（广外大街—通惠排干）治理工程规划》中的计算结果，可以得到凉水河规划流量，如表3－3所示。

凉水河规划流量分析计算成果表　　表 3－3

序号	断面名称	规划流量（m^3/s）	
		Q_{20}	Q_{50}
1	万泉寺铁路桥	183	234
2	分洪道	305	328
3	京津铁路桥	377	475
4	大红门闸	607	763
5	新凤河入口前	657（530）	910（751）
6	通惠排干入口前	864	1077

c. 清河

清河流域总面积 210km²（不包括北长河的流域面积），其中规划建设区面积 105km²，农田区面积 94km²，山区面积 11km²。根据《北京市防洪排水规划》与《清河治理工程规划》中的计算结果，可以得到清河规划流量，如表 3－4 所示。

清河规划流量分析计算成果表　　表 3－4

序号	断面名称	规划流量（m^3/s）	
		Q_{20}	Q_{50}
1	清河老河道入口前	88	103
2	万泉河入口前	158	190
3	小月河入口前	288	357
4	仰山大沟入口前	424	518
5	东小口沟入口前	476	581
6	沙子营桥	554	688
7	入温榆河口	554（316）	688（450）

d. 坝河

坝河流域总面积 163.1km²，其中规划建设区面积 73.6km²，农田区面积 89.5km²。根据《北京市防洪排水规划》、《坝河（北岗子桥—温榆河）综合治理工程规划》以及《坝河（东北城角—和平里北街）治理工程规划》中的计算结果，可以得到坝河规划流量，如表 3－5 所示。

坝河规划流量分析计算成果表　　表 3－5

序号	断面名称	规划流量（m^3/s）	
		Q_{20}	Q_{50}
1	和平里北街	62	63
2	北土城沟入口前	154	178
3	亮马河入口前	218	263
4	北小河入口前	296	369
5	楼梓庄前	432	558
6	入温榆河	442（340）	568（340）

e. 南沙河

南沙河，干流长约15.2km，流域面积约264km²。从1990～1996年，海淀区水利局陆续对南沙河（京密引水渠至海淀区界段）进行过治理，现状河道横断面为土渠梯形断面，上口宽约为20～95m，平均河深约3～4m，不能满足规划防洪排水要求。南沙河沿线的主要设施及建筑物有上庄水库、稻香湖闸、玉河橡胶坝等。海淀区境内，南沙河的主要支流有后沙涧沟、前沙涧沟、后柳林沟、前柳林沟、周家巷沟、宏丰渠、五一排水渠、风格渠、友谊渠、前章村沟、罗家坟排水沟、上庄后河等，如表3－6所示。

南沙河规划流量分析计算成果表　　表3－6

序号	断面名称	规划流量（m³/s）	
		Q_{20}	Q_{50}
1	柳林河入口前	240	357
2	稻香湖闸	438	651
3	上庄闸	572	873
4	八达岭高速公路	609	906

（2）滞蓄水量研究

a. 通惠河流域滞蓄水量研究

为减轻中心城地区河道的防洪排水压力，保证中心城地区的防洪安全，《北京城市总体规划》、《北京市防洪规划》确定了北京中心城地区“西蓄、东排、南北分洪”的防洪战略。其中“西蓄”是指将玉渊潭以上81km²的雨洪，充分利用渠道、西郊砂石坑、玉渊潭湖进行调蓄，主要包括三方面的内容：一是利用西郊砂石坑调蓄洪水，自永定河引水渠二号跌水杏石口节制闸以上，沿永定河引水渠南侧及西五环路修建截洪方沟，向南接入西郊砂石坑，以拦蓄小西山、八大处及琅黄沟等处洪水；二是在南旱河出口处建一座节制闸，利用河道及规划南旱河蓄滞洪区滞蓄上游山区部分洪水，在发生20年、50年、100年一遇洪水时，控制下泄流量均为25m³/s；三是利用玉渊潭湖调蓄中心城地区西部洪水，调蓄总量约为60万m³。

按照《北京城市总体规划》、《北京市防洪规划》的要求，在发生20年、50年、100年一遇洪水时，此三处滞蓄洪区的滞蓄水量为：658万m³、721万m³、766万m³。

b. 凉水河流域滞蓄水量研究

对于凉水河流域内的洪水，在上游和支流地区应该充分利用现状的砂石坑、鱼塘和低洼地进行调蓄，对于凉水河在大红门闸以下增加的流量，利用三海子公园现有的洼地进行调蓄，并且在凉水河出口、通惠排干出口等地区进行洪水的调蓄。

为了不增加北运河的防洪负担，凉水河在新凤河入口前，20年一遇洪水流量控制在530m³/s，50年一遇洪水流量控制在750m³/s。为了维持这个规划流量，发生20年一遇洪水时需在三海子地区滞蓄洪水150万m³，发生50年一遇洪水时需在三海子地区滞蓄洪水260万m³。

c. 清河流域滞蓄水量研究

由于北旱河流域内可以调蓄的库容较小，作用不大，圆明园内文物较多不宜进行调蓄，因此，清河的蓄滞洪措施主要集中在下游，利用沈家坟和沙子营附近现有的水塘、低洼地和温榆河故道进行洪水调蓄。此外，为解决清河支流万泉河的防洪压力，在万柳地区规划了万泉庄蓄滞洪区。

为了不增加温榆河及北运河的防洪负担，清河出口的设计流量为：20 年一遇流量为 316m^3/s，50 年一遇流量为 450m^3/s。与清河河道规划流量比较，经过计算，发生 20 年一遇洪水时，需滞蓄水量为 291 万 m^3，发生 50 年一遇洪水时，需滞蓄的水量为 412 万 m^3。

d. 坝河流域滞蓄水量研究

根据 1998 年编制的“坝河水系治理工程总体规划”，坝河出口的 20 年一遇规划流量为 442 m^3/s，50 年一遇规划流量为 568m^3/s；其中 20 年一遇及 50 年一遇规划流量过程线（双洪峰）的主洪峰的洪水总量分别为 1056 万 m^3、1326 万 m^3（已扣除基流 10m^3/s）。2001 年编制的温榆河绿色生态走廊规划中，要求温榆河各支流要限泄流量。其中坝河的限泄流量为 340m^3/s。因此在不增加温榆河防洪负担的情况下，需要在坝河出口区选择合理的蓄滞洪区。综合考虑地形、经济等多方面因素，规划中的千亩湖湿地公园以及坝河出口两侧、温榆河以西的低洼地区比较适宜建设蓄滞洪区。

坝河在限泄 340m^3/s 的情况下，发生 20 年一遇及 50 年一遇洪水时，需要滞蓄在本流域的洪水量分别为 96 万 m^3 和 307 万 m^3。

e. 南沙河流域滞蓄水量研究

《温榆河上游绿色生态走廊规划》要求南沙河流域减少下泄进入温榆河的流量，为了满足这一要求，在《海淀水系规划》中对南沙河流域的蓄滞水量进行了测算，结果为：在发生洪水时，可在南沙河流域海淀区境内滞蓄洪水约 224.8 万 m^3。

3.1.3 小结

综上所述，北京市是一个水患多发的地区，而修建蓄滞洪用湿地在控制出境洪水、保障城市防洪安全方面有着重要的作用，因此需要加强对于蓄滞洪用湿地的建设。

3.2 保持生物生存环境效能

为了明确城市湿地系统在保持生物多样性方面的效能，本节分别从湿地植被、鸟类以及城市自然体系结构三个方面进行了探讨，为制定湿地系统规划提供了依据。

3.2.1 湿地植被及其影响因子

3.2.1.1 研究方法

（1）野外调查

野外调查采取限定性随机取样法，在各样地中选取 1m × 1m 样方组成连续性样带，统计样方内植物的总盖度、种类组成、各物种的分盖度及平均高度，同时测量记录样地的坡度、坡向、土深、距离水面深度、污染状况、人类活动影响等环境因子数据。部分调查取土样测定土壤含水量。

（2）数据整理及统计方法

数据的整理及统计分析，分别采用 CANOCO 4.5 软件、国际通用的 TWINSPAN 软件、SPSS 10.0 软件等进行。

3.2.1.2 北京中心城地区河流的普遍调查与研究结果

（1）河岸植被基本状况

本次调查范围包括永定河、温榆河、清河、坝河、亮马河、凉水河、京密引水渠等（如图 3－2 所示）。

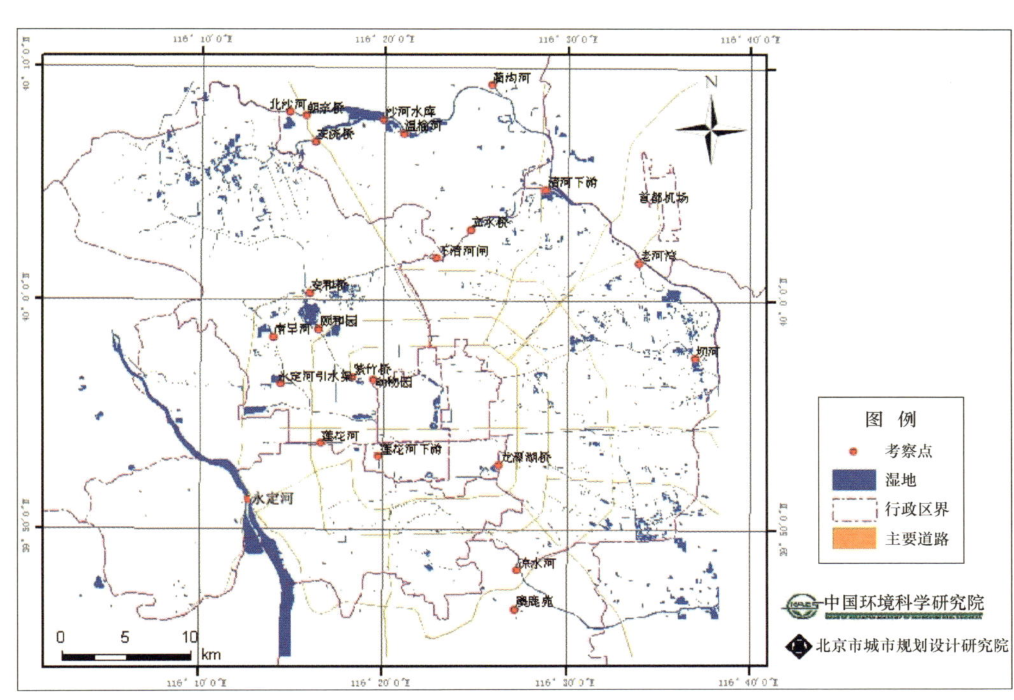

图 3－2 湿地植被样方调查位点

城八区主要河流可以根据河岸植被情况及河岸衬砌状况分为三大类：

其一，河岸完全衬砌、无植被覆盖的河道。河岸垂直于河流水面，衬砌的水泥覆盖率高，不具备植物生长的条件，例如西坝河、护城河、京密引水渠、通惠河等。

其二，河岸部分衬砌、植被零星覆盖的河道。河岸坡度较缓，但衬砌覆盖率高，且修建较晚，水泥裸露，只有砖与砖之间的缝隙有零星植物生长，物种组成多为狗尾草、藜、地肤、蟋蟀草等宽生态幅、速生或伴人植物，通常不构成群落，例如清河部分河段、莲花河、永定河引水渠等。

其三，河岸无衬砌、有植被覆盖的河道。包括无衬砌的缓坡河道，以及修筑较早、现已堆积土壤的河道，植被覆盖率依具体情况高低不等，但物种组成依旧多为宽生态幅植物，仅在部分河流靠近水边的区域见有典型的湿生植物，例如温榆河、沙河等。

下文中在讨论河岸修建与植物多样性的关系时，着重讨论第二类及第三类河岸的状况，即有一定坡度、多少有植被覆盖的河岸，对于河岸修筑垂直于河流水面、完全无植被覆盖的河岸类型则不予以重点讨论及分析。

（2）河岸类型与生物多样性的关系

经2005年8月野外调查、数据整理及统计运算，城八区内选取的各样地基本情况及多样性指数如表3-7所示。

样地环境因子及多样性指数 表3-7

样地编号	样地位置	类型	环境因子						多样性指数		
			衬砌	土壤覆盖	坡度	土深	污染	人类影响	Gleason丰富度指数	G-F指数	香农指数
01	清河闸上	Ⅰ	有	无	27	—	中	少	2.171	-1.3219	—
02	永定河引水渠	Ⅰ	有	无	28	—	少	中	1.303	-0.5850	—
03	莲花河	Ⅰ	有	无	35	—	中	中	4.777	-0.3383	—
04	亮马河	Ⅰ	有	无	27	—	重	中	3.474	-0.5000	—
05	沙河水库	Ⅱ	有	覆盖	25	8	少	少	6.949	0.1548	2.6499
06	温榆河	Ⅱ	部分	覆盖	30	48	中	中	9.989	0.3370	4.1646
07	清河闸下	Ⅱ	部分	覆盖	25	21	重	中	7.817	0.2831	3.0026
08	清河立水桥	Ⅱ	有	覆盖	28	23	重	大	6.514	0.3005	2.3198
09	转河	Ⅱ	有	覆盖	30	48	中	中	6.514	-0.5114	1.4236
10	凉水河	Ⅱ	部分	覆盖	40	35	极重	大	5.212	-0.0792	1.1568
11	北小河	Ⅲ	无	全部	30	47	极重	少	5.646	-0.4186	1.1977
12	沙子营	Ⅲ	无	全部	7	76	少	极大	9.120	-0.0286	3.3193
13	南旱河	Ⅲ	无	全部	35	49	少	中	7.383	-0.0219	1.9088
14	上庄	Ⅲ	无	全部	17	40	少	极大	13.897	0.2309	4.5444
15	北沙河	Ⅲ	无	全部	32	82	少	极少	16.503	0.5951	6.4753

表中部分样地因衬砌裸露，植物仅见于衬砖的缝隙中，故而无法选取连续性样方构成样带进行统计，所以Shannon-Weiner指数一栏为空，而仅依据样地情况选取5m×5m统计物种组成，计算Gleason丰富度指数及G-F多样性指数。

同时，为了下文论述之便，根据衬砌类型及土壤覆盖程度，将各样地分为三大类讨论，即有衬砌、几无土壤覆盖的河岸，有衬砌或部分衬砌、衬砌之上有土壤覆盖的河岸，无衬砌、有土壤覆盖的河岸，分别以第Ⅰ类、第Ⅱ类、第Ⅲ类表示。

按照表1的河岸分组，分别将Gleason丰富度指数、G-F多样性指数和Shannon-Weiner指数进行单因素方差分析，所得结果如表3-8所示：

多样性指数的分组单因素方差分析结果 表3-8

多样性指数	F值	Fα		P	方差分析结果	
		α=0.01	α=0.05		α=0.01	α=0.05
Gleason丰富度指数	7.4498	6.9266	3.8853	0.0079	差异显著	差异显著
G-F多样性指数	6.1508	6.9266	3.8853	0.0145	差异不显著	差异显著
Shannon-Weiner指数	1.1057	10.5615	5.1174	0.3204	差异不显著	差异不显著

由单因素方差分析的结果可以看出，根据衬砌类型及土壤覆盖率的不同而分成三组的样地资料，其多样性指数的方差分析结果也有差异。

A. 三类河岸物种丰富度差异显著

Gleason 丰富度指数是衡量样地的单位面积内植物物种的多少，是一个相对直观、却极其重要的指标。可以看出，在河岸无衬砌、人类活动影响较小的样地，丰富度指数明显高过其他样地，如北沙河（$D=16.503$）；而经过衬砌修筑的河岸，单位面积内的物种则匮乏许多，如清河闸上段（$D=2.171$）、永定河引水渠（$D=1.303$）。分组后的方差分析结果也表明，三组的 Gleason 丰富度指数存在显著差异。由此可看出，对于物种的多寡而言，无衬砌的河岸要优于有衬砌的河岸，而近年修筑衬砌、几无土壤覆盖的河岸物种最为匮乏。

B. 三类河岸的植物科属多样性有一定差异

G－F 指数是表现样地中植物科属多样性的指标，对于一块面积足够大、物种多样性丰富的区域而言，G－F 指数应为大于零的正值，仅在物种匮乏或过于单一的区域内才会出现负值。由此可见，表1所列的 G－F 指数中，很多样地出现负值，即说明在北京市城八区的河流沿岸，即使物种的丰富度、多样性相对较高，但科属的多样性依旧较低，生态系统处于不稳定状态。而方差分析的结果表明，在更为宽松的置信区间内（$\alpha=0.05$），分组后的 G－F 指数差异显著，但在 $\alpha=0.01$ 时结论即为差异不显著，可见根据衬砌修筑情况的分组，对于 G－F 多样性指数而言，有一定的影响，但影响并不十分显著。究其原因，如上文所述，除北沙河等少数河岸外，北京城八区内河岸植物的科属多样性总体偏低，这是由于多数河岸遭受放牧、修建、践踏等人类活动影响剧烈，物种组成以野艾蒿、葎草、狗尾草、地肤等宽生态幅的广布、伴人或速生种为主，缺乏河岸湿地的特有湿生或水生植物，而更近似于房前屋后、道路两侧无人管理的撂荒地物种组成。

C. 三类河岸的植物综合多样性差异不显著

香农－威纳指数不仅能反映样地内的物种丰富程度，还可以反映种类中个体分配上的平均性或均匀性，是讨论植物多样性时广为应用的指标之一。但方差分析的结果表明，根据河岸衬砌进行分组后，各组之间香农－威纳指数并无显著差异，由此可看出，即使物种的丰富程度存在差异，但因为各个物种分配均匀性的影响，造成香农－威纳指数的近似。究其原因，在样方调查中可明显体会出，在多数样地中，除上文所提宽生态幅种占据植被的绝大比例之外，偶见种的出现确实提高了物种的丰富程度，但对于均匀度的贡献较小。从香农－威纳指数差异不显著这一结果，可以进一步说明，近似于撂荒地的优势物种组成影响了植物的多样性程度，而香农－威纳指数最高的地区仍旧为人类活动影响小、湿生水生植物所占比例高的北沙河样地。

D. 结论——河岸类型与生物多样性的关系

就物种丰富程度而言，第Ⅲ类河岸高于第Ⅱ类河岸，第Ⅱ类河岸高于第Ⅰ类河岸，因此说明，河岸衬砌修筑的越完备，覆盖面积越大，植物物种的丰富程度就越低。

就植物的科、属多样性而言，三类河岸存在差异，但差异不甚明显，即：河岸的修筑对于植物的科、属多样性存在影响，但其影响不甚显著，总体的科、属多样性水平与典型湿地存在差距，其原因主要是河岸缺乏特有的湿生或水生植物，而更近似于房前屋后、道路两侧无人管理的撂荒地物种组成。

就植物的丰富及分布均匀程度的综合多样性来看，衬砌的修筑及类型对其影响不大，总体而言，城八区河岸的植物多样性程度不及典型湿地植被。

（3）环境因子与植被的关系

除衬砌修筑情况对于河岸植物生长分布的影响之外，土深、坡度等其他环境因子也对植物多样性有着或多或少的贡献，因衬砌修筑是较为关键的因素，分析其他环境因子时其影响不易剔除，因而因第Ⅰ类河岸，如永定河引水渠、清河闸上段等，仅零星分布有植物，受衬砌影响过大，其数据类型与其他样地不符，故而在分析时仅讨论第Ⅱ类及第Ⅲ类，即衬砌覆盖土壤和无衬砌两种河岸类型。

Twinspan 可将样方与物种同时进行对应分析并双向聚类。根据植物盖度进行的 Twinspan 分析结果如图 3－3 所示。图中横轴代表了样地内的土壤含水状况，同时基本符合 Gleason 丰富度指数由高至低的变化。由横轴的聚类结果将样地分为四大类，分别为：第一类，北沙河、上庄；第二类，北小河、南旱河、温榆河、沙河水库；第三类，立水桥、转河、清河闸下段；第四类，凉水河。

Twinspan 聚类图的纵向是针对样地中出现的物种所做的排序，仅从纵轴的物种分布来看，由上至下显示了由中生、宽生态幅中过渡为湿生种，再由湿生种过渡到中生物种的过程。因此可以看出，对于分布于河岸的植物物种而言，水分是一个重要的影响因子，靠近河流、土壤含水量接近饱和的地区会出现较为典型的湿生、水生物种，但植物的分布并非单纯受到水分梯度的影响，而是诸多环境因子综合作用的结果，见图 3－3。

典范对应分析（CCA）可针对物种、样方的空间分布情况，来探讨环境因子与其分布之间的相互作用关系。如上文 Twinspan 分析时所述，CCA 分析依旧仅讨论衬砌覆盖土壤和无衬砌两种河岸类型。其分析结果见图 3－4。

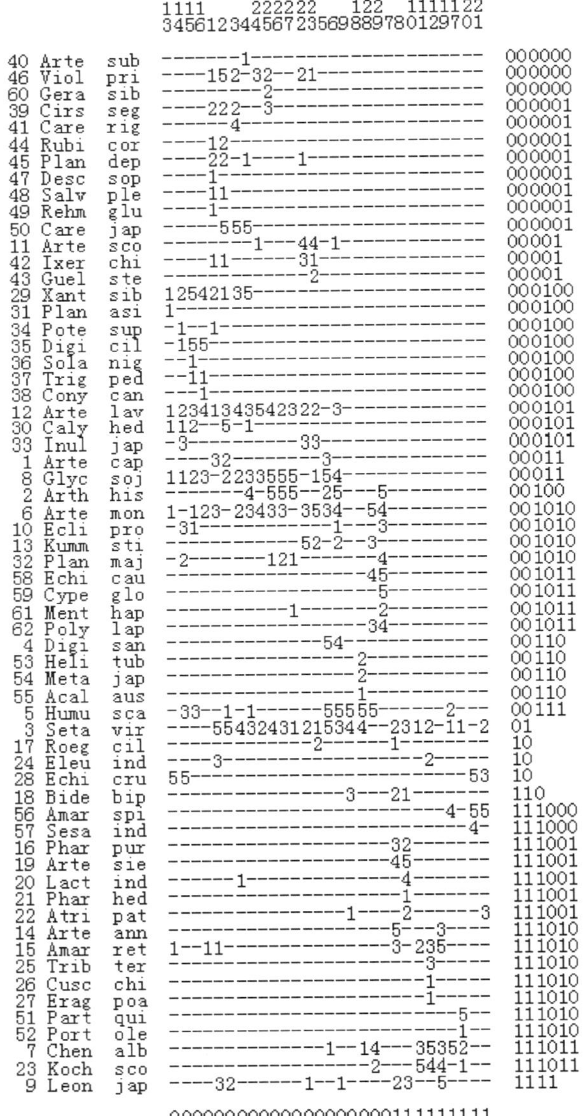

图 3－3 河岸植被 Twinspan 聚类图

注 1：矩阵内数据为样方盖度的默认划分等级。

注 2：矩阵左侧为样方内出现的植物编号及拉丁名缩写，矩阵上侧为样地编号，矩阵右侧为植物物种聚类结果，矩阵下侧为样地聚类结果。

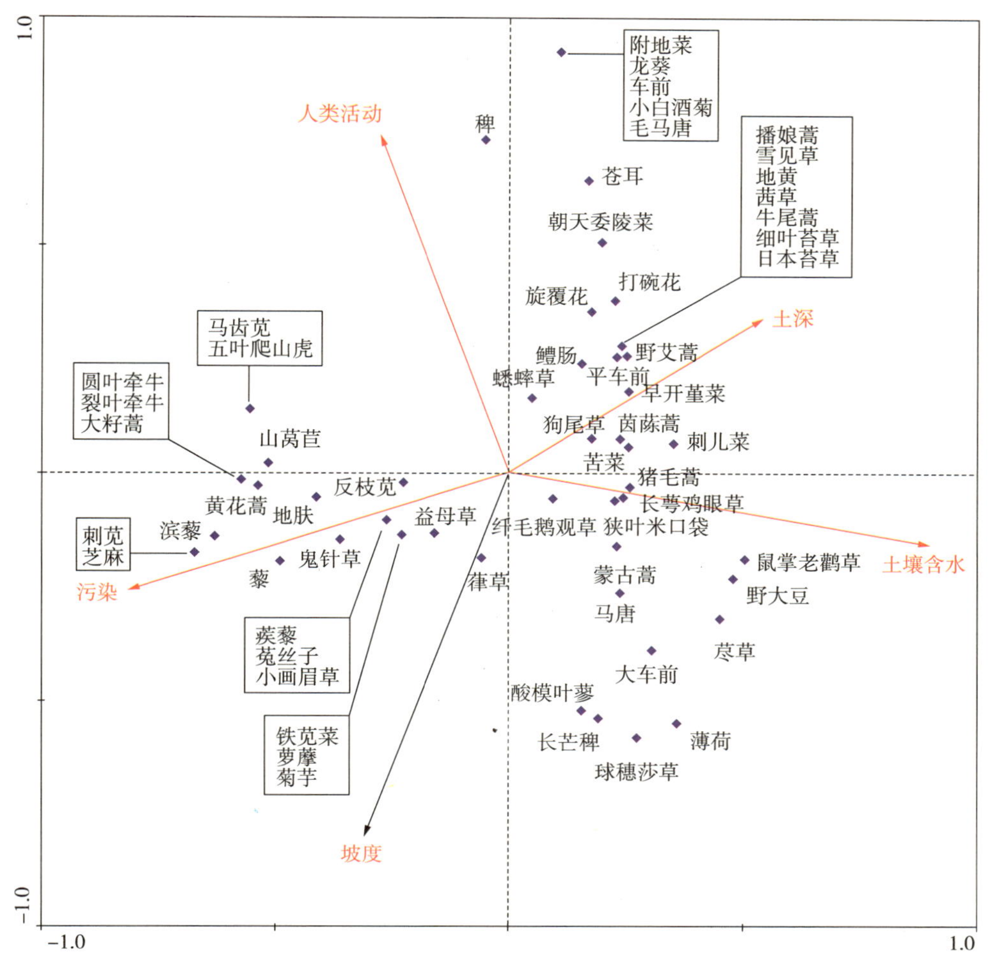

图3-4 河岸植被典范对应分析（CCA分析）图

水分、人类活动、环境污染程度是影响河岸植物分布的三大环境因子。对于河岸植物的分布，主要受水分因子与人类活动的共同影响，典型的湿生、水生物种分布于土壤含水量高、人类活动影响小的地区；此外，样地的环境污染状况制约了更丰富的植物存活。

（4）自然岸型——宽河岸过渡带的植物多样性

对于一条常年流动的河流而言，由河岸至河道，构成其植被的植物物种组成也相应地存在一定的变化规律，而这样的规律对于未修建衬砌、其他环境因子的负面影响较小的地区尤为明显。因此，选取此次调查中各方面状况最为理想、且水量很小、流速缓慢、湿地尤为典型的北沙河为例，来讨论河岸－河道过渡带的物种组成变化情况。

选取北沙河南岸植被状况良好的地段作为研究区域，从河岸顶部靠近小路的位置起，沿河岸斜坡到底部，并继续深入河道，设置1m×1m的连续样方25个，构成一条样带，涵盖了由河岸顶部至于河道中部的区域。统计每一样方中的植物物种组成及其分盖度，并对其数据进行排序分析，其结果如图3－5所示：

由图3－5可见，分布于河岸顶部、靠近岸边道路的旱生至中生物种，如砂引草、阿尔泰狗哇花等，位于排序轴的最左端；相对分布较广的宽生态幅物种，如蒙古蒿、苍耳、狗尾草等在其右侧，处于过渡位置；排序轴中部是一些较为典型的湿生物种，

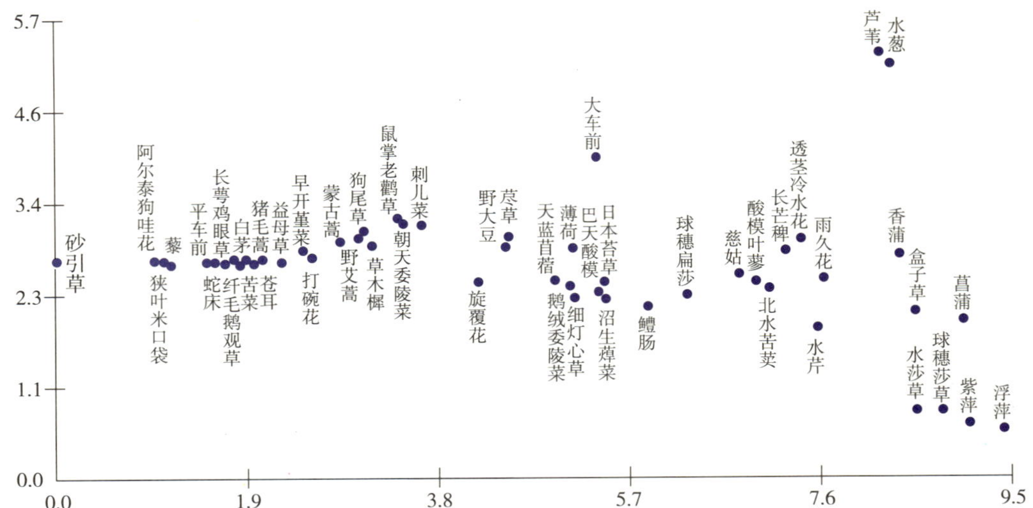

图 3－5 北沙河河岸—河道样带物种排序图

注：横轴、纵轴为 DCA 计算时选取的第一、第二排序轴，分别代表对影响植物分布的环境因子综合作用的结果。

如野大豆、荩草、鹅绒委陵菜等；而位于排序轴右侧的是严格的水生物种，除构成大面积群落的芦苇、香蒲之外，还有菖蒲、水莎草，甚至是浮水植物紫萍、浮萍。可见排序轴基本反映了一个水分梯度的变化，物种组成由旱生、广布种逐步过渡为湿生、水生种，在样方的分布上恰好是由河岸向河道过渡的方向。

同样的结果反映在空间格局分布图上，将样带内的所有物种分为旱生、宽生态幅、中生至湿生、湿生、严格水生五类，将各类的物种盖度在样方内叠加，此后针对五大类植物分别制作空间格局分布图并反映在同一种图上，结果即为图 3－6：

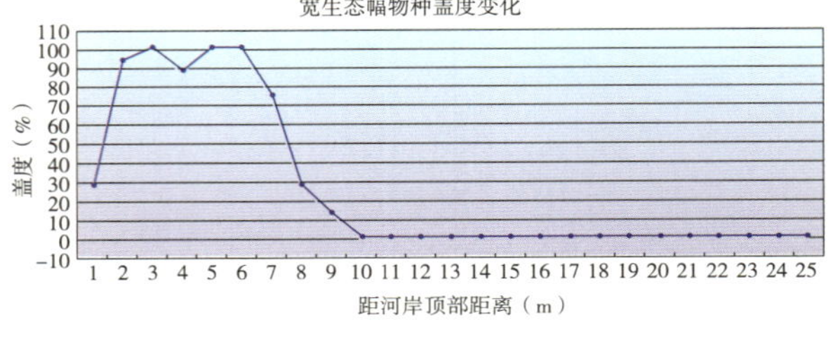

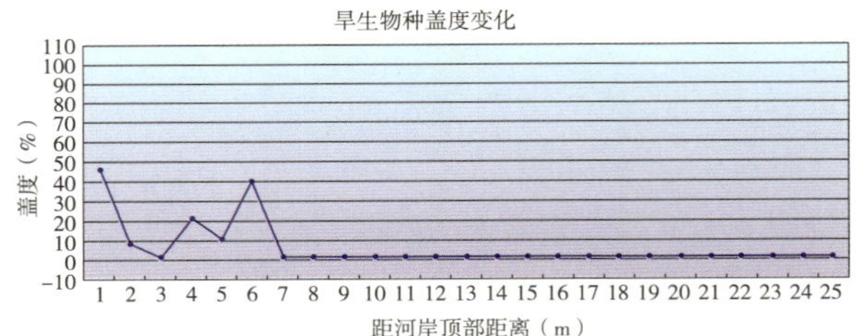

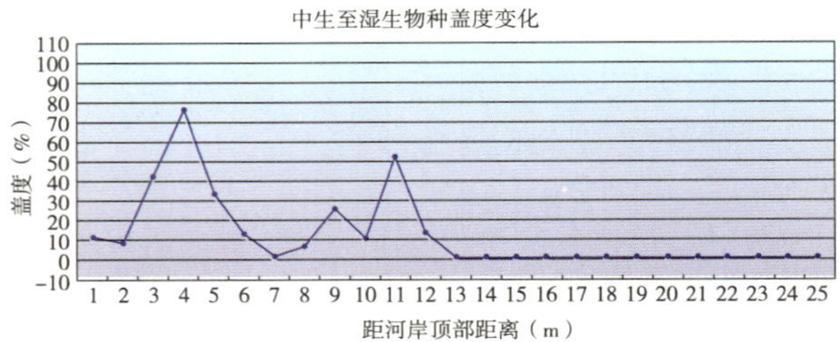

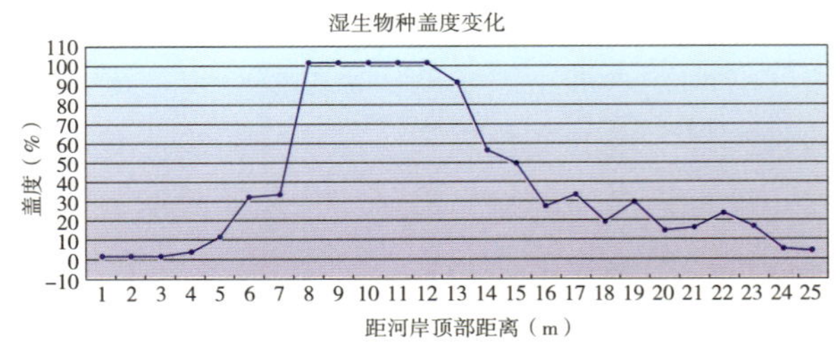

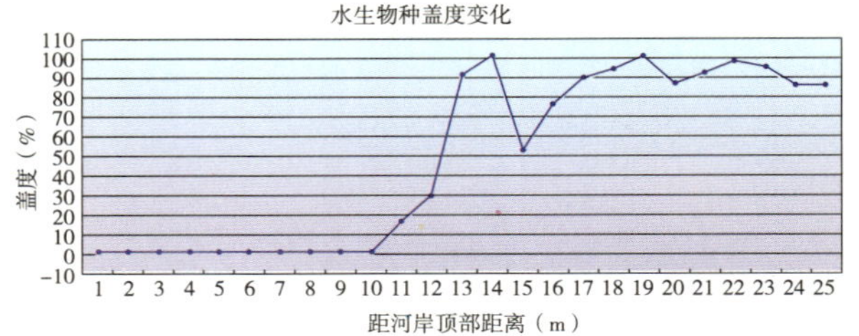

图 3－6 北沙河样带五类植物空间格局分布图

对于河岸—河道过渡带而言，河岸部分多数由宽生态幅物种、中生至湿生种占据，仅在靠近河岸底部的位置出现相对集中的湿生物种。这也就解释了在大规模河岸调查中，缘何多是宽生态幅、速生、伴人物种占据优势形成群落的现象。

自河岸底部开始，土壤水分接近饱和、但又未出现地表水的地段内，湿生植物占绝对优势地位，而继续深入到地表水出现后，湿生植物渐渐变为挺水生长的物种，并出现伴生的浮水、沉水植物，显现出湿地植被的物种组成特征。至此，对于河岸—河道过渡带分析的重要意义才得以体现：在调查河岸植被状况时，城八区河道内除人为刻意栽种的水生植物外，天然生长的严格水生植物极少出现，其缘由即在于此。即使衬砌被土壤覆盖的河岸，在其修筑时因需要一定的坡度，则河岸底部与河道相连接的地段已不像天然河道，拥有一个较为平缓、面积较大的过渡区域，这就致使诸多湿生植物可选择的生境变小。同样，没入水面之下的区域迅速变深，使得很多种类的挺水植物丧失了生存的空间，它们不能够在过深的水下生根发芽、挺出水面生长。

在靠近河岸的较浅部分，只要提供相对平缓、有一定面积的过渡部分，即可出现盖度较高的挺水植物群落，如调查中的北沙河和上庄两块样地。此外，最具代表性的是安河桥、西坝河两个调查点。这两个调查点，其一的衬砌几无缝隙，另一个衬砌垂直于河流水面，因而河岸均无植物生长。但因这两个调查点河水极浅，在安河桥下的河流中出现小面积的香蒲群落，群落部分盖度可达 80% 以上；而西坝河尽管污染严重，但其河道内依旧生满茂密的球穗莎草、长芒稗等湿生植物。

因而，现有河岸的修筑方式以及河水的水深，决定了在河岸底部及河流边缘难以生长大面积湿生、水生植物的事实。改变这一状况的应对办法，在水位线之下修筑较为平缓的土坡，或在水下安置含有土壤的平台都可解决挺水植物生长的问题，事实上，在转河的部分地段以及一些以天然湿地为基础的公园，如朝阳公园等，已经采取了类似的措施，并取得了一定成效。

（5）河流对于物种传播的贡献

对于具有隐域性的水生植物而言，广泛水域都是潜在的可选择生境，只要其他环境因子适宜，即可发生并形成群落。例如北京常见的浮叶根生植物荇菜，远在门头沟区永定河上游的河湾静水中，近至城区之内的玉渊潭、清华大学等小面积湖泊中，只要水流相对较缓、水深在不超过 3m，都能成为适应其生长的环境。同样，世界广布的水生植物芦苇，在北京山区海拔超过 1200m 的地方也能生长、形成群落。因此对于不同的水生植物来说，河流仅仅起到了将诸多水域连接的作用，其他如水流流速、水深、微环境等因子才是制约其分布的因素。

部分中生或宽生态幅物种也能依靠河流而传播，例如永定河沿岸的入侵植物豚草和三裂叶豚草，在三至五年的时间内由沿岸的零星分布发展为多个地段形成大面积群落，但其仅仅是依靠河流进行了传播，或者说是依靠伴河的公路传播也未可知，其顽强的适应能力和生存能力才是短时快速散播的重要条件。

其他更多的物种，如远郊山区的特有种，受海拔高度和微环境的制约，即使能够沿河流传播，也是极少数的特例，此方面最为成功的可算水苦荬。水苦荬多分布于山区的溪流或周边湿地，但门头沟区的斋堂水库上游曾见有水苦荬群落出现，应与小龙门、龙门涧溪流中的水苦荬群落有一定相关，而拒马河流域也见有水苦荬群落，试以此验证河流对于物种传播的贡献，但也仅为特例。

综上而言，河流对于水生植物及部分湿生植物的传播，其作用于大多数水域类型相仿，而对于其他类型的植物，其作用在北京湿地的范围内不甚明显。对于更多的水生、湿生植物而言，除去山区湿地的特殊类型，在北京市的绝大部分湿地内，针对物种的需求提供相对适宜的环境，水生、湿生植物即能较为良好的生长。元大都遗址公园内的人工湿地即为最好的例证。

（6）小节

河流对于植物群落物种组成的贡献，主要表现在水分的供应，因此，河岸大部分区域由于土壤含水量不足，多见有宽生态幅物种，而仅靠近河道的部分才出现典型的湿生物种。

水生植物多集中出现于河流边缘被水淹没、但水深并不很深的区域，因此，在修筑人工河道水生植物景观时，应注意土壤与水深的相互关系，合理修筑河道。

河流对于水生植物及部分湿生植物的传播，其作用于大多数水域类型相仿，而对于其他类型的植物，其作用在北京湿地的范围内不甚明显。在北京市的绝大部分湿地内，针对物种的需求提供相对适宜的环境，水生、湿生植物即能较为良好的生长。

3.2.1.3 河流生态建设的几个关键物理参数研究

（1）研究方法

A. 研究思路

北京市地处半干旱地区，水分是影响植被发育的最关键要素。河流滨岸带的土壤含水量受坡度、土壤、岸型等物理因素的影响，进而影响植物生长。选择春季第一场降雨之前，对河岸的植被进行调查，此时由于冬春季节长期干旱，植被萌发可以认定是受河道水分导致的潜水蒸发和湿气而产生影响的。此时获得的植被情况直接与河道对水分的影响有关。根据前面2005年8月的调查，整个河岸发育草被，主要是由于夏季雨水充沛所致。所以，雨季来临之后将难以区分河道对边岸的水分影响。

B. 样地背景

选择清河立水桥上下河段进行调查（图3－7）。清河是排水河道，来水完全来自上游清河污水处理厂以及沿途生活污水，冬季不结冰，冬季水位稳定。河岸为20世纪

图3－7 调查样地

2004.4.1 立水桥上游

2004.4.20 立水桥下游

七八十年代以前修整，调查河段为砂砾石护岸，岸外为小型公路。由于多年排污，河边淤积淤泥，坡岸向下冲刷，坡顶向坡脚，由砂砾转化为壤土。淤积和冲刷的双向作用，在坡底形成了缓坡壤土区，春季靠河道水的补给，植被发育较早，一定高度的坡上由于没有降水，没有任何植物萌发。

C. 调查方法

沿河岸选择未衬砌的代表性河段，进行植被样方和物理特征调查。自水面边缘向坡上连续设置样方，每个样方 100cm 长（河长方向）、50cm 宽（坡向），同时测量土深、样方中心至水面垂直高度，样方中心坡度，样方中心土壤深度（土钻能插入的最深距离），并取土样室内测量土壤含水量。植被调查记录物种及分盖度和总盖度。大致在 8 个连续样方之后已经没有植物萌发，所以，每个样带做 8 个样方。共进行了 5 个样带，40 个样方的调查。

（2）研究结果

A. 环境因子与植被盖度关系的初步分析判断

通过对数据的基本整理，可以大致对每个样方的植被盖度和环境因子之间的关系有个初步的了解，对影响植物发育的环境因子的临界值有直接的判断（图 3－8）。

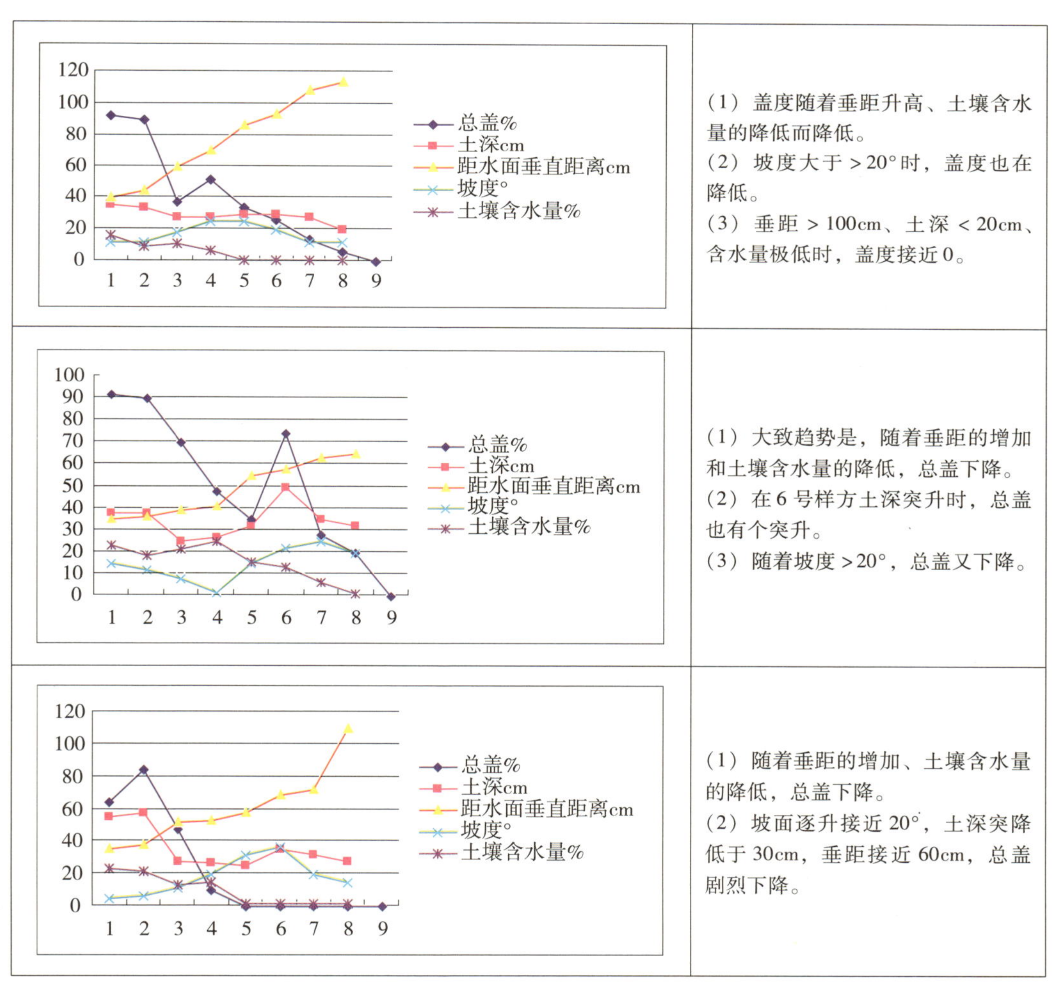

图 3－8 春季清河 5 组样带、40 个样方环境因子与盖度的数量关系及分析

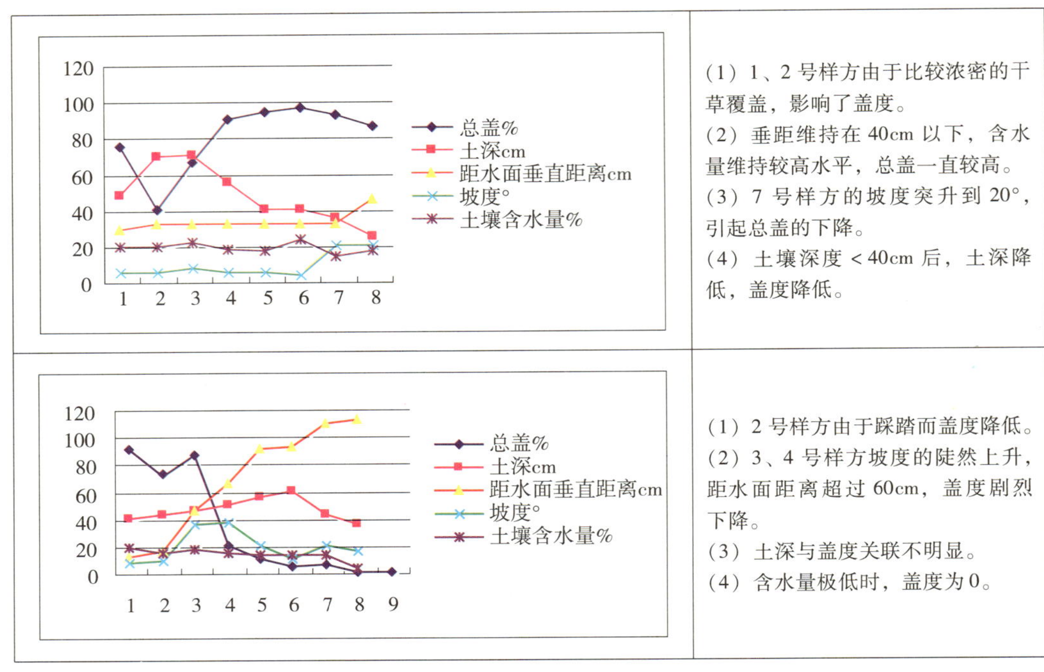

图 3－8　春季清河 5 组样带、40 个样方环境因子与盖度的数量关系及分析（续图）

B. 环境因子与样方之间的关系

使用 CANOCO 模型软件对样方和环境因子数据进行处理，获得样方与环境因子关系如图 3－9 所示，植物物种与环境因子关系如图 3－10 所示。

根据以上图件，植被状况与土壤含水量、距离水面垂直距离以及坡度关联最大，与土壤深度关联较小。

核实具有显著正、负影响的样方的环境因子的数值，可以判定得出具有正影响和负影响的环境因子阈值。坡度大于 20°显著影响植被发育，低于 10°以内，有显著的正影响。高于水面 50cm 则草本植物的发育受到影响，最佳的范围应低于 35cm。土壤

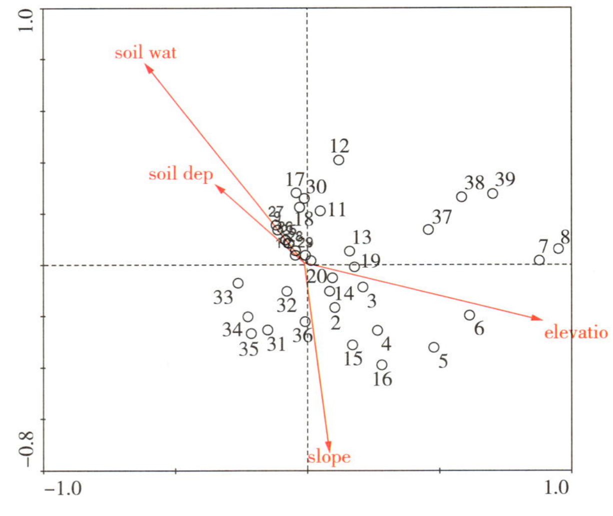

图 3－9　样方与环境因子的关系

红线的长短代表样方与环境因子相关性的大小，所在象限表示正、负相关，斜率代表与排序轴相关性的大小。

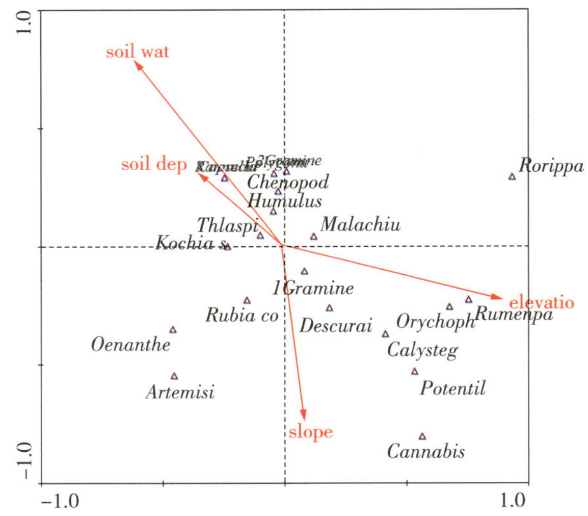

图 3－10　物种与环境因子的关系

水分含量低于1.5%严重影响植物萌发，低于0.6%，不能萌发。对于草本植物发育，土壤深度以不低于30cm（下层为透水砾石）为宜。

对于土壤含水量，由于调查日前的水位升高，对低处样方的土壤含水量数值有剧烈的提升作用。但是植被的发育是在恒定水位的作用之下，则说明若采取未泄水之前的土壤含水量数值进行修正，则土壤水分作用的强度更大。

C. 环境因子与植物物种之间的关系

植物的分布形成了与水分正相关、垂直高度负相关的对角线分布格局。图左侧分布的植物物种，或者是依赖水分的（如水芹、石龙芮、黄花蒿、茜草、荠菜），一年生旱生、中生草本植物的一年生（酸膜叶蓼、灰藜、葎草、遏蓝菜）种子提前萌发的幼苗。而右侧的植物多为有宿根的二年或多年生植物（沼生焊菜、巴天酸膜、二月兰）以及一些抗旱的一年生草本（打碗花、朝天萎陵菜）等。

D. 其他

清河河岸堤顶距离常水位5.6m，河岸上的杨、柳等树木枯顶比例较大。根据研究，海河流域山前生态水位为3m。以河流水面作为潜水水位，则堤顶超过了地下水可补给的高度。所以，从对堤顶乔木生长的角度来讲，最合适的堤高应为3～4m。

从河道流量动态来讲，不需要恒定的水位。通过水闸调度，模拟动态的水量，可以节约总水量。如2006年春季为控制两岸建筑工地扬尘，从清河多次抽水。清河河道水量频繁波动，对于河道植被的发育起到正面的作用。

（3）对策建议

以再生水作为水源的河流的生态治理，应增加50cm以下缓坡区的宽度，坡度应低于20°，砾石上垫壤土，深度不低于30cm。河岸堤顶距离常水位应不高于4m。

3.2.1.4　对于河流周边湿地物种选择的建议

对于北京市河流周边湿地而言，现状是宽生态幅、速生物种占据相当大的比例，有些种形成大面积群落，而湿生、水生物种仅占有极其有限的部分。针对物种分布的特点、生物多样性组成并借鉴现有的建设经验，分别对于河岸及河流周边湿地可选择的植物物种提出相关建议。

（1）河岸衬砌可选择的植物

在力求恢复河岸天然外观的情况下，应首先考虑衬砌上土壤覆盖的状况等修筑问题，选择植物物种方面，可参照下文中河道及其周边的植物物种选择。而对于已修筑衬砌的河岸，尤其是城八区中对于景观的美观程度要求较高的河岸，在河岸衬砌覆盖土壤、或部分掏空栽种植物的前提下，提供如下植物物种用以参考：

垂盆草，景天科景天属，在部分绿地建设中试用其作为地被植物，长势良好时盖度可达90%以上，并能够通过无性繁殖而扩增种群，在北京房山区等低海拔山区有野生分布。纯群落外貌较为整齐，花期黄绿色。缺点在于难以禁受长时间的干旱和暴晒。

绣球小冠花，豆科小冠花属，原产欧洲，我国于1973年引入，是良好的水土保持和绿化地被植物，具有改良土壤、改善局部小气候的效益，北京近年见于护城河（广渠门段）、京密引水渠河岸有栽种。群落外貌较为整齐，盖度可达90%以上，花期粉红色，花形独特而美丽。

野牛草，禾本科野牛草属，是北京市长期选择的地被植物之一，近年来为土麦冬、黑麦草等所取代，其优点在于覆盖率极高，并能适应较为干旱的环境，缺点为群落外貌颜色偏黄色，因叶常出现干枯状而不甚美观。但综合其对于环境因子的需求，仍不失为河岸种植的选择。

诸葛菜（二月兰），十字花科诸葛菜属，早春开花植物，花期群落外貌呈现淡紫色，是近年来广泛栽种于沟渠、林下的植物，在北京平原及低山地区有野生。缺点在于早春花期过后群落外貌凌乱。

（2）河道及其周边湿地可选择的植物

河道及其周边湿地在建设中，可选择的植物类型考虑到造景需要，故分为挺水植物、浮水或浮叶根生植物、湿生植物三大类群分别进行讨论。

挺水植物：近年来已经用做建设湿地景观的广布种芦苇、香蒲、水葱、菖蒲均在北京见有野生，分别具有其优势和不足。芦苇群落密度大，生存能力强，但外貌颜色偏灰绿色，不甚美观，且秋后枯萎，需要及时清理；香蒲群落颜色较芦苇美观，且果期所结的蒲棒为人喜爱，但群落整体外观不够整齐，花期过后易出现倒伏，可考虑以蒙古香蒲或东方香蒲代之；水葱的纯群落也较凌乱，且盖度偏地，但因其植株外形美观，多用于其他植物群落外围的修饰；菖蒲群落不易倒伏、颜色偏嫩绿色，但缺点为平均高度矮、密度也不甚大。此四类典型的挺水植物，在使用时应根据不同需要选取。此外，过去多栽种于花盆中的千屈菜于近年试种于湿地，亦在北京见有野生，花期开花紫红色，蔚为美观，但缺点在于养护照顾不时群落外貌凌乱。

浮水植物：浅水区域可考虑使用传统的红睡莲、白睡莲，或配以荇菜，营造小面积水池、河湾的景观；荇菜在北京见有野生，花黄色，精制，浮叶根生，群落盖度大，缺点在于水过深时不易生长。在较浅的河道内，可考虑使用眼子菜、丘角菱作为浮水植物，二者均为北京可见的浮叶根生植物，外形较为淡雅，在北京部分河道也见有野生群落，美观程度尚可，但盖度不甚大。此外，近年来作为浮水植物人工栽种于北京部分水域中的凤眼莲和大薸亦可考虑使用，但二者均会于秋季死亡，每年需要重新栽种，增加了成本，且群落外貌不甚整齐。

湿生植物：见于北京湿地的湿生植物物种繁多，但易形成大面积群落、外形美观、适应性较强的选择并不多，仅推荐旋覆花一中。旋覆花，菊科旋覆花属，夏季开花，花黄色，群落外貌稍凌乱，但密度大时外貌尚可，因其适应环境能力较强，可挺水生长，亦能够在湿地和中生环境中生长，易形成群落，故而可考虑使用旋覆花构建湿地景观。近年营造湿地公园时使用的球穗莎草虽外貌凌乱，但群落较为密集，亦可作为考虑，但其缺点在于对于水分要求相对比较严格。

3.2.1.5 本节结论

（1）河岸衬砌修筑的程度与植被覆盖率、植物的丰富程度及多样性成反比。

在衬砌修筑良好、几无土壤覆盖的河岸，植被覆盖率最低，相应的物种丰富度与多样性也较低；衬砌上有土壤覆盖，或部分衬砌的河岸次之；植物盖度大、物种丰富度及多样性高的区域，是未修筑衬砌的河岸。

(2) 除衬砌修筑情况外，水分、人类活动及环境污染程度是影响河岸植被的重要环境因子。

水分与人类活动共同影响了物种的分布，在土壤含水量高、人类活动影响小的区域内，分布有典型的湿生、水生植物，甚至能形成相对较大面积的群落，而河岸土壤含水量小、人类活动频繁的区域，仅见有宽生态幅、伴人、速生物种。此外，污染严重的河岸，物种及群落结构相对单一。

(3) 目前城八区河岸的物种组成，仍以宽生态幅广布种为主，湿生、水生物种所占比例有限。

就物种组成而言，城八区大部分河岸均以宽生态幅的广布种为主，缺乏湿生或水生植物，而更近似于房前屋后、道路两侧无人管理的撂荒地物种组成。仅在近郊部分河岸见有分布较广的湿生、水生植物。

(4) 河流对于水生植物及部分湿生植物的传播，其作用于大多数水域类型相仿，而对于其他类型的植物，其作用在北京湿地的范围内不甚明显。

在北京市的绝大部分湿地内，针对物种的需求提供相对适宜的环境，水生、湿生植物即能较为良好的生长。河流仅作为连接各个水域的廊道，对于更为广泛的大多数植物而言，并无特别突出的传播作用。

(5) 构建人工湿地、特别是河道植被景观时，应注意土壤及水深的合理搭配，并选择种植易成活、群落外貌整齐的本地物种。

典型的水生、湿生物种要求充足的水分，而多数挺水植物一方面要求扎根土壤中，另一方面要求淹没土壤的水深不要过深，因此在构建人工湿地时，适当深浅的水及土壤充分覆盖是必不可少的。选择物种时，可选用芦苇、香蒲、菖蒲、水葱、千屈菜等本地见有野生群落的挺水植物，以及荇菜等浮叶根生植物。

(6) 河岸衬砌修筑时可选择易形成群落、总盖度大的植物。

河岸衬砌除了要求多样性的合理外，同时亦要求景观美观，一方面，可选择部分挺水植物及旋覆花等湿生植物，构建类似于人工湿地类型的河岸，另一方面，传统河岸的植物构成，应选取易形成群落且总盖度大的物种，以避免宽生态幅的杂草肆意侵占，保证群落外貌的整齐。

(7) 考虑植被发育的河道整治工程应注意以下关键数据。

坡度大于20°显著影响植被发育。高于水面50cm则草本植物的春季发育受到影响，最佳的植被发育范围应在水面以上35cm之内。土壤水分含量低于1.5%严重影响植物萌发，低于0.6%，不能萌发。对于草本植物发育，土壤深度以不低于30cm（下层为透水砾石）为宜。

3.2.2　湿地植被与动物

3.2.2.1　鸟类是城市湿地生态质量的指示种

鸟类是一种对于环境相当敏感的族群，因此许多研究常常以鸟类与环境的关系作为研究的主题。鸟类从初级消费者（草食性）到四级消费者（属肉食性）都有，甚至有的扮演清除者的角色。除了取食以外，鸟类也是花粉、种子的传播者。由于鸟类与生态的关系非常密切，因此有学者推估：每当一种鸟类绝种时，同时会有90种昆虫、35 种植物和 2、3 种鱼类消失。当 2 种鸟消失时，同时会有 1 种哺乳动物消失。鸟类具有较广的生态幅，鸟的分类按具体栖息地类型划分，可有山地针阔混交林鸟类、田野鸟类、城市公园鸟类、居民点鸟类、水域鸟类等；按繁殖集团划分，可有地面巢鸟类、灌木巢鸟类、树枝巢鸟类、树干巢鸟类、树洞或裂隙巢鸟类、建筑巢鸟类；按取食集团划分，可有食种子鸟类、食果实鸟类、食虫鸟类、杂食性鸟类、肉食鸟类、地面取食鸟类、树皮取食鸟类、树冠取食鸟类、空中取食鸟类、水中取食鸟类等。因此就生态的角度而言，一个地区有丰富的鸟类即表示有丰富的植物与昆虫，故可以作为生态的指示种。北京市湿地与动物多样性的关系研究，以平原区城市鸟类为调查研究对象，确定城市鸟类与湿地的关系，研究鸟类多样性对湿地栖息地的需求。

3.2.2.2 城市区鸟类的栖息地需求

（1）北京市城市园林鸟类与栖息地

A. 绿化隔离地区的调查

北京市主要湿地鸟类集中分布于远郊区县的几大水库湿地，湿地保护的重点也放在了远郊河流水库。而城近郊区由于栖息地环境受人类不同干扰程度，鸟类的种类数量和分布密度远不如前者丰富。城市鸟类群落结构的多样性是城市环境质量的重要评价指标之一。北京市鸟类研究主要集中在几个较大的公园（郑光美，1964，1984；魏岳湘等，1989；赵欣如等，1996）和东灵山山区（张晓辉，2000）。

2003 年 7 月 ~2004 年 7 月，北京林业大学对北京市绿化隔离地区的鸟类数量和分布情况进行了全面调查，调查在北京市 7 个基本连续的万亩绿色板块（东小口—洼里—大屯—来广营绿色板块，朝阳公园—东风—将台绿色板块，平房—常营—东坝绿色板块，高碑店—三间房—王四营绿色板块，旧宫—小红门—十八里店绿色板块，花乡—南苑绿色板块，海淀—四季青—石景山绿色板块）中选择了 20 个不同类型的绿化带。根据现有植被和区域功能属性将其划分为公园绿地、防护绿地和产业园三种类型，每一类型选择两到三个调查区，每个调查区设 2 ~4 个调查样地（即绿化带），见表 3 –9。

北京中心城地区绿化带内夏季鸟类调查统计表 表 3 –9

功能区域	样区	样地	环境特点	物种类	遇见率（只/hm^2）	优势种数	群落多样性	均匀性
公园绿地	森林公园	百望山	近山环境	35	24.94	6	3.34	0.65
		王四营森林公园	平原附带人工水环境	16	53.72	5	2.38	0.59
	综合公园	圆明园公园	近郊水环境	41	40.70	8	3.35	0.63
		紫竹院公园	中心城地区水环境	19	16.42	5	2.98	0.70
		中山公园	古建古树环境	6	42.67	6	2.31	0.73
	游园	洼里公园	平原乔、草、水域景观	26	133.10	7	2.04	0.43
		皇城根遗址	乔、灌、草景观	11	48.25	4	1.73	0.5
		望京公园	乔、灌、草景观	13	35.50	4	2.06	0.56

续表

功能区域	样区	样地	环境特点	物种类	遇见率（只/hm^2）	优势种数	群落多样性	均匀性
防护绿地	道路防护绿地	东四环路	绿带初建，少人	5	22.10	3	1.03	0.44
		北四环路	绿带初建，多人	7	73.17	4	1.64	0.59
		机场高速路	绿带成型，少人	11	19.71	3	1.79	0.52
		城铁沿线	初建林，少人	7	23.00	3	1.86	0.66
	河流水系	京密引水渠	渠，周边农业区	11	35.40	6	2.56	0.74
		通惠河	渠，周边建筑区	8	26.92	2	0.83	0.28
		东坝河	河，半天然	37	37.83	8	3.22	0.62
	生态林	八家生态林	近郊区	8	37.58	3	1.73	0.58
		东小口片林	远郊区	24	36.63	6	2.80	0.61
产业园	都市农业观光园	朝来农艺园	朝来农艺园	8	13.20	3	1.60	0.53
	特色林、圃地	东北旺苗圃	大型苗木基地	14	24.79	4	2.13	0.56
		朝阳区平房经济特色林	银杏林	4	7.92	4	1.83	0.91

根据调查结果，可以分析得出以下结论。

a）与北京市总体情况相比，绿化隔离地区珍稀物种较少；依赖湿地的鸟类数量比例减少，不依赖湿地的鸟类数量比例升高。

调查采用固定样线法和样点法相结合的调查方法，共记录到夏季鸟类 16 目 34 科 89 种。记录到国家二级保护动物 2 种，即雀鹰和红隼。珍稀濒危物种都是对环境变化敏感的物种，珍稀濒危物种少，说明调查区域的环境变化相对比较剧烈。

调查到的所有物种中，依赖湿地的鸟类 30 种，部分依赖湿地的鸟类 5 种，不依赖湿地的鸟类 54 种，分别占 33.7%、5.6% 和 60.67%。而在全北京市，这三者的比例分别是 43.12%，3.99% 和 52.9%。显然，在城市区，依赖湿地的鸟类数量比例明显降低，而不依赖湿地的鸟类数量比例升高。

这与绿化带内水域较少或水域面积较小或根本没有水域有直接关系。湿地鸟类主要分布在圆明园、紫竹院等有较大水域面积的综合性公园或像东坝河那样两岸相对自然的河流，而京密引水渠、通惠河等水域由于两岸实施了人为加固和清理工程，少有鸟类活动。

b）食虫鸟类或以昆虫为主的杂食性鸟类较多，植食性鸟类较少，与绿化带中灌木和浆果类灌木少有直接关系。

食虫鸟类或以昆虫为主的杂食性鸟类较多，有 33 种，占总数的 37.08%；其次是以水生动物为主要食源的水鸟，有 28 种，占 31.46%，而植食性鸟类较少，16 种，占总数的 19.98%，食谷种类也只有 10 种。这与北京的绿化状况有直接关系。在调查的绿化带中，绿化树种多以生长迅速的或传统绿化乔木为主，缺少灌木层，浆果类的灌木更少。草层多以引进人工培草为主，且为防治病虫害而经常喷施药物，既缺乏食谷鸟类所需要的种子，也缺乏食虫鸟类所需要的虫类。食肉性鸟类更少，只有 3 种。

c）生境适宜性（包括水和植被结构）和生境面积是影响鸟类物种数量的主要原因。

圆明园、东坝河、紫竹院公园湿地鸟类较多；百望山森林公园、洼里公园和东小口千亩林主要为林地鸟类，居民区鸟类种类最少，只有16种。而从密度上讲，居民区鸟类密度最高，而湿地鸟类密度最低。

面积较大，或有水域，或植被结构丰富的生境，鸟类种类相对较多，如大型综合性公园和保护较好的防护林圆明园公园、百望山公园、洼里公园和紫竹院公园、东坝河等。而面积较小或没有水域或植被单一的休闲公园如皇城根遗址公园、望京公园，或窄条状的防护林如四环路两侧、城铁沿线，或植被种类较单一的经济林如平房经济特色林，鸟类种类最少。

东北望苗圃，因为面积大，树苗种类较多而相对物种数量较多。京密引水渠因为周边有农田生境而比同样是衬砌河道的通惠河物种数量多。

B. 城市区湿地园林环境结构与鸟类关系的调查

a）北京城市重要公园基本情况

北京城区共有湖泊30处，水面积974hm²。最大的是昆明湖，水面积213hm²，最小的是人定湖，面积只有2.02hm²，湖泊水深一般为2m左右，见表3-10。

北京城市重要公园基本情况 **表3-10**

序号	公园名称	公园面积（hm²）	水面面积（hm²）	水面比例（%）	备注
1	北海公园	68.2	39	57.18	有大面积荷花，适合水禽栖息
2	颐和园	290	213	73.45	绿化覆盖率81.4%，有松鼠
3	天坛公园	204	0	0	陆地鸟类最为丰富，有红嘴蓝雀
4	圆明园	350	140	40	水禽种类最丰富
5	玉渊潭	137	70.97	51.8	春秋季水禽数量最大
6	青年湖公园	17.6	4.3	24.43	
7	紫竹院公园	47.67	15.89	33.33	竹类50余种，50余万株
8	龙潭公园	49.15	19.45	39.57	树木117种
9	柳荫公园	17.47	6.27	35.89	乔灌木60种，以柳树为主
10	朝阳公园	320	67	20.94	人工建筑物较多，鸟类少
11	红领巾公园	40.41	20.9	51.72	计划按生态学原理改造环境
12	陶然亭公园	59	17	28.81	

b）公园有无湿地对鸟类影响的比较调查研究

赵欣如等对北京天坛、香山、樱桃沟、青年湖、玉渊潭、颐和园六个公园的鸟类群落结构与栖息地的结构关系开展调查研究，结果表明，面积大，植被发育好的公园，其鸟类群落多样性优于面积小、植被发育差的公园。气候的季节性变化对鸟类群落的物种数有明显的影响。公园内有无鸟类对鸟类群落的左右不明显。

青年湖公园、玉渊潭公园由于园林面积小，树种单调，缺少老龄树种，鸟的种类贫乏，只有麻雀、喜鹊、乌鸦等鸟组成全年或季节性的优势种，此外，还可见到少数分布广泛的一些种类，如柳莺、燕雀、家燕等。虽然颐和园、圆明园、玉渊潭公园水域面积较大，但挺水植物、沉水植物分布并不广泛，所以，与香山、樱桃沟、天坛相比，公园内有无水域对鸟类群落结构的影响并不明显。尽管如此，这些水域也吸引了不少水禽，如黑水鸡、红胸田鸡、斑嘴鸭等到此繁殖。喜在湿地及水边活动的沼泽山雀、白鹡鸰、翠鸟、大尾莺等都能见到，偶见有池鹭、大白鹭、夜鹭等中型涉禽。颐和园和玉渊潭附近近十年来越冬的绿头鸭、鹊鸭、小鷉鷉等涉禽数量较多，可见有千只以上的大群。在北京的严冬，颐和园水面大都封冻，玉渊潭由于是饮水枢纽，上游接热电厂，水温偏高且流动，有部分水面常年不封冻。此时，玉渊潭的越冬水禽密度要大大超过颐和园。

c）越冬水禽的栖息地选择研究

北京城区内较大的人工水域不多，主要有颐和园昆明湖、福海、玉渊潭、北海、中海、南海、后海、紫竹院、龙潭湖、莲花池、水碓湖等，其中多数水域由于人类活动的影响而无法容纳水禽越冬。在有越冬水禽的湖面中，以昆明湖和玉渊潭最典型，中南海亦具备较好的水禽越冬环境。玉渊潭和昆明湖都是国家科委在 80 年代中期设立的越冬水禽保护区。徐延恭选择玉渊潭、颐和园对越冬的水禽进行观察。越冬的水禽有小嘴鸥、斑嘴鸥、绿头鸭、秋沙鸭、白秋沙鸭、鹊鸭、赤麻鸭和凤头潜鸭。其中最主要的是绿头鸭和赤麻鸭。在湖面全部封冻的年代（1993，1997），越冬水禽数量为零。具有活动水面（取食）及较开阔的僻静环境（避敌）是水禽越冬的首选条件。

C. 人工巢箱招引益鸟效果调查

现在北京已悬挂人工鸟巢 65000 余个，进巢率达到 60% 以上。招引的鸟类有麻雀、燕子、啄木鸟、掠鸟、小猫头鹰等。

2004 年 5 月 26 日到 28 日对小龙门林场悬挂的人工才巢箱鸟的进驻率进行了调查，共有 94 个巢箱，被 8 种不同的鸟类利用，鸟类的进驻率为 40. 43%，其中 2004 年悬挂的新巢为 67 个，鸟的进驻率为 43. 28%，比 2002 年和 2001 年的进驻率都有提高。调查结果显示，鸟类进驻率与海拔紧密相关。由于较高海拔区域的天然巢址资源较丰富，海拔较低的林区明显比海拔高的地区进驻率高。鸟类进驻率与人工巢箱的朝向关系密切，阳光和风是影响鸟类选择巢址的重要因素，鸟类一般都会选择巢口向阳处，还得保证其背风以及隐蔽性，所以，北，东，南几个方向的进驻率较高。公路两侧可供洞巢鸟类筑巢的树木并不多，所以人工巢箱进驻率高于山林。由于悬挂的人工巢箱洞口较小，所以大型鸟类基本没有进驻情况。杨树和核桃楸、棘皮桦等树阔叶林适益鸟类居住。而松树是松鼠等啮齿类动物栖息的主要树种，对松树上人工巢箱中的鸟类有极大的伤害作用，会大大降低鸟类的进驻率。

（2）国内其他城市的鸟类调查

侯建华等运用路线调查法以保定市人民公园、竞秀公园、东风公园、烈士陵园选择具有代表性的路线，对针叶林、阔叶林、灌丛、水边草地 4 种植被类型中的鸟类进行了调查，研究了城市园林不同植被中夏季鸟类群落的物种多样性、均匀度及群落间的相似性，结果表明：城市园林不同植被夏季鸟类群落的物种多样性排序为：阔叶林 > 水边草地 > 针叶林 > 灌丛。均匀性排序为：水边草地 > 灌丛 > 针叶林 > 阔叶林，不同植被夏季鸟类群落组成差异显著。

A. 城市生态园林中鸟类群落的物种多样性与植被的复杂性有关。研究发现城市生态园林中不同植被类型鸟类组成及数量年间变化不明显，鸟类群落的物种多样性与植被的复杂性相关。阔叶林的林木种类丰富，空间层次明显，树冠枝叶茂盛且食物较丰富，阔叶林中鸟类物种多样性最高。水边草地为鸟类饮水提供了便利条件，而且地面昆虫种类较多，部分地区杂草茂密，也为鸟类提供食物和栖息场所，因此该生境中鸟类物种多样性也较高。针叶林虽林冠茂密，但层次简单；而灌丛虽隐蔽性较强，但组成单一，层次不明显，且人类活动干扰较大，所以二者的鸟类物种多样性较低。

B. 鸟类群落结构的均匀性与林木配置以及所处的环境条件有密切关系。水边草地生境简单，种数较少，种间数量分配相对均匀，因而表现出最高的均匀性。阔叶林生境最复杂，种类最多，但种间数量分配不均，因而表现为最低的均匀性。

C. 鸟类群落结构与林木配置及环境密切相关。城市园林建设在增加绿化面积的同时，应考虑鸟类的高栖位和边缘效应。高大的阔叶树木树冠茂密，人类活动干扰较小，可为鸟类提供隐蔽且较安静的栖息环境，利于鸟类栖息。在林木配置上，其中部应以高树冠树种为主，边缘应以茂密灌丛为主。在营造大面积具有连续性的多树种阔叶林同时，应注意植被中、下层的绿化，尽量为鸟类提供丰富的食物和适宜的营巢环境，以提高鸟类群落的丰富度。护城河、人工湖改造时，应尽可能保护堤岸上的次生植被，堤岸次生植被的存在对鸟类招引及鸟类群落的维护具有重要意义。

（3）国外对城市水禽栖息地的调查研究

Ashley H. Traut 等对佛罗里达中部四个已开发的城市湖泊，调查了水禽的分布与岸线开发以及滨岸区和陆地区栖息地特征的关系。夏季和冬季共观察到 34 种水禽。在所有湖泊已开发的陆地岸线上，在冬、夏两个季节，涉禽、沼泽鸟类和雁鸭类的丰富度都比设想的要高。潜鸟的丰富度在冬季沿已开发岸线比较高。物种丰富度与岸线的开发程度无关，物种的均匀度随着季节变化，在夏季未开发的岸线和冬季已开发岸线比较高。高挺水植物、开阔的岸线、草坪和树冠是决定鸟类分布的主要的栖息地要素。所有鸟类在两个以上的湖泊、在两个季节都显示了与高挺水植物负相关。而涉禽、沼泽鸟类和雁鸭类与夏季开阔的水面正相关。沼泽鸟类、雁鸭类和潜鸟在冬季与草坪和树冠正相关。大部分的鸟类在夏季和冬季都能使用城市湖泊，有些鸟类能够使用开发岸线。但是，在未开发岸线缺少鸟类可能与这些岸线高密度的挺水植物有关。文章分析了以上调查结果，认为：①城市湖泊能够支持多种水禽，提供水禽的栖息地。②许多鸟类宁愿忍受人类的干扰而在开发岸线寻找适宜的栖息地。与其说鸟类选择了已开发的岸线，不如说鸟类是为了避开未开发岸线的高挺水植物香蒲。③鸟类与高挺水植物负相关（表 3－11），特定的鸟类与开敞的岸线、草坪和树冠正相关（表 3－12）。④在夏季，开发的岸线物种均匀度较低。事实上，开发岸线的使用主要有 8 种鸟类。即特定的鸟类受乐于在开发的岸线栖息和取食，主要是鹭类，常见于城市湿地。这些鸟类在未受干扰的地区比较少见，而如秧鸡、麻鸭等鸟类不能忍受开发和干扰，避免城市环境生活。

水鸟与水生栖息地要素植被的关联　　表 3－11

植物类别	高挺水植物		低挺水植物		浮叶植物	
	夏	冬	夏	冬	夏	冬
沼泽鸟类	－－					
涉禽	－－	－－		＋＋		－－
潜鸟						－－
雁鸭	－－				＋＋	＋＋

－－表示至少在三个湖泊里显著负相关，＋＋表示至少在三个湖泊里显著正相关。

水鸟与岸线的植被栖息地要素的关联　　表 3－12

植物类别	开敞的岸线		草坪		矮生植被		灌木		乔木	
	夏	冬	夏	冬	夏	冬	夏	冬	夏	冬
沼泽鸟类	＋＋			＋＋						＋＋
涉禽	＋	＋＋		＋＋				－－		
潜鸟				＋		＋＋			＋	＋＋
雁鸭	＋＋									

根据调查与分析，提出了以下对策：

A. 减少未开发岸线的高挺水植物，置换成小的、非连续的香蒲，或者以其他物种和水面斑块隔开，未开发的岸线将会适宜于更多的鸟类。许多鸟类更趋向于选择“半沼泽”的条件。这些点缀会增加栖息地的复杂性，使得潜水区靠近岸，为涉禽和潜鸟提供适宜的取食栖息地。

B. 城市水鸟栖息地的保护应该考虑滨岸带和陆岸共同管理。水鸟与开敞的岸线、草坪和树冠的关系表明，陆地的栖息地对于鸟类栖息地的栖息地选择具有影响（草坪，与其他栖息地不同，仅对少数鸟类有益）。

C. 由于缺乏水禽在城市湖泊的繁育数据，管理要基于水鸟的取食和休憩行为。一般来说，①涉禽选择水浅、相对开阔的水滨区，研究中显示与开阔的岸线和草坪潜在的关联。这种条件在开发的岸线较多。而另外一些鸟类，如 least Bittern 和 Green Heron 选择密集的高挺水植物区。②沼泽鸟类和雁鸭类常常在具有低挺水植物和浮叶植物的开敞的水面栖息。管理上要考虑在开发的岸线增加低挺水植物和浮叶植物，减少频繁的行船。一定要注意，沼泽鸟类在繁育季节需要在高挺水植物。一定要保护高挺水植物。③许多潜鸟需要大面积的深水区取食，需要树冠和其他支撑物休息。现在湖面多用于渔业和其他娱乐活动。美洲蛇鸟和双胸鸬鹚选择码头和船篷等水上的休憩点。但是，潜鸟在开发岸线上并不比未开发岸线多。管理上要保护未开发岸线的区域，保障乔木林在未开发岸线。

早在 20 世纪 70 年代末和 80 年代初，美国《渔类和野生动物保护协会》研究了 150 种鱼类和其他野生动物的生境要素以及生境适宜性模型。其中包括 5 种水禽生境类型研究，确定的生境包括食物条件要素（水深、水域面积和干扰情况）和繁殖条件需求（植被覆盖类型、面积和干扰程度）。如对美国德克萨斯州和路易斯安那州的白鹭繁殖生境研究表明，白鹭繁殖生境需求以下基本条件：①食物条件为 3cm ~ 10cm

深且具有丰富食物的开阔浅水环境；②景观覆盖类型包括木本植物高度大于1m的河/湖岸区的森林、木本沼泽或岛状林；③浅水中植被覆盖度为40%～60%；④最小领域面积为5hm²；⑤筑巢区距离食物区不小于4km；⑥筑巢区距道路或居民点的无干扰距离为0.5km，距其他干扰物距离为50m。而对于苍鹭繁殖生境的研究还强调了领域内拥有面积最小为0.4hm²的岛状树丛，距筑巢区为250m的无干扰带宽度为其最佳繁殖生境条件。

3.2.2.3 结论与对策

（1）具有适宜面积和植被构成的城市湿地能够支持水鸟的栖息、增加城市鸟类的物种多样性。在城市湿地栖息的鸟类是一些对开发环境适应性较强的鸟类。

（2）缺少适当比例的水面，是北京绿化隔离地区鸟类数量较少的主要原因。应在绿化建设中适当制造微地形，形成集雨坑。提高隔离带生境的异质性。

（3）植被结构单一、水生植物缺乏是北京市城市湿地公园鸟类缺乏的主要原因。应在湿地公园区僻静的区域设置一定的面积乔灌草植物，营造郁闭度的鸟类繁殖区。注重浆果类（如广玉兰、忍冬等）以及籽粒草的种植。在滨水带繁育高、低挺水植物和浮水植物。减少人为惊扰。

（4）为了支持更多的鸟类物种，必须维持河湖异质性的水面和岸线生境。开敞与郁闭的水面，深水与浅滩，高挺水、低挺水以及浮水植物，高大树冠的阔叶乔木、丰富浆果的灌木以及荒草丛等覆被的结构层次丰富的岸线，等等。冬季非冰封的水面可以支持更多越冬鸟类。

（5）在城市公园悬挂人工巢箱，能够有效吸引洞栖性鸟类。在适当的地方和季节摆放食台，投喂食物，有利于吸引鸟类进驻城市。

（6）栖息地内部异质性（如叶高多样性、树种、盖度等）的关系，栖息地间异质性是维持鸟类生物多样性的核心，因为鸟类的栖息、繁殖、取食具有多样的需求。栖息地的植被结构的异质性程度越高，栖息地自然程度和内容越丰富，鸟类的多样性越丰富。

3.2.3 在城市湿地系统建设中需要考虑的生态问题

3.2.3.1 植物对水质的耐受性程度

经现场调查与分析研究，用于水质净化用湿地的水深40cm左右时，透明度较好，可见底，沉水植物水绵和菹草多有发育。滨岸带芦苇等耐有机物污染的挺水植物群落大量发育。

3.2.3.2 适宜的边岸坡度

根据野外调查，25°～30°坡是草本植物着生阈值区，在大于25°的坡段，草本植物着生明显减少。因此30°以下的边坡为适宜植物生长的边岸坡度。

3.2.3.3 适宜的土壤深度

根据野外调查，在砾石基质之上土深小于30cm的区域，土壤含水量低，在得不到地下潜水蒸发的补充时，春季草本植物萌发受到明显影响。因此，在衬砌的边坡上植草，适宜的土壤深度为30cm以上。

3.2.3.4　挺水植物发育的最佳范围

根据野外调查，水面以上 0～40cm 的范围是湿生植物集中发育的区域，此时湿生植物根系处于饱和含水土壤层中。河流整治中应尽可能扩大距常水面垂直高度 40cm 以内的边坡，以利于植物生长。

3.2.4　小结

本研究从以下 3 个方面研究北京中心城湿地结构，并提出相应的对策。

（1）河流生态恢复的关键指标研究。通过对中心城现有的衬砌河道、部分衬砌河道以及未衬砌河道的植被样方和河道物理特性的调查，得出，河岸衬砌严重影响河道植被的多样性，水分和土壤是河岸植被发育的重要因素，河流具有从将山区植被物种向平原传播的作用。河道的生态恢复应增加水面以上 55cm 以内的河岸缓坡带的宽度，河岸坡度不高于 20°，堤顶适宜高度应为 3m，最高不超过 4m；透水砂砾以上覆土厚度应大于 30cm。可利用闸坝模拟调度自然波动的河流流量，节约河道水量。

（2）鸟类多样性与湿地植被结构关系研究。通过鸟类多样性与植被结构关系资料的综述，提出利于鸟类的湿地应同时具有开敞和郁闭的水面，深水与浅滩，高挺水、低挺水以及浮水植物，高大树冠的阔叶乔木、丰富浆果的灌木以及荒草丛等覆被的结构层次丰富的岸线。植被单调的绿化隔离地区应适当增加集雨坑塘水面比例。

（3）湿地在城市自然生态系统中的作用研究。大中型河流、湿地应作为重点纳入城市绿地系统结构体系中，水绿一体，切实提高自然生态系统的生态调控功能。

3.3　景观效能

城市湿地作为城市景观的重要组成部分，在城市发展过程中必须给予足够的重视。本节分别从城市湿地的自然景观效能、人文景观效能与城市湿地在建设宜居城市中作用三个方面进行了分析研究，为湿地系统规划提供了有力的支持。

3.3.1　自然景观效能

3.3.1.1　城有水则秀

传统的景观是与美学和风景园林相关的概念，城市景观是城市中由街道、广场、建筑物、园林绿化等形成的外观及气氛。随着社会和科学的发展，景观的含义已经拓展到生态、人文的层面。景观的内涵大致在四个层面：（1）景观是审美的对象；（2）景观作为生活其中的栖息地，可以体验；（3）景观作为生态系统，具有科学的含义，具有生态功能；（4）景观作为符号，是有含义的，反映了人类的历史、活动和价值观。强调景观的系统性、体验性和审美性特征，注重景观的生态功能、休憩功能和观赏功能，尊重自然、尊重人、尊重历史已经成为城市景观规划的重要原则。

城市湿地是城市景观中最动人的组分。比起城市景观大道、城市广场、城市建筑以及展示性的住区花岗岩雕塑来说，其色彩、线条和自然的生命力决定了其在城市视觉景观组分中，具有最高的审美价值。

城市湿地是可以用身心体验的，垂钓、嬉戏、捕捉蜻蜓和萤火虫、观鸟、滑冰、漫步、摄影，湿地是人们体验和用精神去感受的场所。

城市湿地是具有重要生态功能和生态价值的生态系统。

城市湿地见证了自然演变以及城市发展繁荣与衰败，负载着人类生活和经济活动的烙印。

"城有水则秀"，城市湿地能够充分体现城市景观的内涵，是城市景观的最具价值的组分。

3.3.1.2 居有水则灵

亲水是人类的天性，中国自古就有乐水之说。"城有水则秀，居有水则灵"、"吉地不可无水"、"风水之法，得水为上"，足以可见古人对水的偏爱和崇拜。正因如此，生活在建筑高度密集、环境污染严重的城市居民更渴望能和纯朴自然、亲切优美的湖光水色零距离接触，朝夕相处。

从20世纪90年代开始，欧美国家开始尝试将现代水景引入居住区，进而在亚洲的新加坡和中国台湾等地区迅速升温。我国的现代水景住区最初起源于水系资源丰厚的南方城市广州，而后迅速在深圳、上海等地蔓延，2000年后，水景住区开始在北部的北京、天津等地出现。水景住区以其独特的景观特质和优美环境受到广大消费者的热捧，目前北京以亲水为概念的水景住区就已达到40余个。

智者乐水。据新浪网调查，约43.6%的受访者认为"如果遇到景观和朝向不能兼得时，会优先考虑景观"；近75.6%的受访者认为"水景能提高居住品质"；而87%的受访者认为"水景是高尚社区的必备条件之一"。

水景对于居住环境的改善主要体现在：

（1）提供了视觉美景；

（2）降低热岛效应，增加空气湿度；

（3）净化空气增加空气负氧离子浓度；

（4）提供了休憩活动的场所；

（5）提供了生态的体验。

水景成为住区环境舒适度的重要指标。

3.3.2 人文景观效能

城市湿地的人文景观效能，主要体现在水文化上面。水文化，是一种反映水与人类、社会、政治、经济、文化等关系的水行业文化。对水文化的初步界定是：水文化是人们在从事水务活动中创造的以水为整体的各种文化现象的总和，是民族文化中以水为轴心的文化集合体。

同世界上其他城市一样，水在北京的诞生和发展过程中起着至关重要的作用。北京是世界闻名的文化古都，至今已有三千多年的历史。它曾是北方军事防守重镇，后来又作为金、元、明、清的都城。历代王朝都非常重视水利设施的建设，为了保证防洪、灌溉、漕运的需要，建设了不少水利工程，表现了高度的智慧与技能。北京城历代水利设施的建设奠定了北京中心城地区河湖水系的基本格局，并为今后水利设施的建设提供了宝贵的经验。新中国成立后，北京成为人民的首都，城市建设进入了一个全新的时期，随着城市建设的发展和科学技术水平的提高，城市水利开发和河湖建设有了迅速的发展。

3.3.2.1　诗歌绘画中的水文化

北京历史上帝王和文人墨客留下了丰富关于水的诗文和绘画作品，赞赏优美的风景园林。细至对闸坝均有诗歌记录。

图3－11　潞河漕运图

图3－12　西洋人眼中的东郊（左）

图3－13　西洋人眼中的东郊（右）

图3－14　古代苑囿、南苑、静明园图（由左至右）

3.3.2.2　宗教信仰中的水文化

佛教自公元前二年传入中国后，与一定的社会经济、政治、文化交织在一起，对中华民族的民族文化、民族精神、社会的发展和稳定产生了重大影响。目前北京具有一定规模，保存和修复较完好的寺庙近百座，寺庙众多且集中是我国几座古都共有的特色。北京寺庙与水文化特色表现在：

(1) 许多寺庙的选址和命名与水密切相关。

庙多依山靠水掩映在丛林中，且多泉水。金章宗时，兴建的金水院、香水院、清水院、双水院、潭水院、灵水院、温汤院、圣水院等京西“八大水院”（这八大水院至今都还存在，其中石景山一处、门头沟一处、海淀区六处）均是以水为依托而建寺庙，大批寺庙取名当地的泉水。

(2) 寺庙的功能体现山水的内涵。

现保存完好、列入市、区级文物保护单位的龙王庙就有五处之多，其中门头沟区三家店龙王庙更是我国早在明代（1641 年）就建立了农民用水组织（国外称 WUA）——兴隆坝的历史见证。

(3) 寺庙建筑结合当地水环境，充分体现用水、惜水、爱水。

潭柘寺的流杯亭、孔水洞大历万佛龙泉宝殿、水峪寺的石渡槽引水均是寺庙与水文化结合的佳作。

3. 3. 2. 3 史记著作中的水文化

历史上有大量关于北京水系的历史古籍，如《水部备考》、《燕都丛考》等。此外，《辽史——河渠志》、《金史——河渠志》、《金史——地理志》、《后汉书》等都是北京水利考古的重要依据。

3. 3. 2. 4 娱乐运动中的水文化

历史上北京人的水上娱乐活动丰富多彩。比较有特色的有以下几种。

(1) 赛龙舟。在明代，旧历五月初一到五月初五，张家湾里二泗附近的北运河上，组织群众举行龙舟比赛。

(2) 观河灯。北京明清时期很盛行，每年七月十五在护城河、什刹海等地放河灯，市民倾城出动，沿河看灯，热闹非凡。

(3) 溜冰。清代作为训练八旗兵的一项传统军事体育运动，后来市民也开展这项运动，成为一种技巧表演。

(4) 坐冰床。黄帝在北海和中南海，市民多在什刹海、护城河、通惠河二闸等处活动。成为冬季的一种群众性娱乐活动。

图 3－15 冬日北海旧照（上）

图 3－16 清乾隆时冰嬉图（右）

3.3.2.5 文物古迹中的水文化

自1957年10月，北京市确定了第一批文物保护单位，至2003年已经有七批。与历史河湖水系演变相关的北京市文物保护单位23项。1984年，北京市区县级文物保护单位和暂保单位确定工作开始，与水相关的各区县文物保护单位13项。1961年，第一批全国文物保护单位名单确定，至2001年共确定了五批。与水相关的全国重点文物保护单位6项。从1984年至今，市政府已公布了四批市级以上文物保护单位的保护范围和建设控制地带。划定的与水相关的保护范围和建设控制地带有16个单位。

北京市与水相关的北京市文物保护单位名单　表3-13

序号	名称	地址	批准时间
1	故宫	城区	第一批，1957年10月28日公布
2	中南海	西城区西长安街	
3	北海、团城	西城区三座门大街	
4	颐和园	海淀区	
5	静明园	海淀区	
6	卢沟桥	丰台区	
7	土城	朝阳区、海淀区	
8	圆明园遗址	海淀区	第二批，1979年8月21日公布
9	琉璃河商周遗址	房山县董家林一带	
10	广济桥（清河大桥）	海淀区清河镇	第三批，1984年5月24日公布
11	万宁桥（后门桥）	西城区地安门外大街	
11	永通桥及石道碑	朝阳区八里桥	
12	朝宗桥	昌平县沙河镇北	
13	琉璃河大桥	房山县琉璃河镇	
14	白浮泉遗址——九龙池、都龙王庙	昌平县化庄村东龙山	第四批，1990年2月23日公布
15	原燕京大学未名湖区	海淀区北京大学	
16	白龙潭龙泉寺	清、民国	第五批，1995年10月20日公布
17	通运桥及张家湾镇城墙遗迹	通县张家湾镇	
18	金中都水关遗址	丰台区右安门外玉林小区	
19	北京水准原点旧址	西城区西安门大街1号	
20	团河行宫遗址	大兴区黄村东	第六批，2001年7月12日公布
21	南岗洼桥	丰台区南岗洼村南	
22	皇城墙遗址	东城区、西城区	第七批，2003年12月11日公布

北京市与水文化相关的全国重点文物保护单位　表3-14

序号	名称	时代	地址	批准时间
1	卢沟桥	金	丰台区	第一批，1961年3月4日公布
2	北海、团城	明清	西城区	
3	颐和园	清	海淀区	
4	琉璃河遗址	西周	房山区	第三批，1988年1月13日公布
5	圆明园遗址	清	海淀区	
6	金中都水关遗址	金	丰台区	第五批，2001年6月25日公布

3.3.3 城市湿地在建设宜居城市中的作用

3.3.3.1 城市湿地在生态景观方面的作用

自然生态体系是城市生态质量的调控体系，也是建设生态城市的重要基础。自然生态系统是城市景观中最动人、最具价值的组分。自然生态系统大致可分为两类：植被（森林、草地）生态系统和水生态系统（湿地）。在自然体系中，湿地的生态功能更为重要。科学研究表明，每公顷湿地生态系统创造的直接和间接价值远远高出热带雨林和农田生态系统。湿地水面在生物多样性维护、小气候调节等方面的功能远高于乔木林。但在我国城市绿地系统中，湿地水面一直作为公共绿地的组成部分被统计，其在绿地系统中所占的比例以及特有的功能一直没有被突出和强调。2004 年，北京市城近郊区的绿化覆盖率达到41.8%，但是水面面积仅为2.1%。

在北京市的自然体系中，虽然湿地的水面面积不大，但湿地在绿地系统格局中的骨架和脉络作用是十分重要的。在平原区，温榆河、永定河以及东部的潮白河、北运河是北京平原地区自然体系的主脉。第二道绿化隔离带的主要构架即是温榆河和永定河。第一道绿化隔离带的公园环中，包括了锦绣大地农业观光园、颐和园、圆明园、奥运森林公园、朝阳公园、兴隆公园等含有湿地的重要公园。湿地无疑是北京市绿地系统中的重要组分，湿地发挥着净化水质、蓄洪防旱、调节气候、净化空气、维护生物多样性等多种重要的生态功能，有效地调节城市的生态质量。

自然湿地已经成为北京城市景观的重要组分，温榆河生态走廊是北京市重要的景观生态廊道，翠湖湿地成为建设部第一批城市湿地公园，南海子麋鹿苑成为重要的湿地类型的动物引种繁育中心，旱石桥湿地以北京最后一个湿地引起科研界的重视，圆明园湖底防渗问题引起了全国的关注，龙形湿地成为奥运森林公园中的景观重心与灵魂。自然湿地的生态功能已经成为城市景观价值的重要载体。

3.3.3.2 城市湿地在提升历史文化品位方面的作用

北京是一个依水而建的城市，是一个因水而园林的都城。由于地处山前地下水溢出带，历史上坑塘、沟渠、洼地遍布，“大小淀泊九十九处”，北京可称为水乡。北京湿地比北京城市历史更久远，现存的、消失的每一块湿地不仅仅是一条地理意义上的河湖，她们决定和见证了北京城市的发展，每一条河流都有历史，每一个湖泊都有故事。北海公园、积水潭、颐和园、圆明园、玉渊潭、莲花池、长河、金水河、护城河、元大都城城垣遗址，以及永定河、莲花河、萧太后河、通惠河、坝河、清河、温榆河等都在北京的历史中熠熠发光。

燕京八景中的一半都是湿地景观。更有南囿秋风、银锭观山、长河看柳等景观。

城市失去了历史，也就失去了自己独有的面貌。湿地在北京市历史文化名城保护中占有重要地位。旧城内的历史河湖湿地，是皇城保护的重要内容。系统地从整体上恢复湿地、构筑物和文化遗存，挖掘、宣传湿地的历史文化意义，使湿地不仅成为自然景观，更能够作为历史的见证与标志。

3.3.3.3 城市湿地在改善环境方面的作用

滨水地带对于人类有着一种内在的、与生俱来的持久吸引力。垂钓、戏水、漫步、摄影是现代竞争社会舒缓紧张节奏、放松心情的优选方式。但是目前，在北京市社区周边能够近距离享受滨水环境仍是一种奢求。除了西部引用京密引水渠水的河道外，大面积河流均为劣五类河流水体。恶臭、蚊蝇和河道扬尘不仅影响环境质量，而且威胁市民健康。

1947 年世界卫生组织提出：“健康是一种心理、躯体、社会康宁的完满状态，而不是没有疾病和虚弱。”关注健康是每个人的事，但不仅仅是个人的事，国家和社会都应为实现人们健康创造必要条件。联合国《经济、社会和文化权利国际公约》等国际人权和健康权文献中，也有专条规定：

“第十二条：

（一）本公约缔约各国承认人人有权享有能达到的最高的体质和心理健康的标准。

（二）本公约缔约各国为充分实现这一权利而采取的步骤应包括为达到下列目标所需的步骤：

减低死胎率和婴儿死亡率，使儿童得到健康发育；

改善环境卫生和工业卫生的各个方面；

预防、治疗和控制传染病、风土病、职业病以及其他的疾病；

创造保证人人在患病时能得到医疗照顾的条件。”

国家的义务重点是防止他人的行为对健康权的危害。这种行为常常对己、对人和对社会都会造成直接或间接的、明显的或潜在的危害，诸如食品不卫生，药品不合格，蔬菜、水果农药含量超过标准，空气、流水污染，等等。建设健康的湿地环境，如同抗击非典和禽流感一样，是国家保障公民的健康权应尽的义务。

世界卫生组织于 1986 年开始倡导“健康城市”。健康城市一个基本观点，健康不再依赖于医疗卫生，包括人们获得食物，获得教育的机会，以及持续的资源，有社会公平和公正等。世界卫生组织提出的 11 项关于健康城市的标准。

第一，要有一个清洁、安全、高质量的物质环境保护。

第二，稳定和长期可持续的生态系统。

第三，坚强、相互支持及和谐的社区。

第四，高度的公众参与。

第五，满足全体市民的基本生活需求，包括粮食，水等。

第六，提供人接触，交往和交流的丰富多样的机会。

第八，鼓励人们与城市的历史文脉和自然生态的连接，以及与其他族群，团体，个人的联系。

第九，与上述视点相适应的城市形态。

第十，拥有为全体市民所有享用的公共卫生保康和医疗服务设施。

第十一，高质量的健康状况。

世界卫生组织提出十一项具体的指标包括对历史文化资源的保护，包括对生态资源的保护，包括对于城市卫生服务设施，文化设施和住房等。

河流水质不仅是实现生态城市的一个难以达标的考核指标，而且是影响市民健康权、城市健康，阻碍北京实现其他所有目标的短板。

3.3.3.4 城市湿地在建设世界城市中的作用

自古以来，江河流域、河口、湖岸和海岸都是城市定址的首选地段。世界上的许多城市如罗马、柏林、莫斯科、华沙、伦敦、巴黎等，都在河流岸边，并且河流穿城而过，湿地密布于城市之中。

北京在建成之初也是依水而建的，也是因水而园林而皇城的。因此要进一步发展北京，使得北京成为一个世界性的大城市，就需要逐步恢复北京原有的湿地系统，与世界各地的大城市看齐。

3.3.3.5 城市湿地在构建水绿一体的城市自然体系构架中的作用

（1）北京平原区绿地系统结构规划中的湿地地位（图3－17、图3－18）

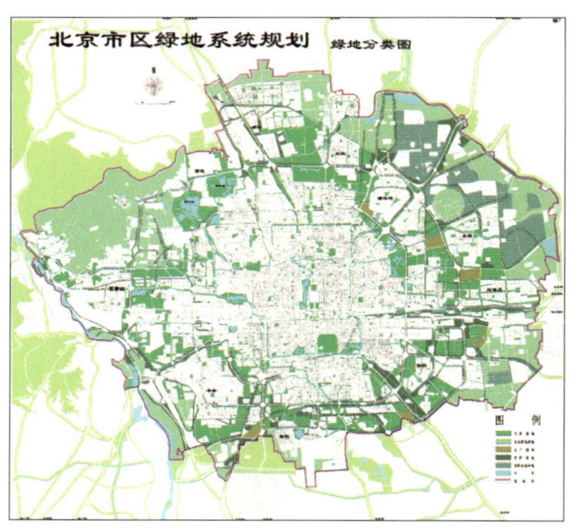

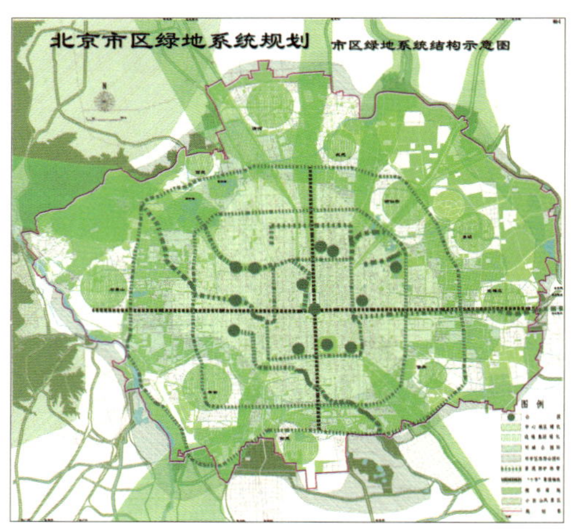

图3－17 北京市区绿地系统规划图（左）

图3－18 北京市区绿地系统结构示意图（右）

城近郊区的绿化建设，以中心城为核心、以四环、五环路（第一道绿化隔离带）和六环（第二道绿化隔离带）景观防护林带为骨架，强调永定河和温榆河在城市绿地系统中的地位。但是，其他的河流，如昆玉河－长河、永定河引水渠、清河、北小河、亮马河、坝河、二道沟、通惠河、萧太后河、凉水河等中等河流均为补充成分，其地位低于高速公路两侧的绿化带。公路绿化带更多的是起到隔离和景观功能，河流滨岸廊道则具有更丰富的生态功能。河湖水系网在城市中的生态廊道功能没有被提到应有的高度。

（2）建立水绿一体的城市自然体系构架

提升河流在城市自然体系格局中的构架功能，构建水绿一体、林水相依的自然体系格局。在一级层次上，以两道绿化隔离带为基础，加入永定河、大沙河—温榆河—北运河、潮白河三条大型骨干绿地通道。二级层次上结合楔形绿地，以京密引水渠、南旱河、永定河引水渠、拒马河、大石河、小清河、凤河、凉水河、萧太后河、昆玉河—长河、北护城河—亮马河、小月河—坝河、南护城河—通惠河、二道沟、清河、沟河为主要脉络，形成水绿网。以其他支渠为细脉，与大小湖洼地、城市绿地斑块构成水绿节点。

朝阳区湿地分布图和自然体系规划结构图显示了湿地在城区自然体系结构中的作用（图3－19、图3－20）。①清河作为朝阳区阻挡北部昌平居住区蔓延的屏障；②二道沟作为朝阳区内的楔形绿地，缓解长安街东延长线北部区域的强热岛效应；③温榆河作为朝阳区的重要的自然生态区；④北小河、坝河、亮马河、通惠河以及萧太后河作为重要的生态廊道。

图 3－19　朝阳区湿地分布图（左）
图 3－20　朝阳区自然体系规划结构图（右）

3.3.4　小结

湿地对于城市的历史、人文和自然景观具有重要的价值，建设健康的湿地不仅是北京实现宜居城市、历史名城和生态城市的重要内容，也是政府保障公民健康权应尽的义务。北京市中心城现状水面比例为 2.08％。规划远期可通过优先恢复具有重要历史意义的湿地、填补自然生态系统恢复盲区、集雨坑塘沟渠等措施，提高中心城地区的湿地面积。

3.4　水质净化效能

相关研究表明城市湿地系统对于污水具有较好的净化效果，为了改善城市水环境，本次研究分别从水质净化机理、净化效果、出水水质标准以及试验应用研究等四个方面，对湿地用于水质净化的效能进行了分析研究。

3.4.1　湿地水质净化机理

湿地是非常复杂的系统，湿地系统通过污水流过它的时候所发生的物理、化学、生物等变化对污染物进行分离、转移，这些过程有时是同时发生的，有时又是先后发生的。这些过程一般都可以被定性分析，但只有很少的实例中，我们可以通过大量的监测数据对它们做出充分的定量分析。主要反应机理的确定和反应的结果还要依赖于外部输入参数、系统内部相互作用以及系统自身的特征。外部输入参数主要包括进水水量、进水水质和系统水文循环[39]。

在大多数系统中，起作用的主要机理就是物化作用和生化反应。物化作用主要包括重力分离过滤、离子交换、吸附、解吸、浸出，以及氧化还原反应、凝聚反应、酸化、沉降等；生化反应包括在好氧、缺氧、厌氧条件下一系列的生化作用[40]。

在这里主要从水体、植物表面、湿地表面的枯枝层、聚集在底部的碎石中，或者在系统的根系中的一些潜在的反应机理进行分析讨论。

3.4.1.1　对有机物的去除机理

从图 3－21 中可以看出有机物是如何在湿地系统中分离和转化的。需要注意的是，被捕获和已沉淀的有机物的生物转化对水中的总有机物的去除影响很大[39]。

1. 有机物的物理分离

湿地的进水中含有一定量的颗粒状有机物。颗粒状有机物的分离主要是通过过滤、截留作用去除的。可溶性有机物也可以被一系列的物理分离过程所去除。吸附对一些有机物分子来说是一个重要的分离过程。此外，挥发的作用也占有机物去除的一部分。一般来说，经过预处理以后的湿地进水中挥发性有机物的含量会很少。

2. 有机物的生物转化

有机物被捕获或已沉淀后，附着在植物表面或在系统底部微生物（包括好氧的、厌氧的和兼性的）开始发挥作用。

湿地系统对于有机物的去除主要依赖于微生物。微生物在厌氧、兼氧或好氧条件下把有机物经过逐级降解，最终成为单质及简单化合物[41]。此外，湿地植物将空气传输到其根部，在使其自身能在水下厌氧条件下生长的同时，由于扩散或泄漏作用，在每一须根周围形成薄薄的好氧区，这一好氧区为大量微生物的生存创造了条件[42]。而 BOD_5 的去除反应基本上是在好氧层进行的，微生物的生长及其形成的生物膜对污水中有机物的最终去除起主要作用，在运行良好的湿地系统中，好氧微生物和兼性微生物占有一定优势，但也存在能去除更难降解的有机物和经反硝化作用脱氮的厌氧层[43]。

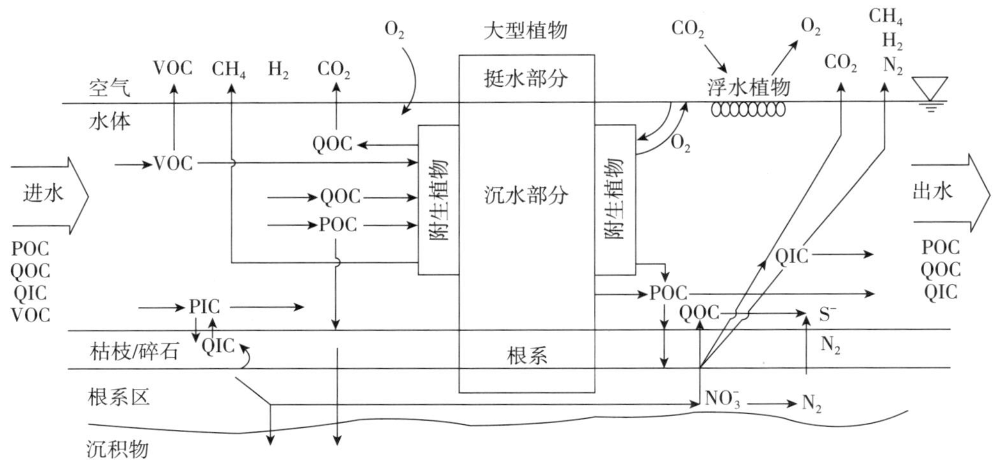

图 3－21　湿地系统中碳元素的迁移示意图

3.4.1.2　对氮的去除机理

1. 氨化作用

在氨化过程中，有机氮转化为无机氮，尤其是氨氮。其中影响氨化作用的主要因素为温度，Reddy 等从公开数据中总结出每升高 10 摄氏度，有氧氨化率就增加一倍[44]。

2. 氨的挥发

氨的挥发是一个物理过程和化学过程，其中 NH_4-N 总是在气态和水解态中寻找平衡。而氨的挥发率是由水中的氨离子浓度、水温、水面风速、阳光照射、水生植物的种类和数量以及系统在昼夜循环中 pH 的改变等一系列因素来决定[45]。

$$NH_4^+ + OH^- \rightarrow NH_3\ (aq) + H_2O \quad (3-1)$$

3. 硝化作用与反硝化作用

硝化作用是在好氧的条件下，由硝化菌将氨转化为硝酸盐的过程，王歆鹏研究发现，温度、pH、供氧状况、无机碳源浓度等对于硝化细菌菌群的繁殖能力及硝化作用活性具有较重要的影响，而含盐量的高低几乎无影响[46]。由于硝化作用只改变了氮在水中的化合态，并没有降低水体中氮的含量，因此这对于防止水体富营养化，并没有根本解决问题。而要使氮得以根本去除，最重要的途径就是反硝化作用。

$$NH_4^+ + 2O_2 \rightarrow NO_3^- + 2H^+ + H_2O \quad (3-2)$$

反硝化是 NO_3^-、NO_2^- 在缺氧条件下被反硝化菌还原为气态 NO_2、N_2 的过程。在系统中有机物与 N 有适当的比例时，碳源对氮去除的限制可以近似的用下式表示[41]：

$$N = (TOC - 5)/2 \quad (3-3)$$

硝酸盐的去除率受氧化还原电位、pH、水分、不稳定碳源和温度等因素影响。在湿地系统中（图 3－22），硝酸盐有效性可以限制反硝化的速率[47]。

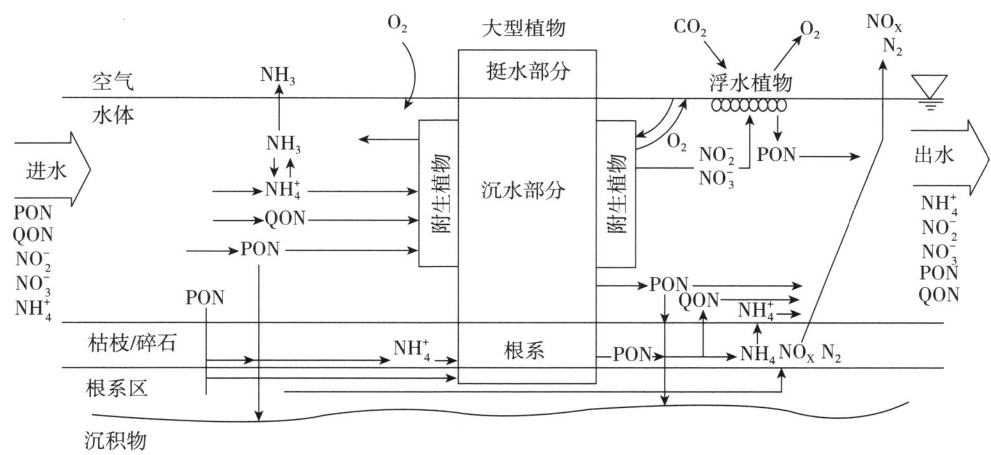

图 3－22　湿地系统中氮元素的迁移示意图

3.4.1.3 对磷的去除机理

对于磷的去除，是各种常规水处理设施都未很好解决的问题，又都是一个重要的研究内容。如图 3－23 所描述，湿地内磷的去除机理也很复杂[48]，但在多数的湿地系统的设计中，主要是考虑植物吸收和利用植物床基质的吸附、沉淀解决磷的去除问题，有一定的效果，但不理想。一些尚未清楚的机理亟待研究，如：吸附、沉淀的磷再溶出的问题；基质本身的含磷量及其溶出的问题；微生物的聚磷作用等，以使湿地系统达到更好的磷的去除效果。通常情况下，认为基质对于 P 的去除起主要的作用，特别是富含 Ca 的基质对 P 的去除效果更加明显。有文献表明，飞灰或者页岩作为基质，有着最大的 P 吸收，但是综合考虑各种因素以及安全性、稳定性等，页岩作为基质是比较适合的[49]。

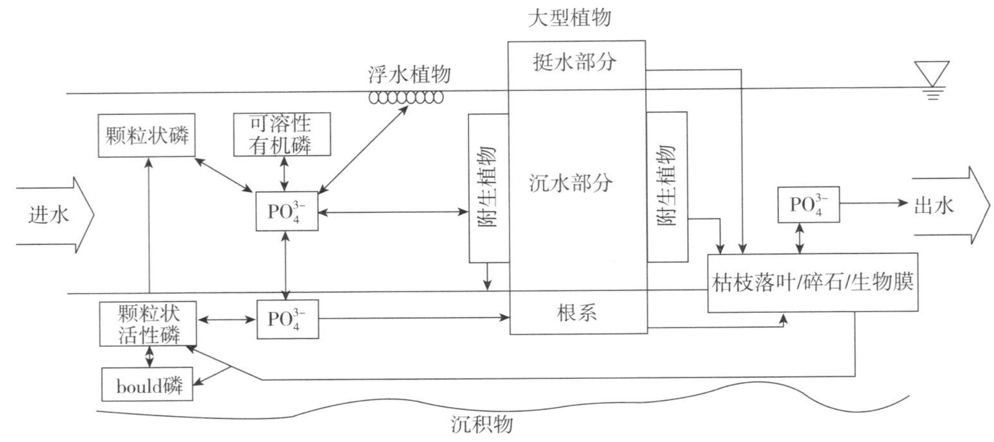

图3－23　湿地系统中磷元素的迁移示意图

3.4.2　湿地水质净化系统处理效果

3.4.2.1　对有机物的去除效果

人工湿地的显著特点之一是其对有机污染物较强的降解能力。有资料表明，潜流型人工湿地的出水水质要优于二级生物处理后的水质。由深圳市环科所做的人工湿地——洪湖湿地，出水水质甚至优于景观用水的水质标准。国内外有关对城市污水的研究表明，在进水浓度较低的条件下，人工湿地系统对 BOD_5 的去除率可达到85%，对COD的去除率可达到80%以上，处理出水中的 BOD_5 浓度在10mg/L左右。北京市环境科学研究院的研究结果还表明，废水中的不溶性 BOD_5（占废水总 BOD_5 的50%左右）和COD可以在进水的5m内被迅速地去除，而SS则可在进水的10m内去除90%左右[50]。

3.4.2.2　对N的去除效果

人工湿地中的氮主要是通过微生物的硝化和反硝化作用去除的。因此，潜流型湿地系统的净化能力主要依靠于土壤有效的透气性。

有资料表明对于氮的去除，潜流型湿地的去除率可以达到40%，表面流湿地可以达到50%，甚至达到60%以上[50]。

各因素对于氮去除率的影响，有资料表明存在下面规律[51]：

- 氮的去除率在一定范围（60m）内与坡长无关；
- 氮的去除率随水力负荷的增加而减少；
- 温度与去除率有一定的正相关性；
- 去除率与坡宽无关；
- 去除率与预处理后的水质几乎无关。

3.4.2.3　对P的去除效果

R. Bhamidimarri等对湿地系统的研究表明，当进水中的磷含量为35.9mg/L以下时，系统对TP的去除率为90%。天津市环保所的研究亦表明，当进水TP浓度在3mg/L和 PO_4^{3-} 浓度在0.32mg/L左右时，芦苇湿地系统对TP和 PO_4^{3-} 的去除分别可达90.9%和92.6%[50]。

此外，有资料表明，表面流湿地比潜流型湿地处理磷的效果要好，表面流湿地出水的总磷均低于1mg/L[52]。

3.4.3 湿地水质净化系统出水水质标准探讨

湿地系统对污水深度处理所需要达到的标准是由处理后水的用途决定的。目前经过湿地系统深度处理后的污水主要用于城市景观水体或者地下水回灌。但是，由于水的地层渗透不能有效的去除水中的有机污染物质，而且不能作为一种水处理手段，不恰当的回用水地下回灌可能造成含水层和地下水难以消除的近期和长期污染。因此，一些国家对于回用水地下回灌十分慎重，例如在美国，要求地下水回灌的回用水水质达到饮用水标准。本次研究也认为不应该利用深度处理后的污水进行地下水回灌，因此，在设计污水处理用湿地时选取的标准应该按照景观用水的标准进行选取。

现阶段，我国对于景观用水的水质标准在表3－15中列出，主要包括：《地表水环境质量标准》（GB 3838—2002）、《再生水回用于景观水体的水质标准》（CJ/T 95—2000）、《城市污水回用设计规范》（CECS 61：94）与《污水综合排放标准》（GB 8978—1996）。

可以看出，国家标准的要求比行业标准要高。

我国有关景观用水水质指标比较表 表3－15

规范标准名称		主要水质指标/（mg/L）			适用范围	颁发部门
		BOD_5	氨氮	总磷		
地表水环境质量标准 GB 3838—2002	IV类 V类	≤6 ≤10	≤1.5 ≤2.0	≤0.3 ≤0.4	IV类：一般工业用水区及人体非直接接触的娱乐用水区；V类：农业用水区及一般景观要求水域	国家标准，国家环境保护局发布
北京市水污染物排放标准	一级 二级	5 20		≤0.1 0.3	向一级保护区和二级保护区内水体排放的水污染物执行一级标准[1]；向一、二级保护区外的其他第一类水体[2]、第二类水体[3]、通惠河、莲花河、凉水河排放的污染物执行二级标准	地方标准，北京市环境保护局发布
污水综合排放标准 GB 8978—1996	一级 二级	20 30	15 25	0.5 1.0	城镇二级污水厂排入III类水域执行一级标准；排入IV、V类水域执行二级标准	国家标准，国家环保总局发布
城市污水回用设计规范 CECS 61：94	夏季 非夏	20 20	≤10 ≤20	≤2 不控制	再生水用作市区景观河道用水时最高允许浓度	中国工程建设标准化协会
城市污水再生利用景观环境用水水质 GB/T 18921—2002	河道 湖泊 水景	≤10 ≤6 ≤6	TN≤15 TN≤15 TN≤15	≤1.0 ≤0.5 ≤0.5	再生水用于城市观赏性景观环境用水	

注：

1. 一级和二级保护区参照《北京市密云水库、怀柔水库和京密引水渠水源保护管理暂行办法》和《官厅水系水源保护管理办法》中的规定。
2. 第一类水体主要包括：潮白河向阳闸以上，永定河三家店拦河闸以上，京密引水渠，永定河引水渠，南旱河，拒马河。
3. 第二类水体主要包括：潮白河向阳闸以下，永定河三家店拦河闸以下，长河，温榆河，清河，坝河，护城河，错河，大石河马各庄桥以上，市区其他风景观赏水体。

经过城市二级污水处理厂处理的水仍然会给受纳水体带来一些污染物质，如果未

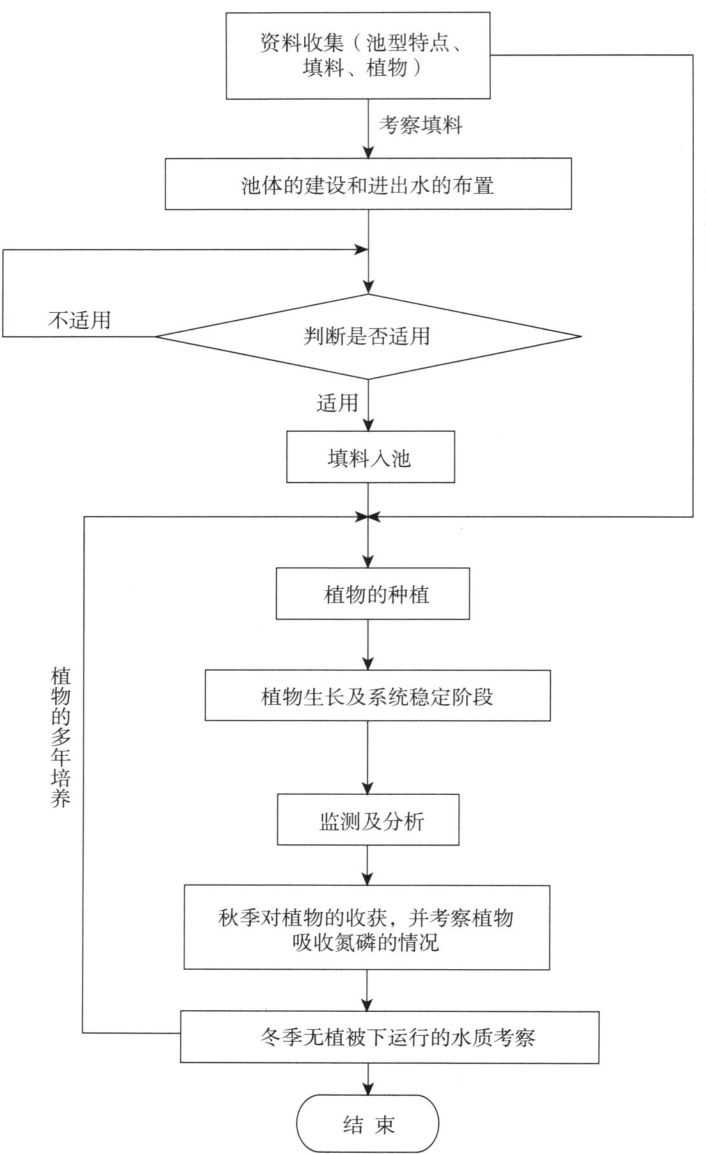

图3－24 湿地系统水质净化效能试验技术路线

超过其环境容量，则通过水体自净作用，受纳水体仍然可以维持原来等级，不至于迅速劣化变质。正是基于此原则，《污水综合排放标准》规定排入III类水域执行一级排放标准；排入IV、V类水体执行二级排放标准。但这种规定的一个潜在前提应该是：受纳水体为流动水体，且相对于排入水量容量较大。而大部分景观水体由于来水量较小，环境容量也较小，无法达到一定程度的自净作用。因此，将再生水回用于没有任何稀释条件的缓流人工水体作为景观用水，是很不安全的，而这种现象在某些北方缺水城市是极为普遍的。

从综合安全性与技术可行性来考虑，对于景观用水的水质可以参照《地表水环境质量标准》（GB 3838—2002）中对IV类水体的水质要求，同时需要考虑《北京市水污染物排放标准》中一级排放标准对水质的要求。综合考虑后，对于经过深度处理后的污水作为景观水体的水质要求为：

$BOD_5 \leqslant 6mg/L$，氨氮$\leqslant 1.5mg/L$，总磷$\leqslant 0.3mg/L$。

3.4.4 湿地水质净化系统试验应用研究

3.4.4.1 概述

人工湿地的试验现场为酒仙桥污水处理厂内，采用该厂再生水厂的再生水为系统的进水。2005年年初开始池体的建设，同年5月完成，并将填料和植物移入池中。经过一个月的植物培养后开始进出水的监测并进行相应的研究。

本试验研究的技术路线见图3－24：

该试验湿地场地面积约$84m^2$。该湿地主要划分为三个系统，系统1由一组竖向流潜流湿地和一个水平流潜流湿地构成，系统2由一个自由水面湿地和一个水平流潜流湿地构成，系统3由一个可进行间歇运行的水平流潜流湿地构成，目前所有池体均以连续运行为主。

3.4.4.2 试验湿地的运行结果及原因的分析

试验分两个阶段，第一阶段为三个系统的连续运行，运行共十周，通过对三个系统的进出水的监测，得出试验湿地系统的处理效果。

系统一运行情况：

湿地系统水质净化效能试验系统一运行情况　　表 3－16

指标 效果	COD	TN	TP
进水最高	78.6	22.27	5.2797
进水最低	3.9	6.9	0.016
出水最高	41.4	22.33	3.15
出水最低	3.3	4.97	0.03

出水在 COD 这项指标上，一般与进水有很大相关性，进水高，出水也高。最优的去除率在 40% 左右。一般情况下，出水在 20～30 之间。当进水 TP 稳定在 2.5mg/L 左右出水较稳定，为 1.5mg/L 左右。去除率达到 40%。在考察 TN 这项中，整体变化不大，处理效果不好。

该系统的水力停留时间为：24 小时，48 小时，72 小时，在运行停留时间为 24 小时的期间，由于进水极其不稳定，且为系统运行初期。考察的数据可靠性不大，但能确定，该系统的进出水相关性较高。

系统二运行情况：

湿地系统水质净化效能试验系统二运行情况　　表 3－17

指标变化	COD	TN	TP
进水最高	78.6	22.2	5.2
进水最低	3.9	6.9	0.016
出水最高	55.3	21.9	4.4
出水最低	17.6	6.32	0.025

对于 COD 的去除，效果相对稳定，但去除率不高。可能与前段自由水面有关。TN 的去除效果理论上应当比较显著，但在本试验中并非如此。当进水的 TP 在 2.5mg/L 左右时，出水较稳定，去除率一般在 30% 左右。

在前段自由水面中没有太大变化，主要原因是池体的设计问题，水面使空气与填料隔绝。

系统三运行情况：

湿地系统水质净化效能试验系统三运行情况　　表 3－18

指标变化	COD	TN	TP
进水最高	78.6	22.2	5.2
进水最低	3.9	6.9	0.016
出水最高	41.4	23.1	4.1
出水最低	3.3	6.86	0.016

该系统为单水平流潜流湿地，由于比较简单，停留时间更容易控制，整体的去除效果比较稳定，和进水相关较大，COD 的去除率在 20%～30% 之间，最好时能达到

40%；TN 的去除仍然看不出来；TP 的去除一般为 20% ~30% 之间。

第二阶段将系统一和系统二拆分为单独的两个水平流潜流湿地、一个竖向流潜流湿地和一个自由水面湿地。考察各取样口的水质情况。为了表达清楚，将三个水平流潜流湿地编号为 H1、H2 和 H3，将自由水面湿地编号为 F，将竖向流潜流湿地编号为 V，如表 3－19。

湿地系统水质净化效能试验湿地系统拆分后的编号　　表 3－19

位置及编号	湿地类型				
	水平流	水平流	水平流	自由表面	竖向流
湿地位置	系统一	系统二	系统三	系统二	系统一
编号	H1	H2	H3	F	V

该阶段目前已运行 10 周以上，各类池体的处理效果不同，主要表现在以下几个方面。

水平流潜流湿地磷含量最低的区域是在进水流入池体长度一半时。竖向流潜流湿地磷含量最低的区域出现在进水区的深部，但出水区的水质又恢复到接近进水的情况。

经过考察饱和的填料对磷的解析情况发现，现场所用的泡沫砖填料能够解析出近 10% 的磷，故可能由于现场水平流潜流湿地的池体长宽比超过 1∶2，导致池体后部的填料释放了一部分磷。此外，也不排除由于连续进水，池体前半部植物生长相对较好，池体后半部供氧不足，而出现出水的磷含量较中间高的情况。

3.4.4.3 人工湿地净化系统的设计和管理

本节将结合现场的试验情况给出一个主要用于提供处理功能的人工湿地系统。首先给出一些假设条件：

月最大流量：$Q = 4 \times 10^4 m^3/d$

进水水质以高碑店污水处理厂二级出水的平均出水为例：

TN	TP	TSS	BOD_5
45.2	6.41	27	18.1

出水以观赏性景观环境河道类用水水质为标准：

TN	TP	TSS	BOD_5
≤15	≤1.0	≤20	≤10

为了保证出水水质及冬季的运行，首先设计一组 HF 型人工湿地系统。

由 $A_s = (Q)(C_0)/ALR$ 计算（其中 A_s 为所需面积），所需面积为 $2 \times 10^5 m^2$

可算得：区域一面积 $A_{si} = (30\%)(2 \times 10^5 m^2) = 0.6 \times 10^5 m^2$

区域二面积 $A_{sf} = (70\%)(2 \times 10^5 m^2) = 1.4 \times 10^5 m^2$

若设计池体中填料深度为 $D_m = 0.8$m，区域一进水处水深为 $D_{w0} = 0.6$m，坡度0.5%。

得出区域一的最大水头损失：$(dh_i) = 10\% \times D_m = 0.08$m

选用填料为 20～30mm 的砾石，查表得，其 $K = 100000$m/d

可得出：区域一的水力传导率：$(K_i) = 1\% \times 100000 = 1000$m/d

区域二的水力传导率：$(K_j) = 10\% \times 100000 = 10000$m/d

可算出总宽度：

由 $W^2 = (Q)\ (A_{si})/(K_i)\ (dh_i)\ (D_{w0})$，可算出 $W = 5000$m

得出单个池体的最终设计长度：区域一：$L_i = (A_{si})/(W) = 12$m

区域二：$L_f = (A_{sf})/(W) = 28$m

池体总长度 $L = L_i + L_f = 40$m

可设计 100 个 40m×50m 的 HF 型人工湿地。

为保证出水水质，按照该同样的进水和目标设计一组 VF 型人工湿地系统。

由公式：

$$A_s = \frac{Q}{K}\ln\frac{BOD(C_0)}{BOD(C_e)}$$

其中，A_s 为运行所需面积，单位为 m^2；K 为渗透系数，单位为 m/d，选用黄土，按 0.5m/d 计算；Q 为最大流量，单位为 m^3/d。

可得出所需面积约为 $0.44 \times 10^5 m^2$。

将湿干比设置为 1∶3，由此可规划 10 组 VF 型湿地，每组由 4 个 30m×36.7m×2.0m 的池体构成，通过四个池体的轮换运行达到单个池体间歇运行，整体连续进出水的目的。

由此得出该系统的总面积为：$2 \times 10^5 m^2 + 0.44 \times 10^5 m^2 = 2.44 \times 10^5 m^2$。

考虑到池体的防渗，VF 型人工湿地的池体底部设置 50cm 的黏土层作为防渗层。

确定湿地建设位置后，可进行池体结构设计，即选择填料和植物。该组池体主要为优化水质而设计，因此在选择上，以能够达到出水的要求为目标，选择可以密集种植的挺水植物和具有大量吸附能力的填料。在污染负荷较高的情况下，植物所起的作用相对有限，故应当将重点放在选择填料上。根据对进水为再生水的 HF 型湿地系统进行的研究，其停留时间设为 1 天、2 天、3 天，植物都只能去除水体中营养物质的 8%～10%。因此，在选择时，应先确定选用什么填料，通过填料确定什么植物能种，什么植物不适合种植。

这里建议在 HF 型湿地和 VF 型湿地的上层都铺设土壤层，其原因是可将建池体时所挖出的土壤回填一部分，以解决部分土壤的安置问题。土壤具有很好的固磷作用，能够大量去除水体中的营养物。土壤与细砂不同，能够聚合在一起，不易被水流冲刷至底层，能够较好的防止因上层填料下沉而出现的池体短流现象。下层可铺设含钙或含铁较多的填料，这样能够保证池体中的存水量，提高挺水植物在湿地中的作用。

选择填料后，可选择种植一系列去污能力高的植物，这里选择种植芦苇、茭笋和香蒲，这类植物具有较好的根系，针对北京地区的 HF 型湿地池体较深，这类植物能够将根系伸展至池体底部，并有较好的处理效果。因此，可选择这类植物作为处理型湿地系统的主要植物。

在 VF 型湿地系统中，由于挺水植物很难达到池体的最深部，因此，主要的供氧应有穿孔管完成。经过现场的一段时间考察，发现水烛是一种具有较好去污能力，且根系发达的植物，因此建议在 VF 型湿地系统中大量种植。

运行阶段，应根据不同的季节给出不同的管理方案。具体管理方案见表 3-20。

湿地系统水质净化效能试验不同池体的管理方案 **表 3-20**

	VF 型湿地的管理建议		HF 型湿地的管理建议	
	主要的工作内容	备注	主要的工作内容	备注
春季	挺水植物的选种和种植		挺水植物的种植或养护，观花观果植物的春季养护，依照其生长规律可考虑延长停留时间	新种植的植物应将池中水位抬高
夏季	根据当地的水分增减（蒸发、降雨等）情况改变停留时间		雨后可适当延长停留时间，若需进行间歇性布水，则应按照该类植物种植区的植物的浇灌方法进行补水	夏季间隙布水为上午 10 点以前和下午 4 点以后
秋季	10 月末，将植物茎上部分收割		10 月末，多数挺水植物将枯萎，可考虑将挺水植物茎上部分收割用于其他用途，也可将其作为湿地的保温材料	为防止某些杂草的种子来年生长，应提前除草
冬季	改用连续运行，或停用	防止水管冻裂	可考虑降低停留时间，以防止池体和水管冻坏	

通过现场的运行情况的总结及资料的总结，预计该系统经过 HF 型湿地系统和 VF 型湿地系统后，能够至少去除水体中的各类营养物程度如表 3-21 所示，能够达到目标要求。

系统的预计处理程度 **表 3-21**

构成	BOD	TN	TP	TSS
植物	—	2% ~3%	8%	—
填料	80%	30%	80%	—
合计	80%	30%左右	80% ~90%	—

3.4.4.4 试验植物选择

下面介绍现场试验中的植物的一些情况，包括选择的原因、优缺点、现场的生长情况以及后期将要研究的内容。

1. 芦苇

选择原因：挺水植物，对土壤要求不严，过湿过旱都能生长。植株含氮量高达 0.317%，是湿地的常用植物。

缺点：景观效果不佳，过高，破坏了感官的整体和谐。

后期主要研究内容：考察该植物在现场生长所吸收的氮磷量；收获时考察其根系的生长情况。

2. 菖蒲

选择原因：挺水植物，一种生长迅速的植物，对氮磷的需求较大，适宜水中生长，对生长环境要求不高。

问题及原因：竖向流出水区菖蒲出现倒伏现象，原因为水流的向上冲击导致根系不易向下生长无法固定植物，同时导致竖向流出水区根系输氧效果差，出水区出水效果差。

后期主要研究内容：考察该植物在现场生长所吸收的氮磷量；收获时考察其根系的生长情况。

3. 水烛

选择原因：一种对磷要求较高的挺水植物。有横向根，能够横向繁殖，种植后易形成优势种，耐寒，管理简单。

缺点：景观效果差。由于从根系繁殖，种植后想要更换植物就比较困难且易成为优势种。

后期主要研究内容：考察该植物在现场生长所吸收的氮磷量；收获时考察其根系的生长情况。由于该区水质较好，应具体考察原因，植物和填料的作用各占多少应具体量化。

4. 美人蕉

选择原因：对氮磷的吸收量高于芦苇，根密度大，景观效果好。

缺点：根系长度较短，不能达到池底，根系的输氧速率较低。越冬需温室，管理复杂。

后期主要研究内容：考察该植物在现场生长所吸收的氮磷量；收获时考察其根系的生长情况。

5. 凤眼莲

选择原因：喜大肥浮水植物，繁殖力强。

问题及原因：不适宜现场环境，不能正常生长，叶面出现枯黄腐烂现象。考察原因可能与水的含氯量过高有关。

结论：不适用于种植于系统的布水区，后期不考虑采用该植物。

6. 睡莲

选择原因：景观效果较好，且有一定处理效果，越冬管理简单，多年生植物，根密度随生长时间增加。

缺点：生长较慢，对氮磷的吸收量较小。

7. 月季

选择原因：草本植物，多用于景观，有一定耐寒性。喜肥，耐旱耐湿，对生长环境要求较低，能够适应多水环境。

缺点：生长缓慢，移栽成活率不如挺水植物的高。虽然单株植物吸收量相对较高，由于种植密度不能太高，导致占地过多，故同样面积的植物，月季种植区对氮磷的吸收量相对不高。

小结：鉴于月季的观赏性，仍考虑种植一年进行试验。考虑，入冬前，将月季移入花房。若要考虑继续使用，则在月季的周围环种其他植物，以提高单位面积上对污染物的去除率。

8. 矮化香椿

选择原因：对磷的吸收量较大。

缺点：对水位要求较高，不能长期生长在过涝的环境中，水量过少又生长缓慢。

小结：现场生长正常，尤其在 H1 的集水区部分，原因可能是此系统水位调整比较合适，植物能够正常生长。特别是在 7 月底至 8 月期间，温度较高，生长尤为迅速。现场的栽植密度较为合适，不需考虑种植其他植物以提高对污染物的吸收量。

9. 蔗草

选择原因：繁殖旺盛的挺水植物，耐寒，无冬季的管理问题。

现场的栽种情况：有横向根，繁殖旺盛，不能控制其生长区域，已从最初的不足 10 株发展为满池（超过 50 株）。

实验室试种情况：栽于相同基质上，移栽两周后开始发新芽，适应性强。

小结：在了解该植物对氮磷的吸收量的程度上，考虑如何能够有节制的种植该植物，以适应景观的需求。

后期主要研究内容：对比该植物在清水中生长和在现场再生水中生长的情况，不同环境下植株的氮磷含量。

10. 大花萱草

选择原因：喜大肥景观草本植物，有一定耐水耐寒性，北京常见的一种景观植物，现场栽种情况：生长正常，花期较正常时间有所提前，原因不详。

缺点：根系不够发达，不能深入池底，考虑到生长的适宜度和景观效果，种植密度不能过高，故单位面积上的去除率不高。

小结：应当在栽种时考虑根系的长度，选择适宜的栽种位置。

3.4.5 小结

在水质净化方面：经实验研究，水质净化用湿地对二级污水处理厂出水进行深度处理，可使出水水质达到：$BOD_5 \leq 6mg/L$，氨氮$\leq 1.5mg/L$，总磷$\leq 0.3mg/L$的景观水体标准，每 $5hm^2$ 复合型湿地系统可以处理 1 万 m^3/d 流量的污水处理厂出水。

3.5 气候调节效能

城市热岛效应是阻碍北京建设宜居城市的一个主要因素，相关研究表明，湿地对于调节小气候、缓解热岛效应具有重要的作用。因此，本节对城市湿地系统的气候调节效能进行了研究，为北京市中心城地区湿地系统的规划建设提供了参考依据。

3.5.1　湿地对气温、湿度的典型分析

3.5.1.1　站点选取

根据北京市城区现有的自动站站点的分布情况，尽可能选取靠近水体的站点和与其在一条直线上有不同距离的远离水体的站点资料进行分析，以便能直接的反映湿地对城市气候的影响。站点分布和站点性质如图 3－25 所示，其中靠近水体的站点有玉渊潭、紫竹院和海淀；远离水体的站点有车道沟、西直门、公主坟、丽泽桥和天安门。

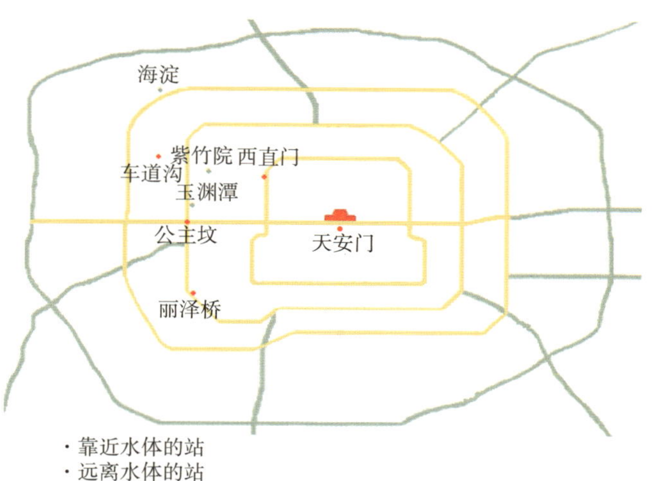

图 3－25　气象站点分布图

3.5.1.2　湿地系统对气温的影响

利用 2005 年 1 月～9 月的资料进行分析。以靠近水体的三个站的资料代表湿地附近的气温，以远离水体的站点资料代表普通地区的气温。

表 3－22、表 3－23 分别为 1 月～9 月各月各站的月平均气温和月最高气温，可看出湿地附近的月平均气温平均较普通地区低 0.1℃～0.4℃左右。

表 3－24 为各站月平均日较差对比表，从表中可看出靠近水体的站点的月平均日较差较远离水体的站点平均高 1～2℃左右。按常理来说，水体的热容量较陆地大，因此陆地气候的特点是变化快、变化大，其日较差、年较差数值都应较湿地大。而我们这次观测到的现象正好相反，根据分析，这主要是因为远离水体的站点都在商业区或居住区，受人为热源的影响，夜间温度不易下降，造成日较差小；而靠近水体的站点都在公园里，夜间温度下降较快。可见在城市尤其是在大城市中人类活动对气温的影响很大，人类活动对气温升高作出的贡献是不可忽视的，也从另一角度说明水体对夜间城市热岛的缓解有一定的作用。

北京各气象站逐月平均气温对比表　　表 3－22

站点 / 月份	玉渊潭	紫竹院	海淀	车道沟	西直门	公主坟	丽泽桥	天安门
1		－2.2	－2.8	－1.6	－1.8	－1.4	－2.5	－1.7
2		－2.4	－2.9	－2.3	－2.2	－2.0	－2.5	－2.4
3		6.5	6.2	7.0	6.8	7.1	6.6	6.9
4		15.7	16.1	16.9	16.6	16.9	16.7	16.8
5	20.5	20.5	19.9	20.4	20.3	20.4	20.4	20.2
6	25.9	25.8	25.5	26.1	26.0	26.1	26.1	25.9
7	28.3	28.4	27.9	28.4	28.5	28.6	28.5	28.4
8	26.0	26.3	25.8	26.4	26.4	26.5	26.2	26.4
9	22.1	22.2	21.5	22.5	22.6	22.8	22.1	22.6

北京各气象站逐月最高气温对比表　　表 3-23

月份＼站点	玉渊潭	紫竹院	海淀	车道沟	西直门	公主坟	丽泽桥	天安门
1		-1.7	-2.3	-1.2	-1.4	-2.0	-1.1	-1.4
2		-2.0	-2.4	-2.0	-1.9	-2.2	-1.6	-2.0
3		7.1	6.9	7.5	7.3	7.1	7.6	7.3
4		16.3	16.7	17.4	17.1	17.3	17.4	17.2
5	20.7	21.2	20.4	20.9	21.0	21.0	20.9	20.7
6	26.4	26.6	26.1	26.6	26.7	26.7	26.6	26.4
7	28.8	29.0	28.4	28.9	29.1	29.1	29.0	28.8
8	26.3	26.9	26.2	26.8	26.9	26.7	26.8	26.7
9	22.5	22.9	22.1	23.0	23.1	22.7	23.2	23.1

北京各气象站逐月平均日较差对比表　　表 3-24

月份＼站点	玉渊潭	紫竹院	海淀	车道沟	西直门	公主坟	丽泽桥	天安门
1		8.0	8.3	5.7	6.9	5.2	6.9	5.8
2		7.1	7.4	5.6	6.6	5.5	6.5	5.9
3		11.1	12.0	8.6	10.8	8.3	10.6	8.6
4		11.5	11.6	9.1	11.1	8.8	11.1	8.9
5	10.4	11.8	10.6	8.0	10.1	8.0	10.0	8.2
6	11.2	11.9	10.2	8.9	10.5	8.8	10.8	9.2
7	9.5	9.8	8.4	7.7	8.8	6.9	8.4	7.6
8	8.5	9.3	7.4	6.6	7.9	6.1	8.0	6.5
9	9.8	10.5	9.9	7.5	9.1	7.0	9.5	7.5

3.5.1.3 湿地系统对湿度的影响

由于湿地区域蒸发较其他区域高，因此湿地附近较其他区域湿润、潮湿。根据我们近五个月的观测资料分析表明湿地周边地区相对湿度较其他地区高 10 个百分点，各站月平均相对湿度详见表 3-25。

北京各气象站逐月平均相对湿度对比表　　表 3-25

月份＼站点	玉渊潭	紫竹院	海淀	车道沟	西直门	公主坟	丽泽桥	天安门
1		34.2						
2		39.2						
3		26.9						
4		30.7						
5	45.3	43.0						
6	57.5	55.3	49.4					
7	60.9	59.9	53.4					
8	70.9	68.6	60.9					
9	58.1	59.8	47.8					

3.5.2 北京城市热岛状况分析

随着人口的急剧增长和城市化进程的加剧，城市作为人口的聚集地，规模迅速扩张，并产生了一系列的城市问题，如环境污染、交通拥挤、缺乏绿地、城市生态环境严重恶化等。城市热岛是城市化对城市气象条件影响最明显的特征。

3.5.2.1 利用常规气象资料分析热岛状况

（1）北京市域热岛状况分析

城市热岛强度通常是用城、郊温差来表示，从年平均温度、年平均最低气温和冬季平均气温的城郊差异可看出城市发展对热岛强度的影响（表略）。从 20 世纪的 60 年代初至 90 年代末的 40 年中，北京城市热岛强度，以年平均气温计算，增强 0.92℃，热岛强度年递增率为 0.023℃/年；以年平均最低温度计算增强 1.42℃，热岛强度年递增率为 0.036℃/年；以冬季平均气温计算增强 1.26℃，热岛强度年递增率为 0.032℃/年。

北京城市热岛强度（城、郊温差）五年平均数　　表 3-26

年　份	年平均气温（℃）	年平均最低气温（℃）	冬季平均气温（℃）
1960～1964	0.94	1.40	1.96
1965～1969	1.08	1.48	1.98
1970～1974	1.10	1.72	1.98
1975～1979	1.34	1.96	2.32
1980～1984	1.58	2.20	2.50
1985～1989	1.70	2.52	2.54
1990～1994	1.82	2.52	2.73
1995～1999	1.86	2.82	3.22
2000～2001	1.87	2.70	3.00

房屋竣工面积和住房竣工面积直接反映了城市规模和下垫面的变化，所以它和热岛强度关系表现最为密切。图 3-26 给出了热岛强度和房屋竣工面积之间的线性关系。当房屋竣工面积每增加 100 万 m^2，北京城市的热岛强度增加 0.043℃，即北京市内的温度比远郊区高出 0.043℃。

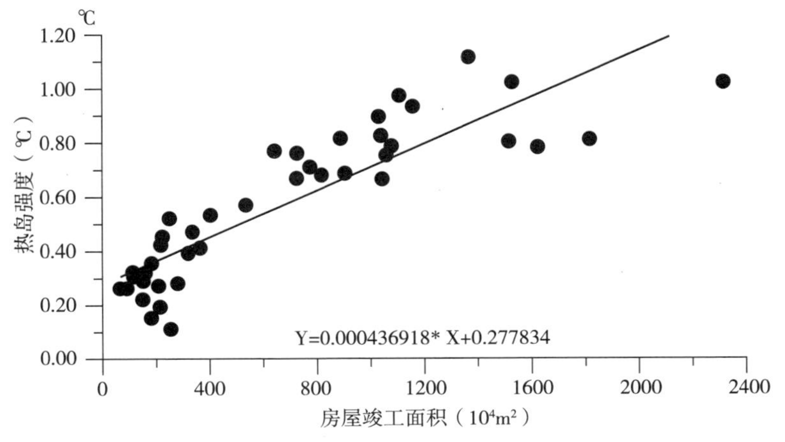

图 3-26　北京热岛强度和房屋竣工面积的点聚图

在城市热岛效应的直接作用下，城市盛夏高温闷热程度比郊区更加严重，这是因为城市在大的区域高温背景下，叠加上城市热岛增温的缘故。随着城市的发展，城、郊高温闷热程度的差异有继续加大的趋势。表3－27就是北京城、郊高温闷热日数五年平均差值随着城市的发展而递增的事实。统计数据说明在城市热岛的作用下，随着城市化的进程，北京城市在逐渐地增温，盛夏越来越比郊区更加闷热难忍。

北京城、郊闷热日数五年平均差值多年变化趋势　　**表3－27**

年代	1971～1975	1976～1980	1981～1985	1986～1990	1991～1995	1996～2000
闷热日数差值（天）	0.6	0.8	1.0	1.4	1.6	4.0

（2）北京中心城地区热岛状况分析

近年来我局自动气象站建设速度很快，在此我们利用分布密集的自动站资料分析了北京中心城地区温度分布状况，结果也同样表明：随着城市化进程的加速，北京城市热岛强度有增强、热岛面积有扩大的趋势。

通过近几年（1998～2003年）城区自动站资料分析了北京四季城郊温度分布，均表现出城中心区温度较郊区高的特点，公主坟、天安门一带是温度高值区。热岛强度最强的冬季，城区中心平均气温比近郊区高1.5℃，夏季热岛强度较弱，约在1.0℃左右。

另外，从不同年代（1986年和2000年）相同天气形势（静稳天气）控制下北京城区的气温观测资料来看（图略），随着城市的发展，热岛强度和范围也越来越大，2000年比80年代（1986年）热岛强度增加了2℃。

3.5.2.2　利用遥感资料分析北京城市热岛

利用气象卫星遥感监测大城市热岛现象已被实践证明是可行和有效的，并且观测范围广，观测时间及观测周期短，能长期连续观测，资料同步性好，观测值密度大，均匀性好，图像显示直观，易于分析。

（1）北京市域热岛状况反演

为了揭示北京市城市热岛的平面结构特点和季节和日变化特征，本研究中分别选取了2004年1月12日16时和2004年7月27日10时的晴空条件下的NOAA/AVHRR数据来代表冬季和夏季的情况，见图3－27。

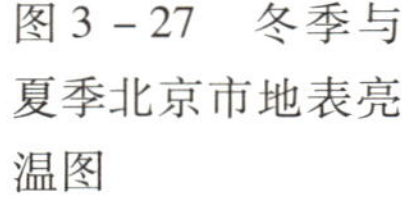

图3－27　冬季与夏季北京市地表亮温图

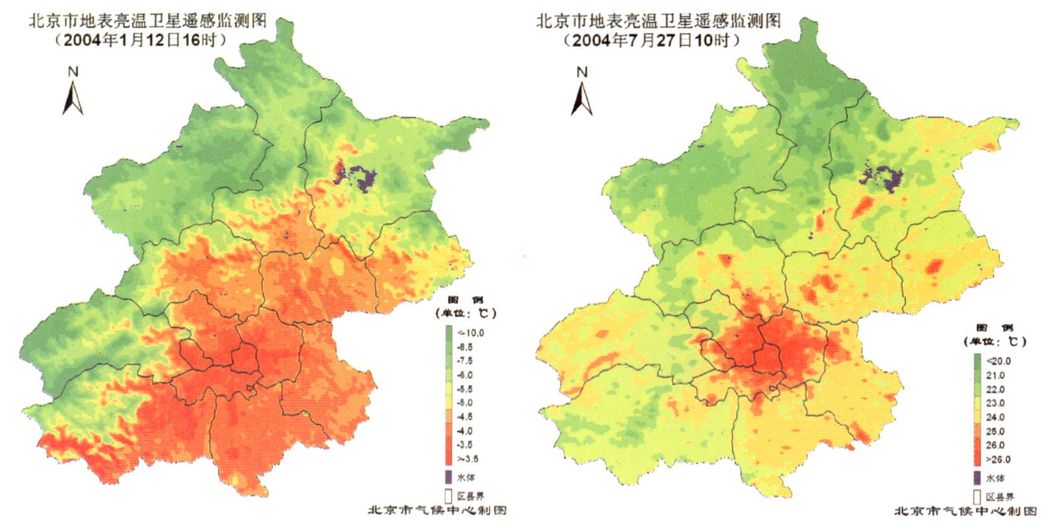

从图 3－27 可以看出：图中的暖区的分布形状与城市的布局相似，特别是在 7 月 27 日 10 时图上能够很清楚地分辨出北京市的主要城区和区县县城是明显的暖区。同时也可以发现中心城区的最高温度与郊区的温度差为 2℃左右，而与山区温度最低的地区温差达 6℃以上。

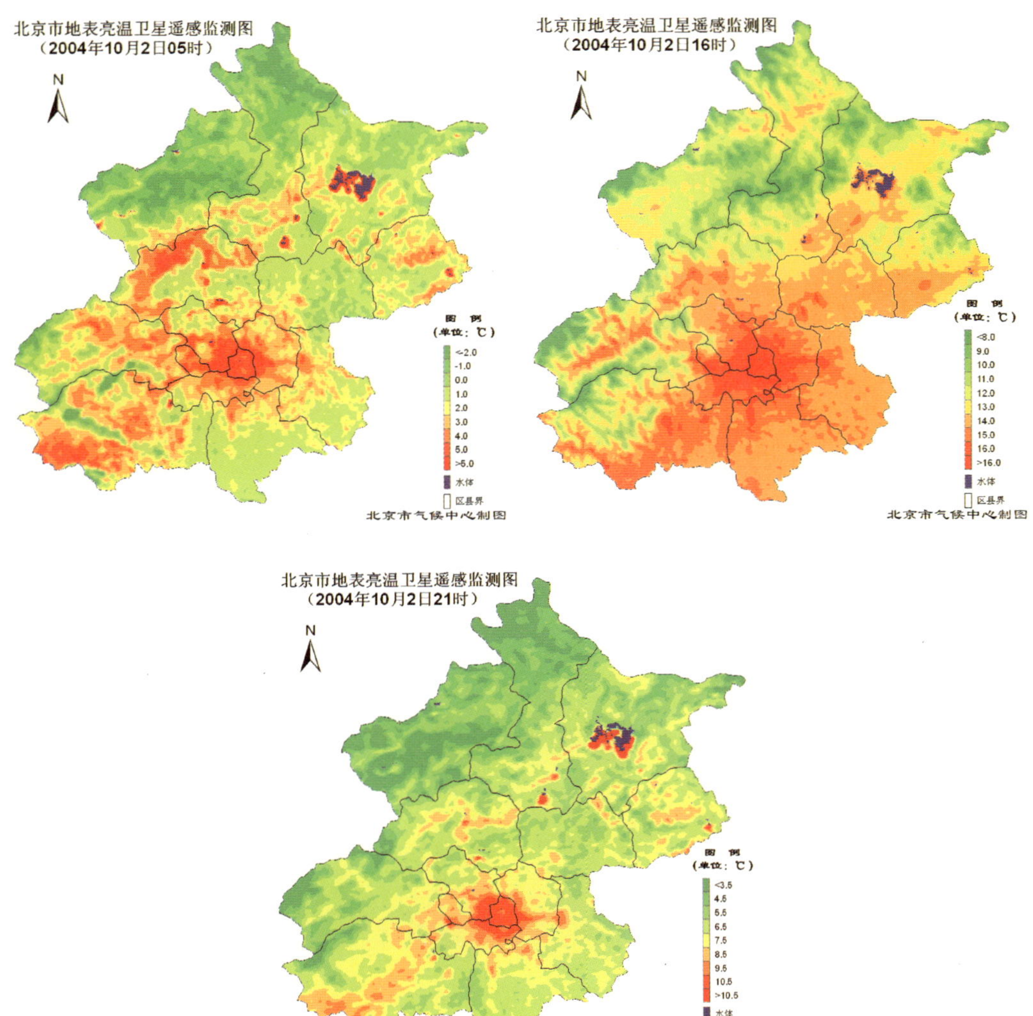

图 3－28　2004 年 10 月 2 日 05 时、16 时和 21 时北京市地表亮温图

从冬季气温的分布图上可以看出其主城区仍然为高温区，同时次高温区的分布则与山前平原的走向非常吻合，这主要是因为：北京市的西、北和东北三面环山，东南部是平缓地向渤海倾斜的平原，形成了一个背山面海的特殊地形。而北京的冬季正值采暖期，城市人为热量比夏季多，大气中的烟尘等污染物浓度增大，并随风向外扩散，但是由于受地形影响，便在山前平原地区形成了一个逆温层，这时大气对卫星遥感反演地表亮度温度的正贡献非常大，因而会出现一个沿山前平原走向的高温区。

图 3－28 为选取的 2004 年 10 月 2 日 05 时（凌晨）、16 时（下午）和 21 时（夜晚）的地表亮温卫星遥感监测图。可以看出：城市热岛效应在夜晚表现得更为清楚，因为夜里没有太阳辐射加热，不同下垫面的辐射特性的差异能够更好地表现出来。一

般郊区在日落后净辐射值转为负值，而城区下垫面白天积蓄的热量多，晚间的风速又比郊区小，不利于热量向外扩散，使得城市夜间气温比郊区高。另一个值得注意的是：密云水库在21时出现了比周围地区温度高的现象，这主要是由于水体的热容量要比土壤的大，因此夜间降温也要比地表类型为土壤的地表要慢，从而温度高于周边区域。这种现象同样可以出现在凌晨。

（2）北京中心城地区热岛状况反演

图3－29、图3－30为北京城近郊热岛状况遥感监测图，可看出热岛的形状与城市建设规模基本一致。从图中我们还可以看到位于石景山地区的首钢、大栅栏居民区等地是明显的温度高值区；城区中部有温度略低一些的区域，处于城市中部北海、中南海一带，它反映出植被和水面对热岛有较好的缓解作用。

从气象卫星遥感反演的北京市地表辐射亮温的结果可以分析出北京市城市热岛具有如下一些特征：

① 热岛分布基本上与城市建设规模一致。北京城区离西山较近，受山前暖区影响，西郊气温比东郊、南郊高些。

② 卫星遥感图上也可以看出小城镇形成的孤立小热岛。

③ 石景山地区的首钢和大栅栏居民区等地是明显的温度高值区。

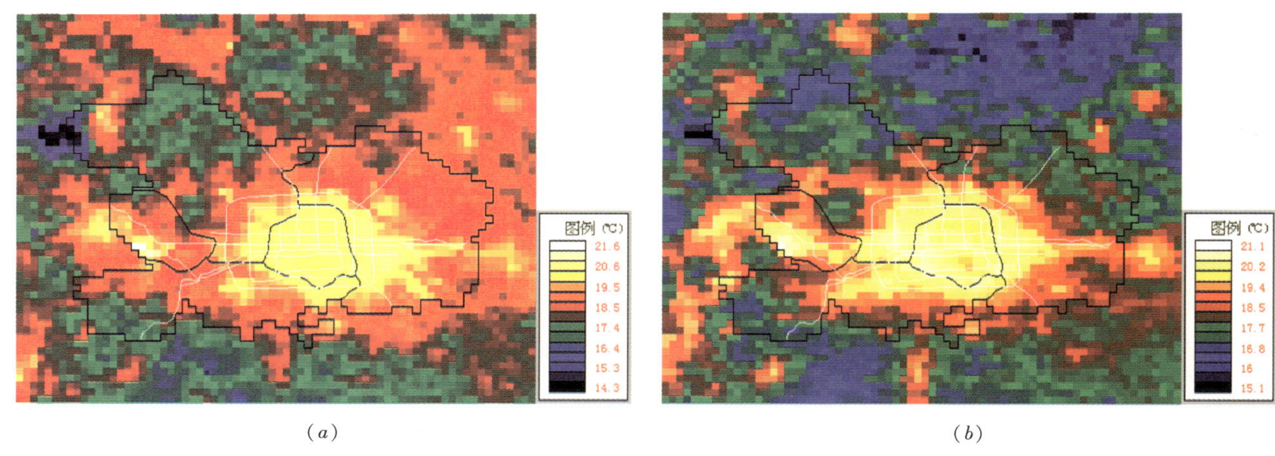

图3－29 北京城近郊热岛状况遥感监测图（上）
（a）2000年7月30日5时36分；（b）2000年7月31日5时32分

图3－30 北京城市热岛及其热岛集中区示例图（右）

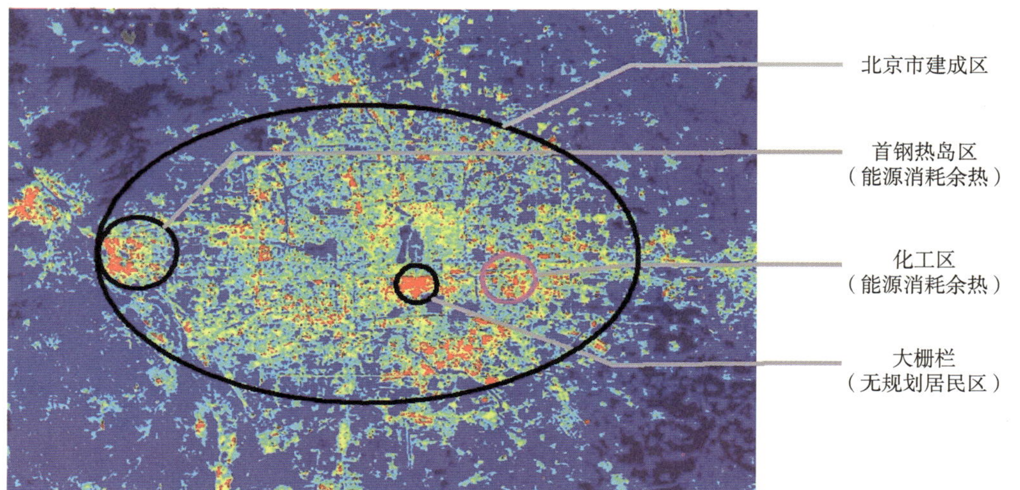

④ 主城区的北海和中南海一带，西南角的小型水库以及颐和园等地的地表亮温略低一些，它们反映了植被和水体对热岛具有较强的缓解作用，这在夏季尤为明显。

3.5.3　湿地对气候影响的数值模拟分析

在现有的“北京城市规划和大气环境数值模拟与评估系统”基础上，选取城市边界层模式和城市小区尺度模式，通过调试模式、控制试验得到北京市气象环境的现状、湿地规划实施后带来的气象效应，以及奥林匹克公园地区水体增加前、后温、湿度的变化情况。

3.5.3.1　模式介绍与数值试验的设计

本项研究以《北京城市规划建设与气象条件及大气污染关系研究》等项目科研成果为依托，运用“城市大气多尺度数值模拟系统”进行模拟、分析给出北京市区温湿状况。

所用模式是一个综合了三维非静力、细网格高分辨率、精细边界层的模式。模式采用 Reynolds 平均的大气运动控制方程组，包括动量方程、热流量方程、标量方程和完全弹性连续方程。取湍流动能 E（TKE）闭合方案和湍流能量 E－ε 闭合方案可选。模式输入由地理信息系统（GIS）生成的数据库给出，并经模式预处理以提供气象模式和扩散模式所需信息和参数作本模式输入，主要包括模拟域范围内的地理网络及基本地理特征、地形高度、地面覆盖状况、地面与探空气象要素等。模式输出主要包括风、温、湿等气象要素、湍流变量以及污染物浓度的分布与变化等。模拟过程中水平网格分辨率为 500m×500m。模拟奥林匹克公园湿地增加前后的温、湿度状况。模拟范围为 3.3km×6km，分辨率为 30m。该区域的模拟选取城市小区尺度模式，三维空间网格上积分求解流体力学方程组，采用笛卡儿坐标系和非跳点、非均匀网格系统。模式针对城市小区的特点，作了以下四点特殊处理：（1）短波辐射方案；（2）地面温度的计算；（3）对建筑物表面热力状况分布（温度）的处理；（4）高分辨资料的应用。

本研究中，模式模拟范围为北京中心城地区，水平网格分辨率为 500m×500m，垂直方向从地面到 4780m 分为不等距的 33 层。采用 1 月份、7 月份各自动站观测资料月平均的气象要素和探空资料为模式的气象场输入。输出量为模拟区域各个格点上的风速和温度等气象要素分布。

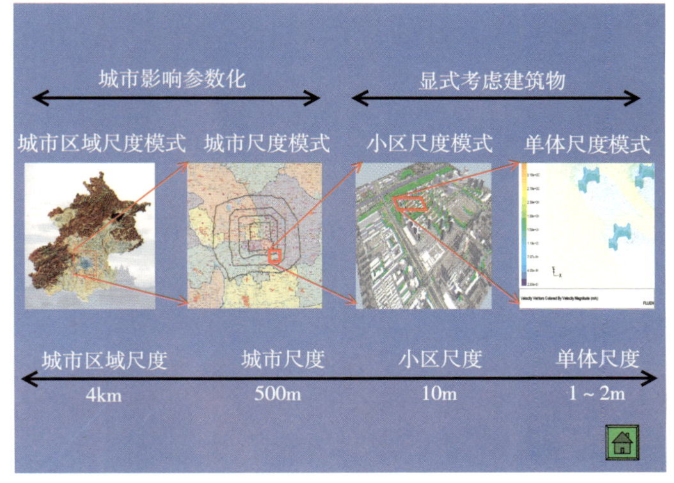

图 3－31　城市大气多尺度数值模拟系统

3.5.3.2　大区域模拟分析

应用区域边界层模式（RBLM）模拟中期湿地规划方案实施后城区大气环境状况，并与现状进行比较，以分析规划方案实施后对城市大气环境的影响程度。

本项目中模拟了冬季和夏季两个季节水体的增加对局地气候的影响。首先对环境现状进行了模拟，然后模拟水体面积增加后的微气候变化。根据北京控规河湖湿地规划图，分别将永定河水系、通惠河水系、坝河水系、温榆河水系、凉水河水系和南沙河水系增加共2260.6hm^2湿地，为研究的方便，我们将新增加的较大水体面积以A、B、C、D、E、F区来表示，其余零散分布的较小面积水体在数值模拟中都予以考虑。其中E区是由多个零散分布的矩形水体面积组成的区域。

（1）水体的温度效应

下图*a*1是7月（14时）规划和现状的温度差值，可以看出增设水体的A~F区及其下风方温度都明显降低，降温幅度为0.2~1.0℃。B区降温幅度最大，增设的1.25km^2的水体面积使得下风方0.75km内温度降低1.0℃，使得1.0km范围内温度降低0.8℃，使得2.5km范围内温度降低0.2℃，离岸距离越远，温度改变随之减小。B区南部的C区增设的1.0km^2水体面积也使得下风方1.25km内温度降低0.6℃。B区和C区增设的水体面积都相对不大，但降温效应明显，这可能是由于B区上风方向有昆明湖和圆明园湖，大面积水面蒸发通过风场的水平输送供给B和C区更多的水汽，强化了B和C区的气象场影响力度，从而形成更大范围的降温区，在C区的下风方可以影响到距离水边的9km处。这一方面说明大面积的水体对环境气候的改变更明显，另一方面，B区降温幅度比其他区域都大，也从侧面说明了多块水体的组合布局可能会进一步加强水体的微气候效应。E区由多个零散的小面积水体（0.25km^2）组成，但是分布较密集，多块水体对大气温度、湿度等的总贡献产生一种“湖泊效应”，通过垂直湍流交换过程把下垫面温、湿度特征传给上方的大气，然后通过风场的水平输送传给周边及其下风方向，从而使E区的影响面积最大，不过由于单体面积小所以降温幅度偏小，最大温差为0.6℃。这表明，虽然单块小面积水体降温效应不大，但多块水体如果在城区的布局比较紧凑，对环境的影响范围还是很大的。D区增设的水体面积是2km^2，使得下风方1.0km范围内温度降低0.4~0.6℃。与B、C区和E区相比较，D区没有体现出水体面积越大影响力度越大的优势，这也说明多块小面积水体的组合产生的降温效果可能比单块较大面积水体效果更好。东部的F区增设的水体面积为1.75km^2，使得下风方1km范围内温度降低为0.6℃，下风方1.25km范围内温度降低为0.4℃，F区增设的水体面积比D区小，然而降温幅度和影响面积都大于前者，这可能是因为F区上风方与河道毗邻，西南部又与E区连成片，近距离内水域互相影响的缘故。另外在模拟域的南部也有零星的新增设水体，由于面积小，分布分散，所以对环境贡献不大。

冬季水体对环境的影响不如夏季明显。图3-32*a*2是冬季1月份（14时）模拟的结果。E区在其下风方产生了一定的降温效应，使下风方一定范围内温度降低0.1℃。其他区域水体的增设没有对邻近环境气象场产生明显影响。这主要是由于冬季平均风速较小，水面结冰，蒸发量减小，因此对环境的温、湿度影响也变小。

（2）水体的增湿效应

水面和陆地空气湿度的差异主要是由水面和陆地的蒸发和温度不同而引起。夏季（图3-32*b*1所示），在水汽比湿的分布上也表现出与温度同样的规律，B区和C区域比湿的增量为$1e^{-4}$~$7e^{-4}$g/g，受影响的最远端在下风方向距离C区水边的12km处；D区域比湿的增量为$1e^{-4}$~$4e^{-4}$g/g，受影响的最远端在下风方向距离D区水边2km

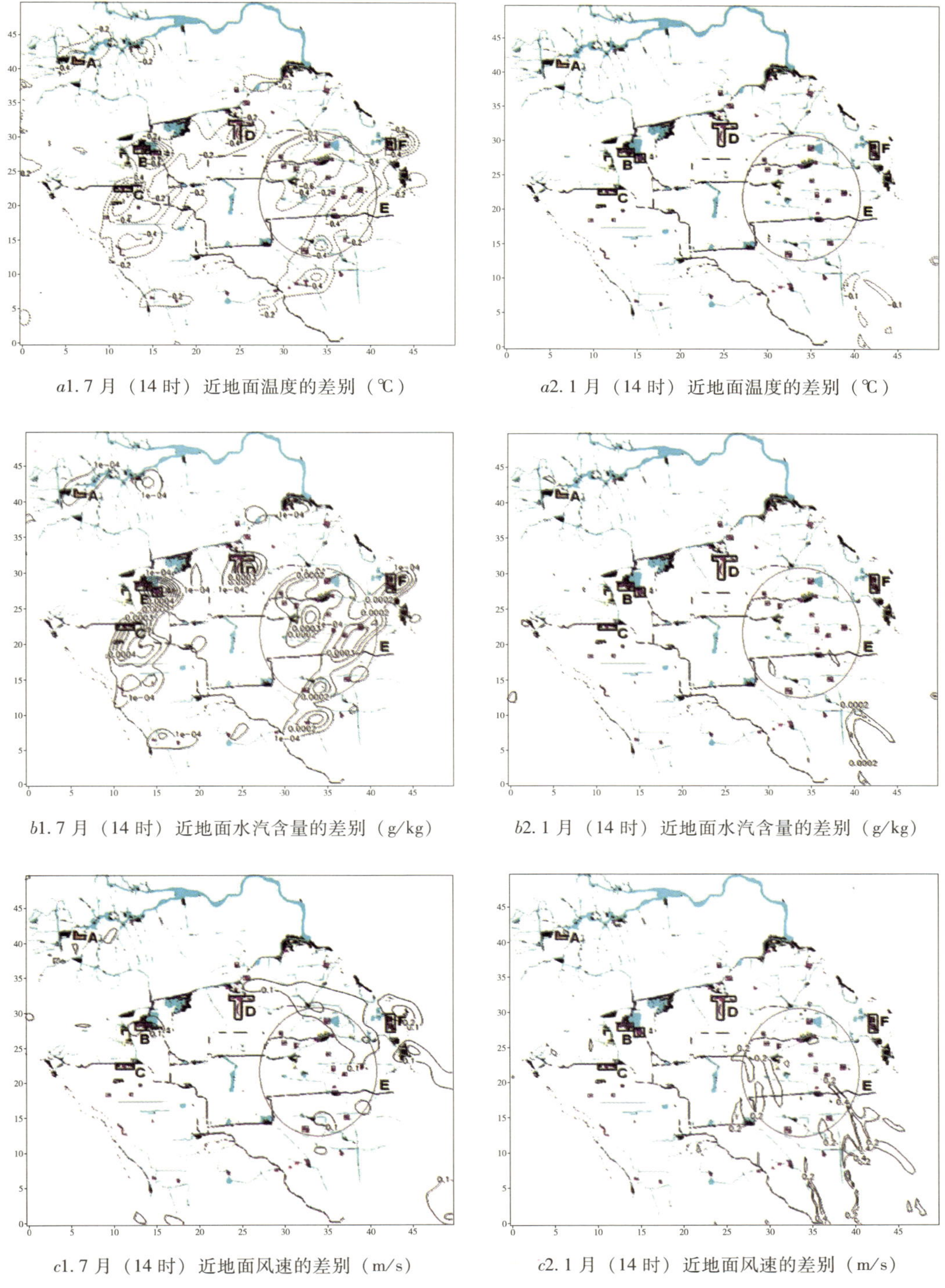

a1. 7月（14时）近地面温度的差别（℃）　a2. 1月（14时）近地面温度的差别（℃）

b1. 7月（14时）近地面水汽含量的差别（g/kg）　b2. 1月（14时）近地面水汽含量的差别（g/kg）

c1. 7月（14时）近地面风速的差别（m/s）　c2. 1月（14时）近地面风速的差别（m/s）

图3－32　夏、冬季节规划和现状的温度、水汽比含量和风速差值（规划方案减去现状）

处。E区的多个小面积水体分布较密集且和F区临近，也是水汽增加影响面积较大的区域，增加值最大4e^{-4}g/g。其他南部等地更为零散的新设水体，也对环境湿度产生了一定的影响。

冬季（图3－32b2所示）A、B和C区水体的增设没有对环境湿度产生明显影响，E区在其下风方产生了一定的增湿效应，一定范围内水汽增量为2e^{-4}g/g。

（3）水体对风速的影响

风速场的改变主要受水陆粗糙度差异的动力作用及水陆热力差异的热力作用的

影响。几个区域水体的增设使得地面粗糙度减小，从而使风速在这几个区域都略有增加。从夏季风速的差值图上看（图 3 – 32c1），A 区水体的增设使其下风方风速增加了 0.1m/s。B 区水体的增设使得水体周边风速增加了 0.1 ~ 0.2m/s。E 区和 F 区的风速影响面积最大，风速增量 0.1 ~ 0.2m/s。冬季（图 3 – 32c2）水体在下风方造成的风速差值最大为 0.4m/s。这可能是因为风速的改变不仅与路面粗糙度大小有关，而且还与大气层结有关。夏季空气较不稳定，陆上空气的湍流强，上下层的混合作用也增强，地面风速大；而这时水上空气则比较稳定，上下层混合作用弱，水面上的风速就小。这种因水陆大气稳定度差异而产生的风速变化与水陆粗糙度造成的风速改变相抵消。而冬季情况正好相反，大气层结加强粗糙度的影响，使得风速改变加大。

3.5.3.3 小区模拟结果分析（奥林匹克体育公园不同方案大气环境影响分析）

应用小区尺度模式对奥运场馆密集区——奥林匹克公园进行模拟，分析湿地面积增加后对城区大气环境产生的影响。图 3 – 33 为奥林匹克公园增设湿地前后的比较图，所增设的湿地贯穿于该区域南北。

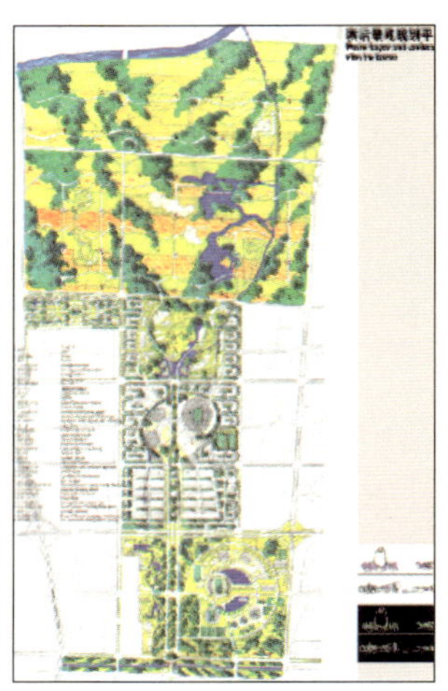

a. 奥林匹克公园原状

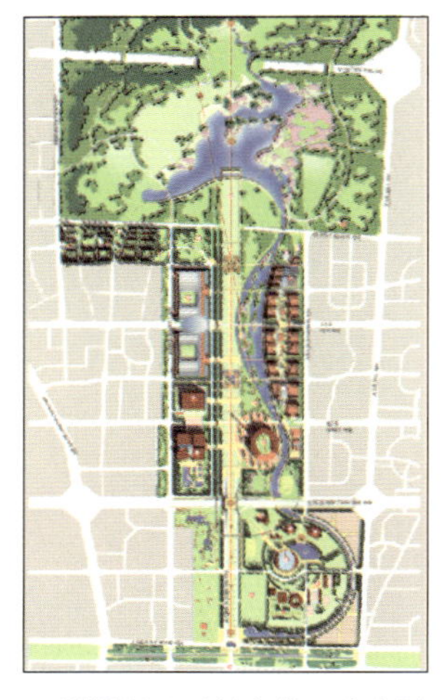

b. 增设湿地后的奥林匹克公园

图 3 – 33 奥林匹克公园湿地增设前后的比较

根据冬季（图 3 – 34）模拟结果：北部绿化山林地面气温较低（冬季均为约 – 3℃）；规划区域北部，绿化带较集中，在水体和绿地的共同影响下，这一区域的温度较低，冬季约为 – 3℃；柏油路面的温度比水面和绿地平均高 1℃左右。增加湿地后公园北部地区地面温度降低了 0.2 ~ 0.4℃左右。

图 3 – 34 为奥林匹克公园夏季地面气温分布图。由地面温度分布可以看出：水泥、柏油路面上及建筑物周围温度最高；树木、草地温度较低；温度最低的地方是水面和成片的绿地处，平均约为 20℃。其温度的差异主要是由于地表利用类型（下垫面性质）不同造成的。夏季，水体对空气温度的调节作用可以在整个区域内产生一定影响，起风时湖面随风而来的清新水汽让人感到凉爽舒适，人工湖的设计同时也可达到自然通风的效果。北部有开阔的绿地和大范围的水体，其温度调节作用比较明显，加上这一区域的通风较好，区域内气温比道路或水泥地面附近低 2 ~ 3℃左右。增加湿地前高温区（≥30℃）占总面积的 47.94%，增加湿地后高温区为 45.30%。增加湿地后公园北部地区地面温度降低了 1.0 ~ 1.5℃左右。

总的来说，增加湿地后，夏季，公园高温区（≥30℃）较原来降低了近 3 个百分点；增加湿地前高温区占总面积的 47.94%，增加湿地后高温区为 45.30%。北部地区由于增加了较大面积的湿地（面积为 0.75km^2），其周边地区温度有较明显的降低。夏季降温效果好，降低了约 1.0 ~ 1.5℃。因此在一些建设小区结合雨洪利用建造微地形，在有水季节不但有一定的景观作用，还可以起到改善局地小气候的作用。

图3－34　规划方案—现状的气象场差别

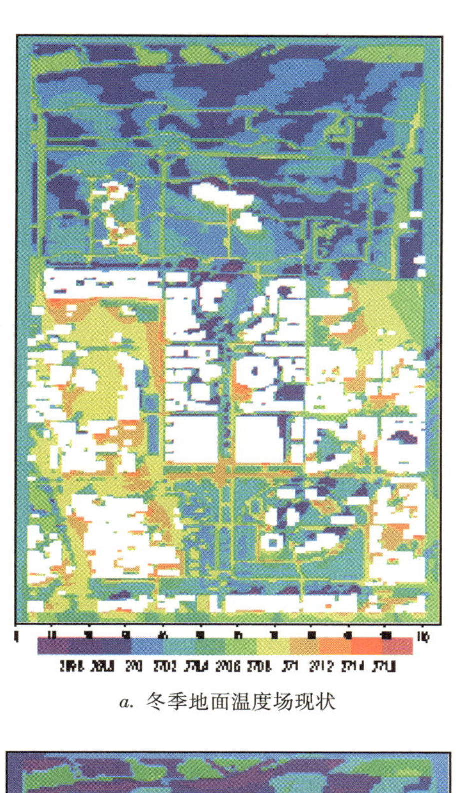

a. 冬季地面温度场现状

b. 增设湿地后的地面温度场

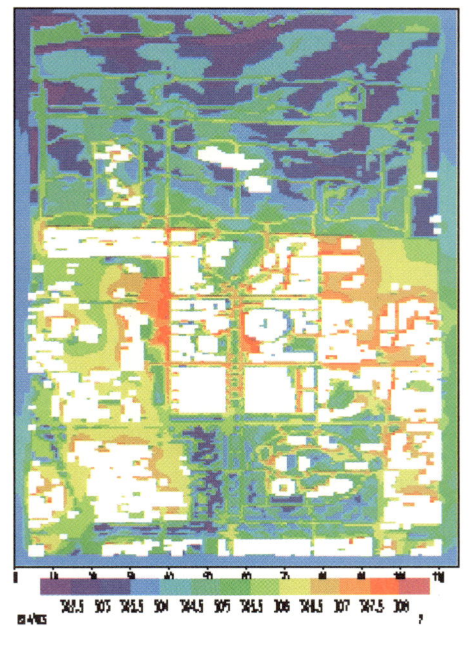

c. 夏季地面温度场现状

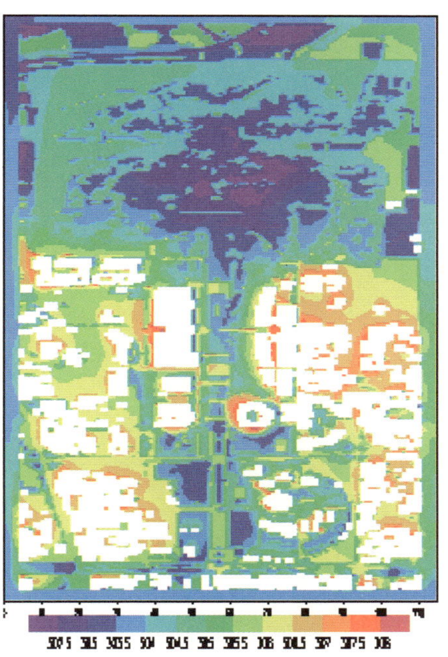

d. 夏季增设湿地后的地面温度场

3.5.4　小结

主要结论如下：

（1）通过对北京地区湿地周边和普通地区气象要素的观测分析表明：湿地的增湿效果非常明显，湿地周边地区月平均相对湿度较普通地区高出10个百分点左右；湿地也有一定的降温效果，湿地周边地区月平均气温较普通地区低0.1～0.4℃。

（2）按常理来说，水体的热容量较陆地大，因此陆地气候的特点是变化快、变化大，其日较差、年较差数值都应较湿地大。但我们在研究中发现在北京中心城地区湿地周边的气温日较差反比普通地区大，我们通过分析认为：出现这种现象，主要是由于远离水体的站点都在商业区或居住区，受人为热源的影响，夜间温度不易下降，造成日较差小；而靠近水体的站点都在公园里，夜间温度下降较快。可见在城市里、尤其是大城市中人类活动对气候的影响很大，人类活动对气温升高作出的贡献是不可忽视的。也从另一角度说明水体对夜间城市热岛的缓解有一定的作用。

（3）通过常规气象资料分析北京城市热岛状况表明：随着城市化进程的加速，城市热岛强度随着城市的发展（房屋竣工面积的增加）呈渐进性增强。中心城地区、石景山地区、海淀地区温度较高，最高温度出现在西直门、公主坟、天安门一带。热岛强度最强的冬季，中心城地区中心气温较近郊高1.5℃左右。

（4）利用卫星遥感资料的反演分析表明：

a. 热岛分布基本上与城市建设规模一致。北京城区离西山较近，受山前暖区影响，西郊气温比东郊、南郊高些。

b. 小城镇形成的孤立小热岛明显。

c. 位于石景山地区的首钢和大栅栏居民区等地是明显的温度高值区。

d. 主城区的北海和中南海一带，西南角的小型水库以及颐和园等地的地表亮温略低一些，它们反映了植被和水体对热岛具有较强的缓解作用，这在夏季尤为明显。

（5）通过对规划方案与现状的数值模拟分析得到：

城市中的水体对其周边的小气候有着明显的调节作用。水体白天有降温效应，夜间有升温效应。水体对环境的影响主要发生在上风岸2km以内和下风岸9km以内，以2.5km以内最为明显。离岸越远影响越弱。冬季水体对环境的影响不如夏季明显。水体的面积和布局是影响小气候效应的重要因素。水体面积越大对环境影响越大，单块的小于0.25km^2的水体对环境的影响不明显，但是多块、密集分布的小面积水体会对环境的降温增湿效果更显著。与其他湖泊邻近的面积1.25km^2的水体，可以使2.5km之内温差幅度0.2~1.0℃，水汽比含量增加$1e^{-4}$~$4e^{-4}$g/g。相对孤立的面积2km^2的水体，可以使1.0km范围内降温幅度0.6℃，水汽比含量增加$1e^{-4}$~$4e^{-4}$g/g。增加水体使地面风速增加，一般能使风速增加0.1~0.2m/s。

（6）通过对奥林匹克公园不同方案的模拟分析表明：总的来说，增加湿地后，夏季，公园高温区（≥30℃）较原来降低了近3个百分点；增加湿地前高温区占总面积的47.94%，增加湿地后高温区为45.30%。北部地区由于增加了较大面积的湿地（面积为0.75km^2），其周边地区温度有较明显的降低。夏季降温效果较冬季更好，冬季温度降低0.2~0.4℃，夏季降低1.0~1.5℃。

主要建议如下：

城市湿地是城市重要的生态基础设施，是城市可持续发展依赖的重要自然系统，具有众多的生态及社会服务功能，本项研究表明湿地在调节城市气候——增加大气湿度、降低气温方面有较明显的作用，使城市气候趋于温和。因此为了城市的可持续发展，对于北京现有的湿地系统应切实进行保护，并在此基础上在有能力的情况下适当增加湿地的面积对有效改善北京城市热岛和增加湿度有积极的影响。如利用现有的玉渊潭湿地和莲花池湿地，在有可能的情况下增加其水域面积将对缓解公主坟一带的高温起到一定的作用。另外在一些建设小区结合雨洪利用建造微地形，在有水季节不但有一定的景观作用，还可以起到改善局地小气候的作用。

（1）研究表明水体面积是影响其降温、增湿的小气候效应的重要因素，因此在有可能实现的前提下尽可能扩大城市、社区中水体的面积和深度将有助于其调节气候作用的发挥。

（2）有关文献和本研究结果表明增设湿地的地理位置对其发挥小气候效应也很重要。湿地下风方的增温增湿的效应较其上风方更显著。因此从一个城市的气象大环境考虑，成面积、大片的湿地应布置在城市的上风方。以北京为例，北京地区的风场很复杂，其主要特点是受昼夜循环的山谷风气流、城市热岛环流以及大尺度系统共同影响。冬季地面风日变化较小，主要是偏北气流，而春夏季地面风的日变化较明显，中心城地区的进出口气流方向变化很大。因此从大范围布局上考虑，城市人工湿地设置在中心城地区北边、城区范围内较好，有利于减缓热岛效应，增加下风方地区的湿度。从小范围考虑：水体周边的建筑物布局影响水体小气候效应，高层的建筑会改变空气的自然流动状况，受高楼遮蔽日照或“风廊效应”的干扰，影响湿地在自然环境状态下的小气候效应。因此在相对开阔空间设置人工湿地更有利于小气候效应的发挥，增加人体舒适度。

（3）“水绿”复合生态系统更有利于河流水体小气候效应的发挥，另外根据文献表明，设置喷泉等人工设施可以强化水体的小气候效应，观测实验表明，喷泉可以使上下风向温差大于0.3℃，相对湿度增加4%。因此从小范围湿地布局考虑，建议将人工湿地与绿地、树木一起设置在建筑群周边的开阔地能更好的发挥湿地的小气候效应。高层建筑间可以设置喷泉等人工设施达到降温、增施的效果，增加人体舒适度。

3.6 对地下水的回补效能

3.6.1 北京地下水污染和超采状况

3.6.1.1 北京地下水的污染状况

（1）污染物空间布局和演变趋势

在北京平原地区，地下水主要超标指标多集中于城近郊区。北京城近郊区的地下水污染是一个演变的过程（表3-28）。新中国成立之初和50年代，地下水基本处于原始的自然状态，只有老城区历史上受人类活动的影响，潜水水质较差，下部承压水水质良好。总硬度超标面积约为42km^2。进入20世纪60、70年代，超标范围由市区向西郊、南郊、东郊扩散。80年代是地下水恶化速度最快的十年，除总硬度外，硝酸盐氮、总溶解性固体、有机物也主要成为主要污染指标。90年代中后期，污染速度明显减慢，但各项指标超标面积有扩大的趋势。

北京平原区第四系地下水超标面积多年变化值表 表 3－28

指标		40 年代	50 年代	60 年代	1975	1980	1985	1990	1995	2000
总硬度超标面积	城近郊区	13	42	87	17. 6	205	254. 5	273. 9	297	327. 1
	全市	13	42	87	177. 6	205		507. 0		819. 9
硝酸盐氮超标面积	城近郊区					65. 93		137. 25	127	169. 7
	全市					65. 93		150. 3		183. 6
溶解性总固超标面积	城近郊区					46. 25		52. 53		
	全市					46. 25		52. 53		467. 7

A. 总硬度

北京城近郊区地下水硬度超标情况严重，按照国家《地下水环境质量标准》GB/T 14848—93 对 2000 年 122 眼城近郊区地下水硬度进行评价分析，较差和极差水占总数的 42. 6%，总硬度超标面积 327km^2。

从空间分布来看，超标严重的监测井（硬度大于 500mg/L）主要集中在 4 个地区：

① 老城区东部。北京市老城区地下水硬度污染主要归结于历史上城区居民大多采用渗井的方式来排放生活污水。20 世纪 60 年代初，城近郊区共有渗井二万五千余眼，至 80 年代初期，城区还残留有各类渗井 2000 余眼。渗井成为污染物进入潜水和承压水层的通道，护城河和大小河渠的污水下渗也促成了潜水和浅层承压水的污染。

② 东郊化工区。地下水成因为工业污染点的渗滤和淋滤以及排污河、污灌对地下水的入渗，主要污染源为北京化工厂、北京化工二厂、有机化工厂、光华木材厂等。

③ 西郊垃圾堆放区。该区位于永定河冲洪积扇的顶部地区，该区分布数量较多的垃圾场，垃圾淋滤液入渗造成污染。主要污染源为上庄、北坞村、田村、墨石头陈家村等垃圾堆放场。

④ 南部潜水、承压水过渡地带。该区工厂较多，排污河、沟也较多，污灌面积大，还有水源四厂、七厂等。地下水污染原因复杂，既有工厂污染点的渗滤和淋滤，又受排污河及污灌的影响，同时还受超量开采地下水的影响。

另外，除水源三厂、五厂外，水源一厂、二厂、四厂、七厂附近均有极差的 V 类水。由于地下水的开采，含水层氧化还原条件发生了变化，使地层中积累的有机物氧化分解作用增强，土壤中有机质氧化过程中释放出 CO_2，可以溶解部分较难溶解的钙镁化合物，使 pH 降低，释放出钙镁离子；同时，区域性地下水降落漏斗的形成产生了盐分的往复式积累和污染质的下降。

B. 硝酸盐氮

20 世纪 30 年代以后，地下水硝酸盐氮的污染才逐渐引起重视，到 70 年代中期，其超标范围为西起宣武门、东到日坛公园，南起天坛、北到朝阳门，超标面积 35. 98km^2；1980 年，除城四区外扩大到丰台的南部，1990 年，继续向西、南扩展，含量高的地区有朝阳区的建国门、八王坟，西城区的西四、东城区的东四、崇文区的天坛以及丰台区的东局。2000年，硝酸盐氮超标面积达169km²。

C. 总溶解性固体

20世纪60年代中期，总溶解性固体超标范围，主要分布在东城区、崇文区，与总硬度超标位置大致相同，但是溶解性总固体超标面积一般小于总硬度。到1980年，超标面积为46.25km²，扩展到朝阳的部分地区，与其他化学物质相比，超标范围趋势缓慢，变化相对较小。1990年分布范围西起菜户营、西单到大北窑，北起朝阳门南到龙潭湖。虽然，超标面积扩展较慢，但是，含量与十年前相比有较大幅度的升高，普遍升高了200～300mg/L。

D. 有机物

北京市城近郊区的主要污染物为三氯甲烷、四氯化碳、三氯乙烯和四氯乙烯。地下水中氯代烃污染主要呈点状分布，高浓度点主要集中在丰台的潜水含水层、老城区和东郊化工区，其他地方零星分布。另外，农药六六六、DDT和苯并［α］芘均有检出，且检出率大于40%。DDT在浅层井中的检出率明显高于深层井，DDT和苯并［α］芘在深浅井中检出率相当，见图3－35。

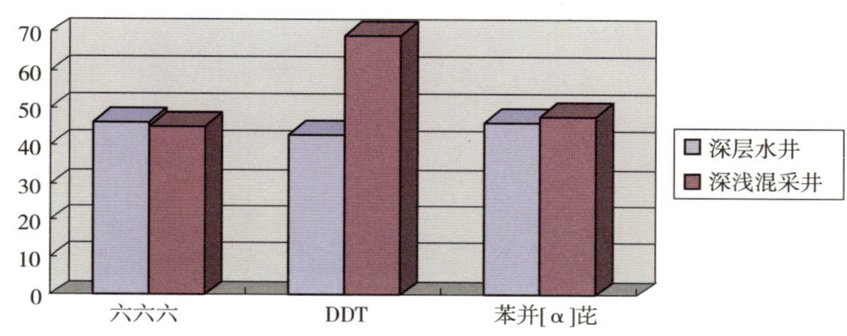

图3－35　六六六、DDT和苯并［α］芘在深浅井中的检出率图

（2）地下水污染与水文地质条件的关系

表层黏性土厚度、包气带厚度和岩性决定了隔污性能：表层黏性土厚度越大，对地下水的防护能力就越强；包气带厚度越大，物质颗粒越细，污染物就越不易进入含水层中。含水层厚度决定了地下水资源量的多少，从而反映了地下水稀释能力的强弱：包气带结构相同的状况下，含水层厚度越大，所含水量越多，水质也相对较好。此外，地形坡度越大，径流条件越好，地下水交替越强烈，污染物越不易富集，水质也相对较好。

3.6.1.2　北京地下水的超采状况

（1）地下水超采与漏斗状况

自来水一厂、二厂、三厂、四厂分布在城近郊区，1997年统计多年平均开采量是可开采量的1.6倍。2000年，城近郊区地下水开采量为5.92亿m³，与可开采量相比开采程度系数为0.98，开采量比往年有所减少。然而，城近郊区历来属于大量集中用水区，至2000年地下水累计亏损已达23.32亿m³。尤其在西郊，地下水因严重超采而形成巨大的“地下水空库容”，局部地区（丰台卢沟桥地区）地下水呈疏干半疏干状态，所以城近郊区被划为严重超采区。

2005年6月，永定河两岸和东南平原仍呈现区域性的潜水水位降落，北京市平原区承压水漏斗中心区在朝阳区铁路环—天竺一带、昌平区北七家、顺义张喜庄、通州区。2002 年曾是漏斗区的朝阳区东郊八里庄—大郊亭区域，在化工区搬迁停采后，水位在 2005 年已经得到了恢复。

（2）超采引发的环境地质问题

A. 环境问题

地下水超采引发了一系列环境问题：

① 由于地下水的超采，城近郊区的泉水基本断流，如玉泉山泉、龙山泉等名泉已常年无水。平原区泉的消失，造成了湿地的减少，甚至消失。

② 地下水位的持续下降，上部含水层疏干，包气带变厚，土壤含水量减少，地面植被不能正常吸取土壤的水分，影响了植被的生长。

③ 由于包气带变厚，大气降水和地表水入渗后在包气带中运移距离和时间增加，致使地下水总硬度升高，水质逐渐恶化。

④ 由于地下水动力条件改变，使污染的浅层水越层补给，深层水水质变差。目前已经形成了以城区为中心，由东北向西南呈葫芦状分布的水质差的地下水区。

B. 地质问题

北京市地面沉降已有 80 多年的历史，主要出现在东郊地区。20 世纪 80 年代，沉降中心有两个，分别位于北部来广营和东八里庄—大郊亭酒仙桥一带，1956 ~ 1983 年累计沉降量分别为 277mm 和 532mm。80 年代后，沉降中心转移到东十里铺—定福庄一带。至 1987 年，全市沉降区面积达 800km^2，地面沉降量大于 100mm 的面积已有 260km^2，大于 200mm 的面积达 96km^2，大于 300mm 的面积达 35km^2。最大沉降量已达 619mm。

据 2004 年完成的《北京市地面沉降调查报告》：截至 1999 年，北京平原地区累计沉降量大于 50mm 的地区达到 2815km^2，大于 100mm 的达到了 1826km^2，最大沉降量有 722mm，且有加快发展之势。目前，在北京市的东郊八里庄—大郊亭、东北郊来广营、昌平沙河—八仙庄、大兴榆垡—礼贤、顺义平各庄等地，已经形成了 5 个较大的地面沉降区，沉降中心累计沉降量分别达到 722mm、565mm、688mm、661mm 和 250mm。地面沉降对城市建设和基础设施已造成一定程度的危害，工厂、居民区楼房墙壁开裂、地基下沉、地下管道工程损坏 50 余处，同时导致一些建筑物的抗震能力降低和大量测量水准点失准，对首都城市建设和人民财产安全产生较大影响。

北京平原区地面沉降强烈危险区主要分布在顺义区南部地区，沿前门—顺义断裂方向展布，地质环境脆弱，由于地面沉降和活动断裂的共同作用，经常发生地裂缝现象，导致建筑物破坏，经济损失严重；

中等危害区主要分布在东郊八里庄—大郊亭沉降区、东北郊来广营沉降区、昌平沙河—海鹊落沉降区、大兴庞各庄—榆垡沉降区的沉降中心，累计沉降量较大，地质环境质量明显降低，地质环境较脆弱，并存在排洪困难、井管上升、水准点失准等潜在灾害；

轻微沉降区分布于北京市区东部、东郊、东北郊、昌平南部、顺义南部、大兴南部的广大地区，面积约 960km^2，累计地面沉降量 200 ~ 500mm，地质环境质量有所降低，灾害现象尚不明显。

3.6.2 利用湿地补充地下水系统的可行性

3.6.2.1 湿地补给地下水的水文地质条件

(1) 区域地下水补给现状特征分析

北京市具有良好的地表水补充地下水的条件。根据《北京市地下水环境资源评价》(北京市地质环境监测总站，2002 年 3 月)，北京市平原区地下水补给量包括大气降水补给、河流渗漏补给、渠道渗漏补给、水库渗漏补给、地表水灌溉补给、人工回灌补给等，见图 3－36。平原区地下水多年平均补给量 27.81 亿立方米，其中天然补给量 25.14 亿立方米/年。山区侧向补给占 24%，各种垂直补给占 26%。降水补给占 49%。

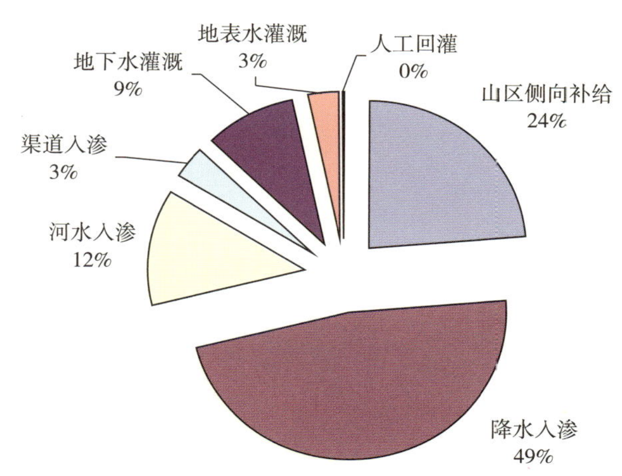

图 3－36　北京市平原区地下水补给量来源比例

(2) 湿地补给地下水的自然条件分析

A. 地下水系统单元划分

地下水子系统边界的研究与划分，是地下水研究、利用（应急水源地）和恢复（人工调蓄）的重要依据和基础，一般将具有较好水力联系的含水层组作为一个相对独立的地下水子系统。北京市地质调查研究院《首都地区地下水资源和环境调查评价报告》(2003 年) 划分的地下水分区中，松散孔隙水系统（一级区）—永定河地下水系统（二级区）—冲洪积扇次一级系统，包括四城区、朝阳、石景山、海淀山前、丰台河东、门头沟平原区、大兴北部和通州西南的部分地区。本规划区大致属于该系统（只有温榆河沿岸属于温榆河冲洪积扇地下水子系统），具有在整体上统筹考虑地下水恢复措施的基础条件。

B. 地下水系统入渗能力评价与分区

入渗能力取决于含水层黏土的厚度和包气带地层厚度。按下列标准评价地下水入渗强度（天然防护条件）等级（图 3－37）。

I 级：包气带厚度小于 5m，包气带黏性土层的厚度小于 2m，为强入渗地区，防护性能较差的脆弱区。城近郊区主要分布在永定河冲洪积扇顶部和永定河河道、清河河道以及温榆河上中游河道。

II 级：包气带厚度 5～10m，其包气带存在黏性土层，厚度 2～3m，为一般入渗地区，防护条件性能较差的弱脆弱区。城近郊区主要分布在海淀山前大部分地区、丰台以及温榆河下游河道。在丰台，包气带厚度虽然大于 10m，但黏性土累计层厚度较小，小于 3m，且不连续，单层厚度较小，下部为多砂与黏土层相间，是潜水与承压水的过渡地带，地下水虽然有一定的防护能力，但易遭受污染。

III 级：包气带厚度大于 10m，包气带存在连续的黏性土层，且厚度大于 3m，为弱入渗地区，防护条件性能较好的非脆弱区，参考图 3－33。

根据水文地质条件，适宜的地下水回灌补给方式见表 3－29。

图 3 - 37 北京市平原区地下水渗透强度评价图

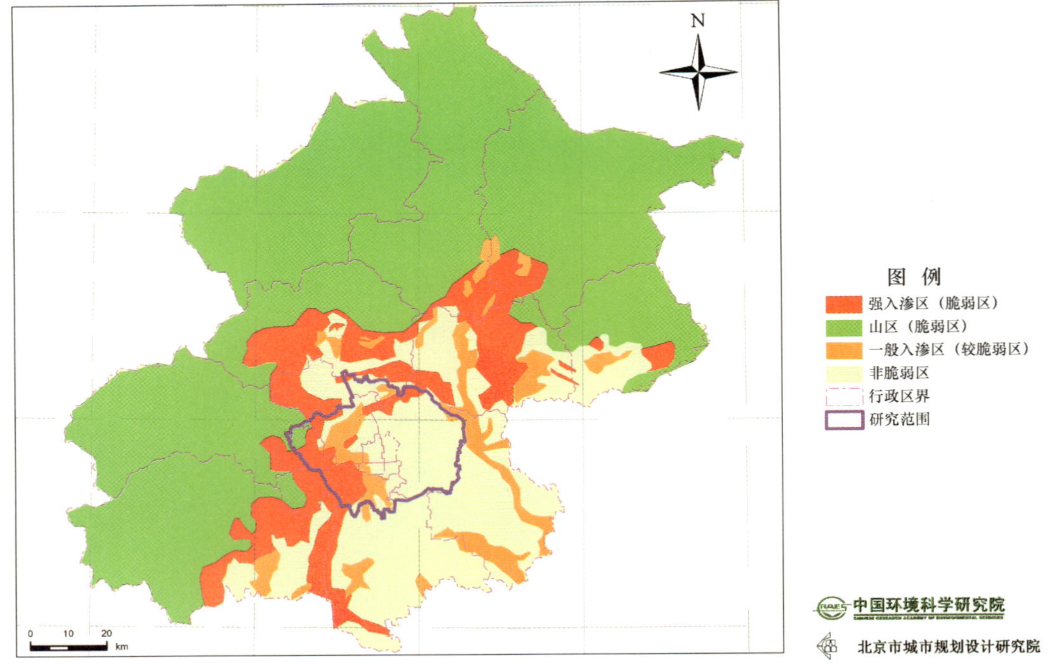

不同地质条件适宜的回灌形式　　表 3 - 29

水文地质条件分区	表层黏性土厚度（m）	适宜的回灌形式
冲洪积扇顶部地区	<1	适用于一切形式的回灌
冲洪积扇上部地区	1 ~ 2	洼地、河道、渠道、平原水库
冲洪积扇中部地区	2 ~ 5	坑、池塘、竖井

3.6.2.2 湿地补给地下水能力试验研究综述

（1）永定河冲洪积扇中上部地区

永定河冲洪积扇中上部地区是北京市最大的地下水调蓄水库区。西部和西北部边界为北京西山，属石炭—二叠及侏罗系的沙页岩和火山岩组成了不透水边界；东部自北向南由昆明湖、紫竹院、陶然亭至西红门一线，南部由西红门经郎垡至南岗洼，第四系岩性颗粒逐渐变细，含水层由单一变成多层，渗透性能减弱，地下水由潜水变成承压水，是地下水的天然边界；水库底部为第四系冰碛泥砾或第三系半胶接的沙砾岩、泥岩，也不透水。经计算、地下水库面积约 333km^2，含水层储水空间约 38.5 × 10^8m^3，调蓄空间为 6.24 × 10^8m^3。《北京西郊地下水库研究》在该区域布置了旧河道、平原水库、沙石坑等回灌试验点，获取了观测数据，这些区域的地下水调蓄工程的总入渗率高于 80%。

A. 不同形式的河道回灌入渗试验

a）永定河河床入渗试验

从三家店水闸向拦河闸以下河床段放 70 ~ 100 万 m^3/d 流量，永定河地下水位回升 3m 多，减缓了石景山、丰台地区的地下水位下降速度，同时降低了地下水的硬度 3 ~ 5 德国度、矿化度 50 ~ 100mg/L，改善了水质。

1995 年 10 月至 1997 年 6 月，为了防洪需要，官厅水库弃水，三家店闸至卢沟桥闸段河道共入渗补给地下水 $3.6\times10^{8}m^{3}/a$，该段永定河沿岸地区地下水水位大幅上升，最大升幅达15m，一般上升约3～5m，大大缓解了丰台地区地下水缺水现状。

永定河调蓄工程在调蓄区河道已建橡胶坝2座。如果加建3座，蓄水面积达到 $146.66\times10^{4}m^{3}$ 时，河道工程总入渗能力将达到 $174.52\times10^{4}m^{3}/d$。

b）南旱河河道回灌试验

南旱河地质结构简单，河床深2～4m，表层黏性土薄，下层为单一的沙砾卵石。地下水位埋深大于14m。试验过程：从永定河引水渠引 $0.62m^{3}/s$ 的流量入南旱河，连续回灌12天后，距河床不同距离的观测孔水位都有上升。南旱河的回灌条件很好，河床入渗能力可达 $8.64\times10^{4}m^{3}/d$（$1m^{3}/s$）。

c）永定河引水渠

永定河引水渠南北两侧分布有多个沙石坑，老山、福田寺、巨山村、西黄村、廖公庄、田村等，总入渗能力为 $129.51\times10^{4}m^{3}/d$。除老山沙石坑外，其余沙石坑分布在永定河引水渠两侧，只需少量工程即可与沙石坑连通。

B. 利用平原水库进行回灌

大宁水库原为季节性农业用水的调节水库。这个地区第三系半胶结沙砾岩埋藏较浅，第四系含水层厚度不到10m，但是岩性比较粗，以沙砾卵石为主，渗透性能好，坝基未作防渗处理。试验期间，每天引 $20162m^{3}$ 的水量入大宁水库，坝前3m和17m处的水位（y_1、y_2）均与水库水位（x）形成正相关关系，$y_1=0.371x+29.62$，$y_2=0.35x+30.89$。

大宁水库和稻田滞洪水库位于小清河上，分析当地水文地质条件，两水库的入渗能力分别为 $65\times10^{4}m^{3}/d$（$7.52m^{3}/s$）和 $45\times10^{4}m^{3}/d$（$5.21m^{3}/s$）。

C. 沙石坑入渗试验

1995年4月21日至8月1日通过东水西调工程将密云水库放水调至永定河引水渠，输水至西黄村进行地下水人工补给，共补给地下水 $1718\times10^{4}m^{3}/a$，初期沙石坑入渗能力约 $1.5m^{3}/s$，随着入渗时间的增加，入渗能力逐渐减少至 $1.0m^{3}/s$。通过水位及水质监测，结果表明沙石坑入渗对控制周围地下水位下降具有重要作用，并且，地表水入渗后使地下水水质有所改善。

永定河沙石坑共5个，总入渗能力达 $256\times10^{4}m^{3}/d$。

（2）城市湖泊

A. 圆明园湖泊

圆明园坐落在清河古河道，在岩性上形成相对封闭的局部潜水含水层。潜水含水层一般厚度为5～7m、平均过流断面宽2500～3000m，渗透系数110m/d。下伏承压含水层，渗透系数为118m/d。潜水含水层通过上、下游径流和微弱越流交换，与周边地下水发生水力联系。天然条件下，地下水流由西向东流动，圆明园处于潜水径流带上。由于受到连续干旱和局部地下水开采的影响，区内地下水位自1997年以来呈持续下降趋势，潜水位和承压水头分别下降了2.5m和11m。尤其是施工排水，强烈干扰地下水的天然流场，局部改变地下水流向。

膜下地层渗透性现场渗水试验结果表明，不同湖泊的渗透性具有较大差异。绮春园黏性土层的渗透性较低，渗透系数 $10^{-5}cm/s$ 左右；福海和长春园区中砂、砂砾石地层渗透性强，渗透系数为 $10^{-1} \sim 10^{-3}$cm/s。若不考虑区域地下水位的持续下降，圆明园东部湖水最大渗漏量为363.4万 m^3/a。因湖水渗漏引起的潜水位抬升（0.1m以上）的影响范围约为14km^2。渗漏量分别占到北京市和海淀区的地下水资源总量的0.14%和1.5%；地下水水位影响范围分别占北京市和海淀区总面积的0.06%和2.35%。

若圆明园东部全部采用土工膜防渗，湖水年渗漏量为 $48.5 \times 10^4 m^3$。区域地下水位仍以现状下降，依此长期运行，圆明园区的潜水位仍将持续下降。若撤除部分复合土工膜，利用黏土代替，湖水年渗漏量 $133.7 \times 10^4 m^3$，依此长期运行，尽管区域地下水位存在下降趋势，但局部改变潜水位下降趋势，造成圆明园及其周边5.76km^2 区的潜水位较现状具有0.1～1.0m的升幅。

B. 奥运森林公园人工湿地

该区地下水为第四系松散沉积层孔隙水，属承压含水层分布区，第一层为潜水，其下各层为承压水。潜水含水层厚度7m左右，水位埋深5～8m，渗透系数40～50m/d，由西流向东。承压水含水层厚度40m左右，渗透系数50～80m/d，渗透性和富水性较好，水位埋深15～25m，自西流向东偏北。该区在深度10m以内分布有上层滞水，储存在细粉沙和黏质沙土中。

人工湖面积45ha，蓄水量为 $90 \times 10^4 m^3$，人工湿地面积为6.5ha，蓄水量为 $4 \times 10^4 m^3$。森林公园内湖、湿地均作防渗处理，防渗后的垂直入渗系数取0.02，人工湖和湿地的渗漏量为 $1.88 \times 10^4 m^3$。

3.6.2.3 利用湿地恢复地下水系统的水质要求

地下水一旦污染，恢复起来十分困难。所以，对于地下水直接回补类型的湿地，必须严格控制水质，避免将污染水带入地下。用于地下水回灌的水源，其水质一般应满足不会引起地下水水质恶化、不会使注水井和含水层堵塞、不腐蚀注水系统的机械和设备三个条件。

建设部颁布了国家标准《城市污水再生利用 地下水回灌水质》（GB/T 19772—2005）该标准基于我国城市污水再生水水质的特性和保护地下水源、人体健康的需要，提出了21项基本控制项目和52项选择控制项目的标准值。基本控制项目是指城市污水中具有共性的污染物，即常规污染物，主要包括色度、浊度、pH、总硬度、DS、硫酸盐、氯化物、挥发酚类、阴离子表面活性剂、COD，BOD、硝酸盐、亚硝酸盐、氨氮、总磷、动植物油、石油类、氰化物、硫化物、氟化物、粪大肠菌群数，共计21项。选择控制项目是指由于接纳了工业废水而带来的对地下水水质有长期潜在影响的有毒有害污染物。主要包括重金属、难降解有机物、有机磷农药、有机氯等持久性污染物，共计52项。该标准的颁布与实施，为再生水地下调蓄工程的建设提供了标准依据，使再生水地下调蓄工程的实施成为可能。

一般情况下，城镇污水处理厂出水还不能达到即将颁布的再生水地下水回灌水质标准的要求，需进一步去除水中的悬浮物、有机物、重金属、有毒物质、病原微生物、溶解盐等。

官厅水库是永定河及冲洪积扇地下水恢复的主要水源。2004年，官厅水库东部水质达到三类标准，西部水质基本达到四类标准，2004年3月～10月，三家店水库水质达到III类水体标准。当官厅水库水质达到III类标准后，经山峡的自净作用到达三家店水库时，基本能够达到饮用水标准，则可作为地下水集中回灌水源。

3.6.3　利用湿地恢复地下水的原则与对策

3.6.3.1　潜水水位重点恢复区

重点区域：全境内的潜水水位均有下降，主要恢复区为永定河河道两岸和东南郊。

恢复原则：对于地下水强入渗区（地下水防护脆弱区）和一般强度入渗区（较脆弱区），严格要求水质达到地下水回灌标准。

恢复对策：全境内的潜水恢复以雨水利用为主。对于永定河两岸、山前等地下水防护脆弱区以水库弃水为主。不提倡以衬底方式建设人工湿地。

3.6.3.2　承压水水位重点恢复区

重点区域：承压水漏斗区存在于大环—天竺一带。

恢复原则：以地下水限采和停采为主，地表湿地补给为辅。

恢复对策：水资源替代，减少地下水开采。结合地表其他功能需求的湿地建设需求，适当在水系统的上游和周边地下水防护非脆弱区建设湿地，增加周边和上游的侧向补给、加强潜水的越流补给。水源可使用二级处理再生水。

3.6.3.3　地面沉降区

重点区域：东郊八里庄——大郊亭，东北郊来广营。

恢复对策：通过停采和地下水回灌有效减缓地面沉降趋势。

3.6.4　结论

北京市具有较好的地下水恢复条件；鉴于地面沉降和地下水污染恢复的困难和不可逆性，地下水的恢复应坚持紧急控制地面沉降趋势、不增加地下水污染的原则；以地下水限采和禁采恢复地面沉降区和承压水漏斗区。永定河冲洪积扇中上部有6.24亿立方米的调蓄空间，利用丰水年雨水和水库弃水恢复永定河和西郊潜水水位，大规模的地下水回灌要求官厅水库水质达到III类以上。再生水湿地应限制于东部地下水防护非脆弱区。

3.7　本章小结

本章分别对城市湿地在水质净化、防洪、景观、调节小气候、补给地下水、保持生物多样性等方面的效益进行了分析研究。

（1）在水质净化方面：经实验研究，用水质净化用湿地对二级污水处理厂出水进行深度处理，可使出水水质达到：$BOD_5 \leq 6mg/L$，氨氮≤1.5mg/L，总磷≤0.3mg/L的景观水体标准，每5ha复合型湿地系统可以处理1万m^3/d流量的污水处理厂出水。

（2）在城市防洪方面：城市排水河道可以起到汛期泄洪的作用，而蓄滞洪区则可以充分调蓄洪水，从而保障城市防洪排水安全，达到城市防洪标准要求，同时也可为满足城市下泄流量的要求做出了贡献。

(3) 在景观建设方面：通过调查研究，明确了城市湿地在构造自然景观、人文景观方面都具有明显的效能，此外对于构建宜居城市具有重要作用。

(4) 在调节小气候方面：通过现场观测及模拟，城市湿地面积的增加在夏季能够提高风速和湿度，并降低温度，有效缓解热岛效应。如中心城地区，夏季，在增设湿地的区域其下风方温度都有所降低，降温幅度为0.2～1.0℃。同时，区域比湿的增量为$1e^{-4}$～$7e^{-4}$g/g，受影响的最远可达湿地区域下风方向12km处。此外，湿地使区域风速增加了0.1～0.2m/s。此外，研究发现，单块的小于0.25km^2的水体对环境的影响不明显，但是多块、密集分布的小面积水体会对环境的降温增湿效果更显著。因此在进行调节小气候用湿地用地建设时，必须要求单块湿地的建设面积不得小于0.25km^2（多块、密集分布的湿地群除外，但湿地群总面积不小于0.25km^2）。

(5) 在补给地下水方面：结合城市蓄滞洪区的建设，安排地下水补给用湿地可以有效地对地下水进行补给，缓解城市地下水资源紧张。

(6) 在保持生物多样性效能方面：通过湿地系统的建设，可以为大量水生及湿生动植物提供良好的生存环境，湿地中生长的多种动植物保持了湿地系统中复杂健康的食物链。同时，在湿地中大量的水生植物和各种各样的鱼类、虾、蟹、蚌等动物和微生物，为鸟类、鱼类提供丰富的食物和良好的生存繁衍空间，对物种保存和保护物种多样性发挥着重要作用。此外，湿地也是重要的遗传基因库，维持野生物种种群的存续、筛选和改良。

第4章　城市湿地系统规划关键技术研究

城市湿地系统是一个比较复杂的系统，其规划内容涉及环境、气象、水利、地质、生态、历史、城市规划等诸多学科，为了科学全面地编制湿地系统规划，在对城市湿地系统主要效能研究的基础上，必须对城市湿地系统规划中的一些关键技术进行探讨与研究。本章分别从城市湿地系统的面积确定、空间分布确定、绿化带宽度确定、面源污染控制措施和最小生态需水量计算方法五个方面对城市湿地系统规划中的关键技术问题进行了分析研究。

4.1　城市湿地系统面积确定

城市湿地系统主要包括防洪用湿地、水质净化用湿地、景观生态用湿地、调节小气候用湿地、补给地下水用、历史文化用湿地等。由于不同用途的湿地具有不同的效能特点，需要针对不同类型湿地分析与研究其面积计算方法。

4.1.1　防洪湿地面积确定

防洪湿地对于城市防洪主要起到两个方面的作用，即泄洪和蓄滞洪。其中城市排水河道主要承担泄洪功能，而蓄滞洪用湿地主要承担蓄滞洪的功能。本小节首先介绍城市洪水流量的计算方法，并在确定城市河道洪水流量的基础上分别讨论了排水河道所需用地面积以及蓄滞洪用湿地所需面积的计算方法。

4.1.1.1　城市河道洪水流量计算

城市河道洪水流量计算是一个复杂的问题，我国的南北方因气候、地形和地貌条件等方面差异很大，其河道流量计算方法或参数可能完全不同。在相同区域的不同城市也可能因其防洪调度制度不同，使得城市河道流量计算方法有所区别。因此，这里只能以北京为例探讨有关城市河道洪水流量的计算方法。

针对已有的城市暴雨径流计算方法的优缺点，北京市城市规划设计研究院在1992年，以等流时线法以及“长办汇流曲线”为基础，提出了北京城市河道洪水计算方法——多点入流汇流计算方法，达到了国内领先水平，并且一直沿用至今，成为了北京地区城市暴雨洪水计算的主要方法。

1. 多点入流汇流计算方法基本原理

目前本市城区及大多数卫星城内的河流一般无实测洪水资料，个别河流虽有一些实测资料，但由于流域内的下垫面情况随时间推移有较大差异，这种差异有突变也有渐变，并且渐变的速度是随国民经济的发展速度而变化的，因此，这些实例水文资料具有不一致性，只能代表当时的水文情况。并且城区各流域之间的形状和下垫面情况也有较大差异，实测资料的移植也存在技术困难，因此这些实测资料的代表性也较差。而城市河流的规划治理，不但要考虑流域内的历史情况，更重要的是要预测未来，要考虑流域内未来的城市建设规模、建筑密度、排水管网的建设情况等因素；此外城市建设还经常造成雨水流域边界线的调整，地形高程也会随着城市的建设而有所变化。为了能相对比较精确地计算城市河道的洪水流量，经过研究论证，认为“多点入流汇流计算方法”是一种比较切实可行的方法。

（1）基本原理及流量计算公式

多点入流法是以等流时线法为基础的一种多维线性定常汇流系统，它考虑了净雨空间分布的不均匀性，运用河槽汇流曲线进行以等流时块为单元区的流域汇流计算，也可进行区间支流的河道演算。这些情况具有共同的特点：一是入流非单一性；二是出流由各入流通过各自相应流程的河槽汇流曲线，转换得到的单元出流过程线叠加而得。当输入（净雨或入流流量过程）为阶梯型时，汇流系统方程为：

$$Q(t) = \sum_{j=1}^{n} Q_j(t) = \sum_{j=1}^{n}\sum_{i=1}^{\gamma_1} q_{ji} \times p_j[t-(i-1)\times\Delta t] \quad [t-(i-1)\times\Delta t \geqslant 0 \text{时}] \qquad (4-1)$$

式中：t 与 Δt 分别为时间及梯型输入的单位时段、汇流曲线的入流历时或计算时段；n 为子系统数（或等流时块数）；q 为阶梯型输入（等流时块上的时段净雨量）；p 为子系统的传递函数（相应等流时块的汇流曲线）；r 为阶梯型输入情况的入流时段数；Q_j 与 Q 为第 j 子系统与系统的输出（即流量值）。

从系统方程可以看出，每个子系统在推算以等流时块为单元区的流域汇流时，表达式为：

$$Q_i = \sum_{k=1}^{n}\sum_{j=1}^{C_k} P_{k,j} \times \frac{F_k \times R_{i-j+1}}{\Delta t} \quad (1 \leqslant i-j+1 \leqslant \gamma \text{时}) \qquad (4-2)$$

式中：C_k 为第 K 等流时块的汇流曲线时段数；F 与 R 分别为等流时块面积及其时段净雨深；n 为等流时块数；P 为“长办”汇流系数。

（2）“长办”汇流曲线

“长办”汇流曲线是于1962年，在Г. П. 加里宁河槽汇流曲线的概念基础上，研究出的一种入流为矩形的河槽汇流曲线。其含义是：一历时为 t_k，流量为 $1m^3/s$ 的矩形入流，流经任意 n 个河段后产生的出流过程，如图4－1所示，其公式如下：

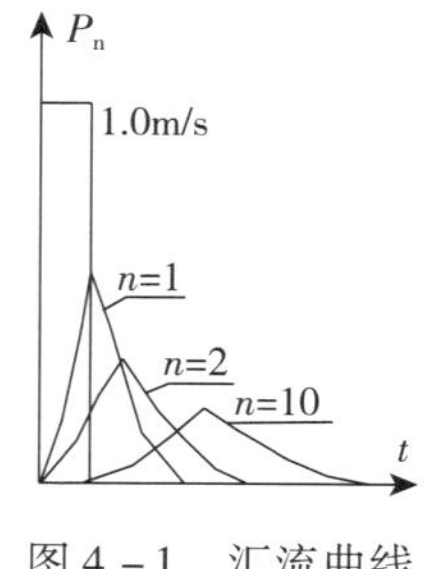

图4－1 汇流曲线

$$P_n = \begin{cases} 1 - e^{-M} \times \sum_{i=0}^{n-1} \frac{m_i}{i!} & (0 \leqslant m \leqslant m_k) \\ \sum_{j=0}^{n-1} \frac{M_j}{j!} e^{-M}\left(1 - e^{-m_1} \times \sum_{i=0}^{n-j-i} \frac{m_{ki}}{i!}\right) & (m_k \leqslant m) \end{cases} \qquad (4-3)$$

式中：$M = m - m_k$；$m = t/\tau$；$m_k = t_k/\tau$；n 与 τ 分别为流经河段数及汇流时间；t_k 为入流历时；P_n 为流经河段数为 n 的“长办”汇流曲线。

（3）产流计算

流域边界线的确定：针对某一河道的流量计算，首先是要进行流域划分。自然流域的边界线是在地形图上根据地形、地貌及等高线划分的；而在城市地区，河道的流域边界线是根据地形及城市排水管网的规划情况划分的（有些现状雨水管道的流域的边界线与规划相同）。在规划的城市建设区，有些还没有城市排水管网的规划，对于这种情况，水文计算人员要先编制出该地区的合理的雨、污水排放规划（平面图、纵断面图、说明），解决好雨、污管网的平面、纵向交叉矛盾，并经城市规划行政主管部门审查通过，再依此进行流域划分。如流域内还包括有规划非建设区，则该地区的流域边界线则依地形及现状排水沟情况进行划分，并辅以现场调查。

流域下垫面分析：在河道流量计算之前还要对流域下垫面进行分析。分析的主要依据是流域内的实测现状地形图，以及城市土地使用功能规划图，将规划建设区及现状村镇的占地范围反映在流域范围图上，待以后使用。其中城市土地使用功能规划图的主要依据是城市总体规划、城市控制性详细规划，以及在其以后陆续经城市规划行政主管部门批准或待批准的，局部城市地区的土地使用功能调整规划。

不透水面积百分比的确定：不透水面积百分比是根据上述的流域边界线划分及流域下垫面情况，经以下分析计算得到。计算时要将规划建设区划分为楼房区、高校区、工厂区、平房区、仓库区、河道、湖泊、绿地区等八种地块，并量取其面积，乘以下表列出的相应不同性质地块的不透水面积百分比，再相加即得本流域的不透水面积，最后除以流域面积即得不透水面积百分比。

不同性质地块不透水面积比例　　**表 4－1**

地块性质	楼房区	平房区	高校区	工厂区	仓库区	河道	绿地	湖泊
不透水面积百分比（%）	77	80	60	84	92	50	0	100

以上典型地块的不透水面积百分比，是通过实际调查得到的数据，在具体水文计算时，也可根据实际情况及规划容积率、绿地指标等适当调整，并提出城市建设中绿地指标的控制意见。

设计暴雨量的确定：根据北京市水文手册第一分册，可以得到计算流域不同重现期的设计次暴雨量、点面折减系数及暴雨时程分配比例，并可据此计算出设计暴雨过程线。当流域范围较大时要考虑设计暴雨量的点面折减问题。

规划建设区设计净雨深的确定：规划建设区设计净雨深的确定，是根据以上所得的设计暴雨量 H24p 查如图 4－2 所示的“以不透水面积百分比为参数的降雨径流相关图”得到。该相关图给出了流域内不透水面积百分比分别为 10%、20%、61%、77% 及 85% 的五条相关线，其相应的概化数学方程式如表 4－2 所示：

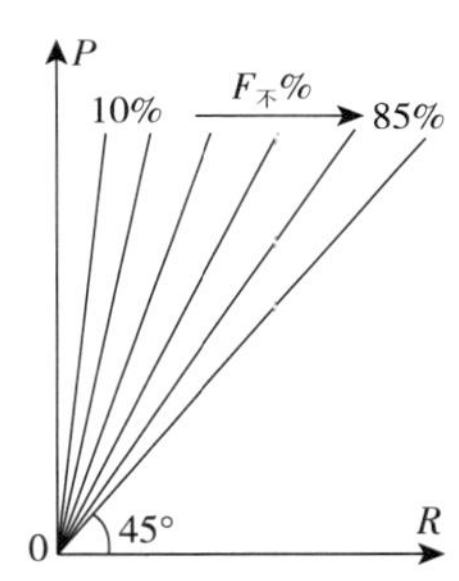

图 4－2　以不透水面积百分比为参数的降雨径流相关图

北京中心城降雨径流关系表　　**表 4－2**

序号	不透水面积百分比	数学方程式（单位：mm）	适用范围
1	85%	$R=0.712$H24p -14.8	90mm≤H24p≤310mm
2	77%	$R=0.701$H24p -20.6	同上
3	61%	$R=0.648$H24p -33.9	同上
4	20%	$R=0.352$H24p -13.5	同上
5	10%	$R=0.248$H24p -18.0	同上

如流域内的不透水面积百分比不位于这五条相关线上，可以内插得到相应净雨深。

等流时块的划分及等流时面积的确定：在绘制等流时线时假定流域各处汇流速度不随时间变化，要考虑河网分布，同时考虑地形变化，及流域分水岭的影响，建设区要考虑雨水管网的分布情况（将其视为河道处理），设定某一等流时块长度，并沿河道及主要雨水管道，量取各分割点，连接这些相应分割点的连线即为等流时线。量取相邻两条等流时线间的面积，即为该等流时块的面积。一般一个流域的等流时块数为5~7块以上即可满足计算精度要求。

（4）汇流计算

汇流速度的确定：为得到流量计算公式中的计算时段 Δt（即河段平均汇流时间）需首先确定流域平均汇流速度 v，并用等流时块长 L，除汇流速度，即得计算时段长。

Δt、τ、m_k 关系的确定：近似取计算时段长 Δt 等于河段的流域平均汇流时间 τ，并取入流历时 t_k 等于计算时段长 Δt。因此，汇流曲线中参数 $m_k = t_k/\tau = \Delta t/\tau = 1$。

汇流速度最大值的确定：研究表明，当雨强超过45mm/h时，汇流速度基本稳定，趋于常数，这说明针对某一流域，在一特定时期内，其汇流速度存在一个最大值，详见表4-3。在已配套建设两水管网，河道已基本按要求治理的现代化城市，其流域汇流速度也有可能超过1.50m/s，在流量计算时，可视具体情况，适当调整汇流速度最大值的要求。

不同下垫面最大流速值 **表4-3**

下垫面情况	流速度最大值（m/s）
排水条件较好的城市建成区（以楼房区为主）	0.55
排水条件较差的城市建成区（以平房区为主）	0.70
排水条件较差的非建设区	1.5

汇流速度的确定：研究表明，在排水条件较好的，城市建设情况比较发达的城市建设区，其河道汇流速度是洪峰流速的0.6~0.7倍；在排水条件及城市建设情况较差的城市建设区，其河道汇流速度是洪峰流速的0.3~0.5倍；在排水条件较差的非建设区，其河道汇流速度是洪峰流速的0.3~0.4倍。

在流量计算时，可根据流域内的具体情况，选用上述倍比关系，并根据河道治理工程的初步方案（河底纵坡、横断面形式及尺寸、护砌方式等）及可能的洪峰流量，初步估算出汇流速度，并采用试错试算法得到合适的汇流速及洪峰流量值。

汇流速度的变化规律：在确定汇流速度时，需要用汇流速度的规律性，针对不同计算流域的排水条件及城市建设情况来选取。

①汇流速度随城市化水平的提高，而不断增大；②在城市建设区，当雨强大于45mm/h时，汇流速度基本趋于常数；③当河道排水较畅通时，汇流速度是洪峰流速的0.6~0.7倍。在规划流量计算时，将这些规律作为确定汇流速度采用值的主要依据。

2. 设计暴雨及净雨过程线的处理

（1）城市建设区设计暴雨过程的确定

城市排水以雨水管道排除方式为主，北京城区主要雨水管道设计重现期为1～2年一遇，其设计最大1h暴雨量为45mm。卫星城镇主要雨水管道设计重现期为1年左右，设计最大1h暴雨量为36mm。这与水文手册中的设计最大1h降雨量（北京城区20年一遇为90mm/h，50年一遇为110mm/h，100年一遇为130mm/h）有很大差异，由于雨水管道不能及时排除设计暴雨，地面会出现短时滞水，因此，在汇流计算阶段，根据城市排水的特点，对手册上的设计暴雨过程作了局部调整，以此方法来反映降雨排水过程的真实性，即将设计暴雨中超过城市主要雨水管道设计最大1小时降雨量的降雨移置下一时段，并与下一时段的设计降雨量相累加，并依此类推，并将调整后的暴雨过程，用于城市河道汇流计算。

（2）时段净雨过程线的计算

可采用平割法计算时段净雨量。即根据上述设计次暴雨量及次净雨深计算出次降雨损失总量，再采用试错试算法确定一个平均损失指标f_c（mm/Δt），则单位时间（Δt）内低于f_c的暴雨均为损失量，高于f_c的暴雨为净雨量。在各时段暴雨量中扣除平均损失指标f_c，即得时段净雨量及柱状净雨量过程线（初步成果）。其计算公式为：

当$f_c \geqslant \Delta P$时，$\Delta R = 0$

当$f_c < \Delta P$时，$\Delta R = \Delta P - f_c$

（3）城市建设区设计净雨过程线的确定

某一设计重现期的雨水管道排水能力除与其设计暴雨量有关外，还与其采用的洪峰径流系数有直接关系。目前我市城区雨水管道洪峰径流系数一般采用0.55（老城区可达到0.65左右），因此，一般情况下，雨水管道的设计排水能力（指排泄净雨的能力）是确定的。由此可见，城市河道的洪水流量大小，是与雨水管道的设计洪峰径流系数紧密相关的，与此相适应，河道流量的洪峰径流系数应与雨水管道的设计洪峰径流系数相一致。因此，在汇流计算时，还需对由上述调整后的设计暴雨过程生成的设计净雨柱状过程线进行调整。如时段净雨量大于雨水管道设计最大1小时净雨深（设计最大1小时暴雨量乘以设计径流系数），需将超过部分移置下一时段，并与下一时段净雨量累加，并依此类推。在北京城区10年、20年一遇设计净雨过程的最大洪峰径流系数采用0.55，50年、100年一遇时段净雨的最大洪峰径流系数分别采用0.62、0.68。

3. 洪水演进

可采用$m_k = 1$的长办汇流曲线进行上下游断面的流量过程线演进计算，河道汇流速度采用上下游断面的洪峰平均流速。

4. 局部河段已改为暗沟的情况处理

一条河道的其中一部分若现状或规划为暗沟，则将对其下游河道的流量计算产生较大的影响。这种情况下需先计算出暗沟起端的流量及暗沟下游河段的流量（此时先假定暗沟能满足排洪要求），用水力学方法概化计算暗沟出流过程线，并参加其下游河段的流量过程线计算。

5. 分、滞、调洪

为保证城市防洪排水安全，需在不同河段安排分洪、滞洪区。流量计算时，需根据分、滞洪区的具体工程情况，以及洪水过程情况等，初步编制出切实可行的洪水调度方案，并据此对流量过程线进行处理，将处理后的流量过程线参加下游河段的流量计算。

6. 混合型流域流量计算

有些城市河道的流域内有山区、农田区及规划城市建设区，由于这三种不同性质的下垫面有不同的产汇流特性，需分别采用各自相应的方法计算流量，再对应相同的时间起点相加，得到总出流过程线。

7. 城市河道规划流量计算实例

莲花河流域情况如图 4－3 所示，河道上游为人民渠明河，下游为莲花河明河，中游为新开渠暗沟，暗沟出口设计过流能力为 91m³/s，暗沟起点临界漫溢时出口的过流能力为 113m³/s。流域内有如图所示的规划的建设区和农田区，呈不均匀分布。为编制莲花河的治理工程规划设计，需计算莲花河出口处的 20 年一遇规划流量过程线。

（1）计算步骤初步分析

由上图可以看出，莲花河流域的情况较为复杂，不能直接计算河道出口处的流量过程线，需要采取水文分析与工程措施相结合的方法计算。

首先要计算暗沟出口规划流量，若计算结果大于暗沟设计过流能力，则要核算暗沟起端是否漫溢；若漫溢（即计算结果大于 113m³/s），则要采取分洪工程措施（分洪流量的大小，要根据实际情况决定，但至少满足暗沟起端不漫溢的要求），并对暗沟出口流量过程线进行消平头（平头以上的流量和洪水量将分洪到其他流域）处理（或采取切实可行、资金落实的雨洪利用措施，降低径流系数，使计算结果不大于 113m³/s），然后将处理过的流量过程线调蓄演进到莲花河出口，并与暗沟出口至莲花河出口之间的区间流量过程线组合，得出莲花河出口处的 20 年一遇规划流量过程线。

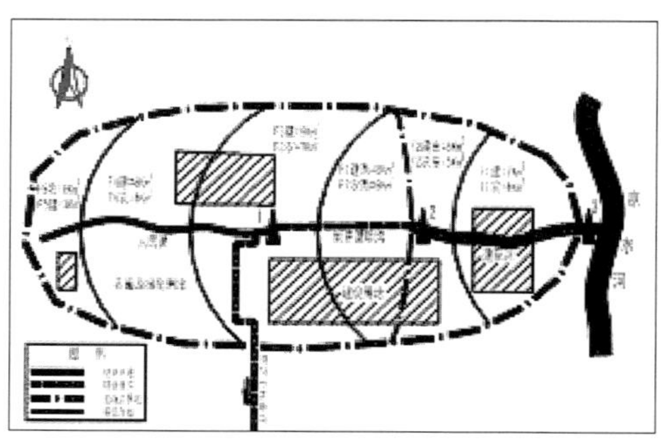

图 4－3　莲花河规划流域范围图

若暗沟起端不漫溢（即计算流量小于 113m³/s），无论计算流量大于暗沟出口设计过流能力与否，均不需要对暗沟出口流量过程线进行处理，可直接用全流域的流域面积计算河道出口处的流量过程线。

（2）新开渠暗沟出口流量过程线计算

下垫面组成分析：为计算暗沟出口处 20 年一遇流量过程线，需分析流域范围和下垫面组成情况。首先要根据地形地貌、规划雨水管网、现有雨水管网的情况，绘制出总、分流域边界线，再沿干流、支流、雨水干管（近似视为河道）绘制等流时线（间距为 1800m），量出各块等流时块内的建设区、农田区面积（单位：km²）。新开渠暗沟出口以上流域面积共 49km²，其中建设区面积 29km²，农田区面积 20km²，共分为 4 个等流时块。自下游至上游的建设区等流时面积分别为 8km²、9km²、6km²、

$6km^2$，农田区等流时面积分别为$6km^2$、$7km^2$、$4km^2$、$3km^2$。

产流参数分析：根据流域内的下垫面规划情况，要分别分析建设区和农田区的产流参数。本流域建设区的不透水面积百分比分析结果为64%，则计算得建设区的流域平均径流系数为0.55。根据流域内雨水管道的设计和规划参数，分析得建设区的洪峰径流系数为0.55。

本流域内农田区的不透水面积百分比分析结果为10%，则计算得农田区的流域平均径流系数为0.19。

汇流参数分析：为分析汇流参数首先要根据流域下垫面情况和工作经验，初步估算出暗沟出口处的规划流量（约$230m^3/s$），再根据人民渠和新开渠暗沟初步规划的纵横断面参数（$b=50$，$m=2$，$n=0.0225$，$I=0.0005$，不淹没主要雨水管道出口内顶的适宜洪水深约为2.5m），核算出人民渠、新开渠暗沟的平均洪峰流速$v=1.7m/s$，并进一步根据流域平均汇流流速$\bar{v}=0.6\sim0.7v$的规律确定其流域平均汇流速度$\bar{v}=1.2m/s$，并计算出单个等流时块的汇流时间（$\Delta t=1800\div v\div60=25min$）。

设计暴雨过程线分析：根据北京市水文手册暴雨分册，摘录其20年一遇设计暴雨过程线的主阵雨，并计算主阵雨累计降雨过程线（从计算结果看，部分时段的降雨强度大于45mm/h）。

经调查分析，莲花河流域的主要雨水管道设计重现期为2年一遇，其最大1h能够排除的降雨量为45mm。

为使得流量计算结果更加符合实际情况，采取对设计暴雨过程线进行处理的方法，即将累计降雨过程中降雨强度大于45mm/h的时段雨量按45mm计，并将超过45mm/h雨量部分移置下一时段，并依次类推，得到累计设计暴雨过程线，结果如表4-4所示：

累计设计暴雨过程线表 **表4-4**

时间（h）	14	15	16	17	18	19	20	21	22	23	24
累计雨量（mm）	0.5	17.1	45.6	51.3	76	86.5	92.2	109.3	154.3	199.3	211.9

农田区规划洪峰流量计算：莲花河流域大部分位于海淀区，其20年一遇农田区排涝模数为$1.9m^3/s\cdot km^2$，莲花河流域农田区面积共$20km^2$，则农田区规划洪峰流量为$20\times1.9=38m^3/s$。

新开渠暗沟出口处规划流量计算：根据上述的设计累计降雨过程线、流域下垫面情况和产汇流参数，计算出暗沟出口建设区、农田区的规划流量过程线，规划的洪峰流量分别为$196m^3/s$、$38m^3/s$。将两条流量过程线叠加，得到新开渠暗沟出口20年一遇规划流量过程线，洪峰流量为$234m^3/s$。

对新开渠暗沟出口20年一遇规划流量过程线做分洪处理（削平头处理）：由于新开渠暗沟出口20年一遇规划洪峰流量（$234m^3/s$），大于暗沟起点临界漫溢时出口的过流能力$113m^3/s$，为了使暗沟起点处不发生漫溢，经研究，采用削平头方式在暗沟起点前向其他流域分流洪水，分洪流量为$234-113=121m^3/s$。

为了计算莲花河出口的规划流量，需结合分洪规划方案，对上述已得暗沟出口流量过程线按分洪 121m³/s 的要求做削平头处理，计算结果剩余洪峰流量为 113m³/s。

调洪演算：为了计算莲花河出口的规划流量，需将上述削平头处理的暗沟出口流量过程线调蓄演进计算到莲花河出口。计算结果洪峰流量为 113m³/s。

（3）莲花河区间规划流量计算

采用如同上述暗沟出口流量计算方法，计算暗沟出口至莲花河出口区间的 20 年一遇流量过程线，洪峰流量为 106m³/s；其中建设区面积 13km²，洪峰流量为 89 m³/s；农田区面积 9km²，洪峰流量为 $9 \times 1.9 = 17$m³/s。

（4）莲花河出口规划流量计算

将新开渠暗沟出口流量过程线，与暗沟出口至莲花河出口区间的流量过程线做叠加计算，计算结果洪峰流量为 219m³/s。

4.1.1.2 排水河道占地面积计算方法

对于排水河道占地面积的计算，首先要结合城市规划及城市防洪标准，确定每条河道的治理标准及河道功能，并计算流域范围内产生的洪水流量；然后结合城市规划，确定河道的规划位置；再根据接入河道的雨水管道的管径、底高程、地形坡度、下游河道底高程和洪水位等，计算河道深度及河底宽度；最后根据河道底宽、边坡系数（考虑河坡结构和生态景观要求）及河道深度确定河道上口宽度，再根据河道长度计算出每条河道的占地面积，并累加得到河道总占地面积。

当缺乏现状和规划雨水管道资料时，需要进行调研，并编制出相关的该地区雨水排除规划方案，以进一步确定河道上口宽。

4.1.1.3 蓄滞洪用湿地面积计算方法

蓄滞洪用湿地的用地面积取决于蓄滞洪的标准及所需要蓄滞的水量，因此在进行蓄滞洪用湿地用地计算时，首先必须根据式（4－1）、式（4－2）、式（4－3）计算出城市内各河道的洪水流量；然后，根据实际情况确定蓄滞洪湿地的位置，根据排水河道与下游河道的泄洪关系计算出需要蓄滞的洪水量，并根据蓄滞洪用湿地的平均调蓄水深确定其面积［如式（4－4）所示］。

$$S_z = V_z / h \qquad (4-4)$$

式中：V_z 为蓄滞洪水量，单位为 m³；h 为蓄滞洪湿地平均深度，单位为 m；S_z 为蓄滞洪湿地面积，单位为 m²。

4.1.2 水质净化湿地用地面积确定

水质净化用湿地一般都有以下的结构单元构成：底部的防渗层；由填料土壤和植物根系组成的基质层；湿地植物的落叶及微生物尸体等组成的腐质层；水体层和湿地植物（主要是根生挺水植物）。根据池形，可以将水质净化用湿地分为表面流湿地以及潜流型湿地两大类，下面分别介绍这两类湿地的面积计算方法。

4.1.2.1 表面流湿地用地计算方法

表面流湿地（图 4－4）的水面位于湿地基质层以上，其水深一般为 0.3～0.5m，这种人工湿地处理技术源于天然湿地对废水的处理，其水文体系、构造与天然湿地最为相似，是早期的人工湿地形式。

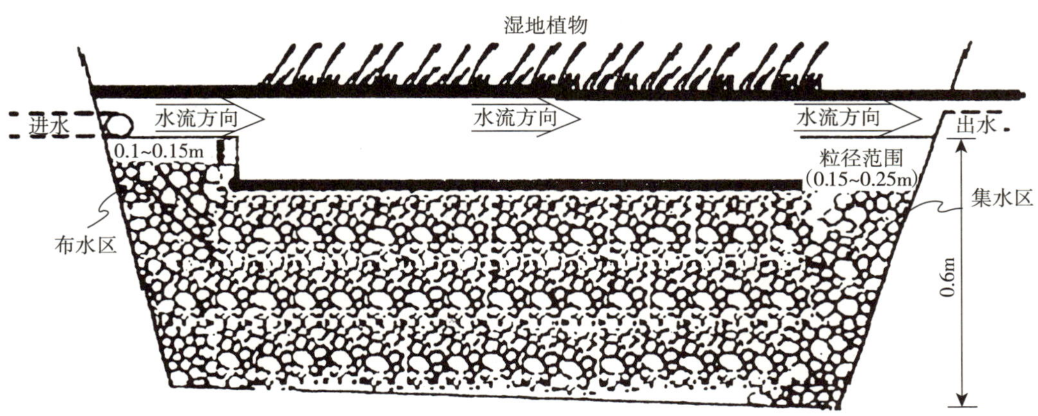

图 4－4　表面流湿地示意图

典型的表面流湿地系统是由池或槽沟组成，并有某种地下隔水层以防止地下渗漏。其地表面具有较浅的水层，特别在狭长的沟槽中能保持推流条件。据此 Eckenfelder 推导出：

$$\frac{C_e}{C_0}=\exp\left[-\frac{K_T C(A_v)^{m+1}L}{(Q_a)^b}\right] \tag{4-5}$$

式中：C_e 为出水污染物浓度，单位为 mg/L；C_0 为进水污染物浓度，单位为 mg/L；C 为综合表面系数；A_v 为生物体附着生长所需要介质的特定表面积，单位为 m^2/m^3；L 为湿地系统长，单位为 m；Q_a 为单位表面积的水力负荷，单位为 $m^2 \cdot m^{-3} \cdot d^{-1}$；$b$ 为黏滞性等影响的介质特征值；m 为介质特征值；K 为速率常数。

在一个附着生物的系统中，Q_a 是湿地单位横切面积的平均流速或水力负荷。其中 D 为处理区水深（m）。由于附着生物体介质的表面完全被污水浸没，参数 b 等于 1，所以：

$$\frac{C_e}{C_0}=\exp\left[-\frac{0.7K_T(A_v)^{1.75}LWD}{Q}\right] \tag{4-6}$$

式中，变量同前。

LWD/Q 代表了停留时间。在表面流湿地中，总体积中有一部分被植物占据，因此，实际停留时间将是有效流量和剩余有效横切面的函数。这样用 n（%）定义为系统的孔隙度：

$$n=\frac{V_v}{V}(\%) \tag{4-7}$$

式中：V_v 为系统的孔隙体积，单位为 m^3；V 为系统总体积，单位为 m^3。

$n \cdot D$ 值在没有植物时实际上就是等于水流的深度。在有植物并具有完善的推流而没有外界的水的损失或补给，$n \cdot D$ 是实际停留时间对理论值的比值。同时还有必要包括另一个附加因子 A 用于计算可沉降 BOD_5，这些 BOD_5 可在湿地系统中的前几米去除。把这些关系综合考虑后可以得到：

$$\frac{C_e}{C_0}=A\cdot\exp\left[-\frac{0.7K_T(A_v)^{1.75}LWDn}{Q}\right] \tag{4-8}$$

Tchpnamoglour 建议，在湿地系统中温度修正值为 1.1，水温在 T 时的速率常数 K_T 可由下列方程确定：

$$K_T = K_{20}(1.1)^{(T-20)} \qquad (4-9)$$

式中：K_{20}为温度20℃时的速率常数。

《城市生活污水土地处理技术手册》中说明，附加因子A可近似取0.52，K_{20}可近似取0.0057，因此总方程可以变为：

$$\frac{C_e}{C_0} = 0.52\exp\left[-\frac{0.7K_T(A_v)^{1.75}LWDn}{Q}\right] \qquad (4-10)$$

当坡度或水力梯度等于1%或更大时，需要相应调整设计模型：

$$\frac{C_e}{C_0} = 0.52\exp\left[-\frac{0.7K_T(A_v)^{1.75}LWDn}{4.63S^{\frac{1}{3}}Q}\right] \qquad (4-11)$$

式中：S为坡度或者水力梯度。

公式中$\frac{LWDn}{Q}$可以简化为系统的水力停留时间。但是，在实际操作中通常采取湿地水深和延长水力停留时间的方法来补偿由于问题影响造成的处理效果的损失。

方程中的A_v表示水体中全部植物（包括叶、茎、根）和枯枝碎叶的表面积，在湿地环境中这个是比较难以测定的。如果方程中$\frac{C_e}{C_0}$的比值对A_v的敏感性不高，A_v可以估计。根据有关研究，以芦苇为例可以计算出A_v的值为15.7m^2/m^3。这个值一般适用于中等密度的挺水植物，在本研究中将以这个值作为基础进行估算。此外，在本研究中，温度采用20℃作为研究温度，并且考虑水力梯度的影响。

应用上述公式计算，对二级污水处理厂出水进行深度处理，使出水水质达到：BOD_5≤6mg/L，氨氮≤1.5mg/L，总磷≤0.3mg/L，每5.5ha表面流湿地系统可以处理1万m^3/d流量的污水处理厂出水。

4.1.2.2 潜流型湿地用地计算方法

潜流型湿地的水面位于基质层以下。通常由一个或多个单元构成，周边和底部防水。每个单元填充粒状介质，如砾石、细砂等，种植水生植物，如香蒲、芦苇等。

潜流型湿地（图4-5）是由一沟槽或床组成，底部为不透水材料以防止渗漏。床内填充介质支持挺水植物生长。所用的介质包括岩石或碎石、砾石及各种土壤。废水水平地通过介质流动，在与介质表面和植物根区表面进行接触时得到净化。

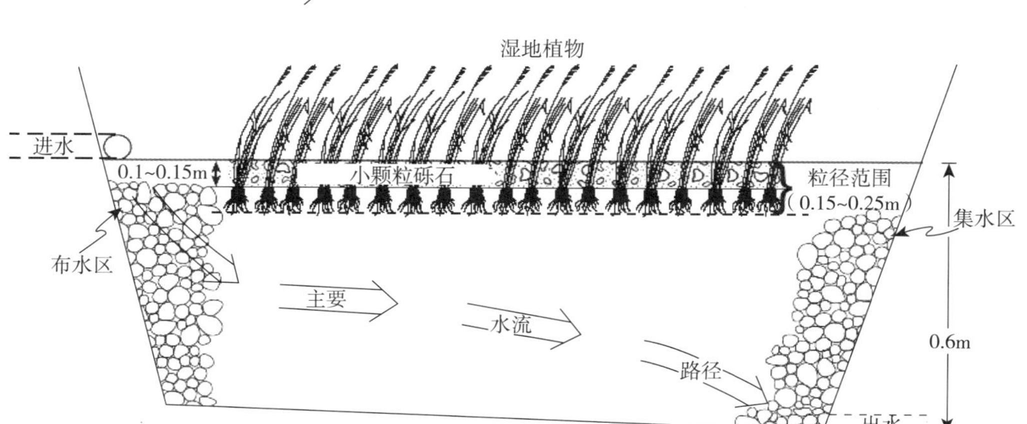

图4-5 潜流型湿地示意图

潜流型湿地的水力学形态是水通过土壤或有机介孔质的运动，服从达西方程，水的运动由介质的渗透率和水力梯度所控制。

$$Q = K_s AS \tag{4-12}$$

式中：Q 为单位时间的流量或系统的平均流量，单位为 m^3/d；K_s 为与流动方向垂直的单位面积的介质水力传导率（渗透率）；A 为横截面积，单位为 m^2；S 为流动系统的水力梯度或坡度。

一旦床的深度和坡度确定下来，可通过方程 $Q = K_sAS$ 计算床的宽度，这样就可以保证设计流量在床剖面范围内不会出现表面径流。多数土壤系统其设计坡度在 1% 或者更大，如果地形允许也可达到 8%。一个平坦的床的水力梯度通过增加进、出水之间的高度可以进行控制，水力梯度对控制流动速度非常关键。

如方程 $Q = K_sAS$ 所示，床面积与系统的生化反应无关，而只受水力学条件限制。而床的长度是最后所需的尺寸，它决定了水力学停留时间。停留时间与生化反应净化效果有关，因此必须确定床的长度。

人工湿地对污染物的去除可以用一般推流动力学予以描述，因此系统的水力停留时间是有效孔隙率 V_v 和通过系统的平均流速的函数，即：

$$t = \frac{V_v}{Q} = \frac{nV}{Q} = \frac{nLWD}{Q} \tag{4-13}$$

式中：V_v 为系统的孔隙体积，单位为 m^3；n 为床的孔隙度，单位为%；t 为停留时间，单位为 d；V 为系统的总体积，单位为 m^3；L 为系统长度，单位为 m；W 为系统宽度，单位为 m；D 为地下层厚度，单位为 m；Q 为通过系统的平均流量，单位为 m^3/d。

在没有水分损失或水分获得时，通过系统的平均流量就等于设计的水力负荷。由于 LW 等于系统表面积 A_s，可以得到：

$$\frac{C_e}{C_0} = \exp\left[-\frac{K_T A_s Dn}{Q}\right] \tag{4-14}$$

变形后可以得到：

$$A_s = \frac{Q(\ln C_0 - \ln C_e)}{K_T Dn} \tag{4-15}$$

式中，参数同前。

式中的 K_T 由下面的方程确定：

$$K_T = K_{20}(1.1)^{(T-20)} = K_0(37.31n^{4.172})(1.1)^{(T-20)} \tag{4-16}$$

式中：K_T 为温度 T 时的设计速度常数，单位为 d^{-1}；K_{20} 为温度 20 度时的设计速度常数，单位为 d^{-1}；K_0 为植物根区充分发展后的最佳速度常数，单位为 d^{-1}；T 为系统的运行温度，单位为℃。

对于典型的城市污水，$K_0 = 1.839d^{-1}$。《城市生活污水土地处理技术手册》中给出了典型介质的 K_{20}、期望孔隙度（n）以及水力学传导系数 K_s，而且《城市生活污水土地处理技术手册》中给出了采用潜流型湿地处理时，一般采用孔隙度 40% 左右的中等沙砾。下面的计算也采用孔隙度 40% 进行计算。

典型介质的介质特性 表 4-5

介质类型	占 10% 的最大介质粒度（mm）	孔隙度	水力学传导系数 K_s (m^3/m^2d^{-1})	K_{20}
细砂	1	0.42	420	1.84
粗砂	2	0.39	480	1.35
沙砾	8	0.35	500	0.86

应用上述公式计算，对二级污水处理厂出水进行深度处理，使出水水质达到：BOD_5≤6mg/L，氨氮≤1.5mg/L，总磷≤0.3mg/L，每 4.5ha 潜流型湿地系统可以处理 1 万 m^3/d 流量的污水处理厂出水，典型介质的介质特性，见表 4-5。

4.1.2.3 复合型湿地用地计算方法

表面流湿地具有投资少、操作简单，运行费用低等优点，而且表面流人工湿地和自然湿地最为类似，具有相对较高的生态效益。但这种类型的湿地系统的占地面积较大，水力负荷率较小，去污能力有限，运行受气候影响较大，夏季有孳生蚊蝇的现象。潜流人工湿地的水力负荷和污染负荷较大，对 BOD、COD、SS、重金属等污染物的去除效果好，且卫生条件较好，很少有恶臭和孳生蚊蝇现象。但这种类型的湿地缺点是系统内氧含量较少，硝化效果不好，此外由于无常水面此类湿地的景观效果也不好。

考虑水质净化用湿地不但要考虑污水进行深度，还要承担一定的景观功能，因此水质净化用湿地选用复合型湿地，即整个湿地系统在前段选用潜流型湿地以减少臭味等影响，在后段采用表面流湿地以增加水面，改善景观。

经研究，对二级污水处理厂出水进行深度处理，使出水水质达到：BOD_5≤6mg/L，氨氮≤1.5mg/L，总磷≤0.3mg/L，每 5ha 复合型湿地系统可以处理 1 万 m^3/d 流量的污水处理厂出水。而对于出水达到中水标准的污水处理厂，由于出水可以满足景观水体要求，则可不安排水质净化用湿地。

4.1.3 其他湿地面积确定

对于景观用湿地、调节气候用湿地、补给地下水湿地以及历史文化用湿地，由于这些功能的湿地可以由其他湿地代替，所以这些湿地面积的确定应该结合城市总体湿地面积需求以及防洪、水质净化用湿地面积后，进行确定。同时应该尊许以下原则：

（1）在确定景观生态用湿地面积时，需要首先对城市的水资源情况进行分析，并结合城市经济发展情况，确定合理的景观湿地面积占城市面积的比例。

（2）相关研究表明：水体的面积和布局是影响小气候效应的重要因素。水体面积越大对环境影响越大，单块的小于 0.25km^2 的水体对环境的影响不明显，但是多块、密集分布的小面积水体会对环境的降温增湿效果更显著。因此在进行调节小气候用湿地用地建设时，必须要求单块湿地的建设面积不得小于 0.25km^2（多块、密集分布的湿地群除外，但湿地群总面积不小于 0.25km^2）。

（3）在确定补给地下水用湿地面积时，需要首先根据城市地下水超采情况，计算出城市地下水所需要的补给量；然后，根据城市地形、地貌、地质、补水点位置及可用于回补的流域面积，确定城市需要的补给地下水用湿地面积；最后，结合可补给水量及土地规划情况、资金等进行面积优化，确定最终的补给地下水用湿地面积。

（4）在确定历史文化用湿地面积时，需要首先对城市历史湿地情况进行充分地调研，明确历史湿地数量及面积；然后，根据各历史湿地的历史价值，结合现状的资金、水资源等条件，确定需要恢复的古湿地；最后，从城市整体湿地分布的角度，进行进一步的优选，从而在恢复古湿地的同时达到改善城市景观、提升城市品位的目的。

4.1.4 小结

本节根据不同类型湿地的特点，分别讨论了不同类型湿地的占地面计算方法，为湿地系统规划奠定了技术支持。

4.2 城市湿地系统空间分布确定

4.2.1 城市湿地空间分布原则

城市湿地是公共资源，因此在进行湿地的规划布置时必须首先考虑湿地的空间均匀性。此外，由于不同类型湿地的功能特点不同，因此在布置湿地时也必须考虑不同的湿地的功能，从而最大限度地发挥各类湿地的功能为前提进行布置。最后，需要综合考虑土地、资源、地形、经济、功能等多方面的因素，以发挥湿地的综合效益为前提进行布置。

以北京中心城地区为例，根据以上原则进行了湿地系统空间布局（如图 4－6 所示）：首先，分别在南沙河流域，五环东南角与北运河夹角处分别建设湿地密集区；其次，沿温榆河方向由回龙观地区延伸到凉水河入口处，以及沿永定河方向由石景山

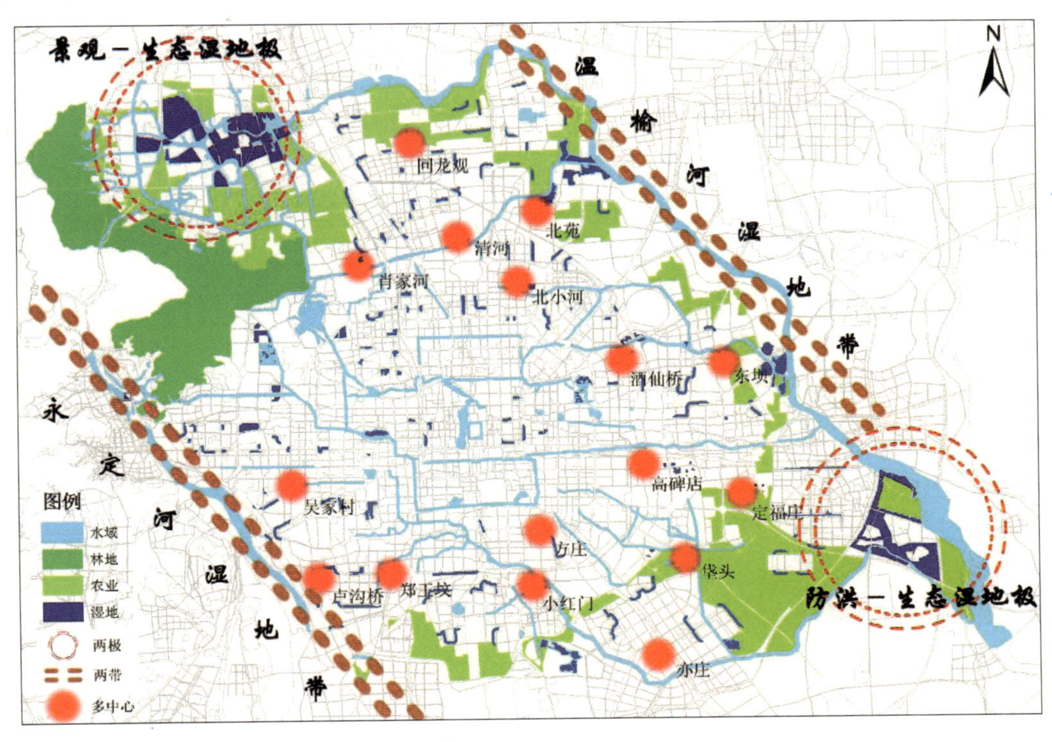

图 4－6 北京湿地空间布局示意图

地区延伸到丰台建设湿地带；最后，通过景观湿地、水质净化用湿地等，使湿地分布具有最大的均匀性。

下面本节将在城市湿地布置总体原则的基础上，分别讨论了各类湿地的空间分布确定方法，以及在城市湿地系统建设中需要考虑的生态问题。

4.2.2 各类城市湿地空间分布确定方法

为了能够对湿地系统规划提供具体的指导，需要针对不同类型的湿地拟定不同的空间分布确定方法及建设原则。本小节分别就不同类型的城市湿地分别给出了其空间分布确定方法。

4.2.2.1 防洪用湿地空间分布确定方法

防洪用湿地的空间分布，必须遵循城市总体规划以及城市防洪规划，以及城市防洪总体思路和原则。

对于城市排水河道，应该以城市现状河道为基础，在对城市洪水量核算的基础上，对现状河道进行疏挖与拓宽。此外，对于现状无排水河道的地区，应该根据需要新建排水河道以解决该地区的防洪排水问题。

对于蓄滞洪用湿地，首先要在城市上游地区修建蓄滞洪用湿地调蓄洪水，减少进入中心城地区的洪水，确保城市的防洪安全；其次，根据城市内部各主要河道出口下泄流量的要求，在城市主要排水河道的出口处修建蓄滞洪用湿地进行调蓄；最后，对于城市排水较为困难的地区，建设蓄滞洪用湿地，减少入河洪水流量，保障区域防洪安全。

由于蓄滞洪用湿地一般较深，不太安全且一般景观偏差，蓄滞洪用湿地的建设需要在综合考虑地形、地貌的基础上尽量安排在非建设区域的现状洼地中，必要时可以安排在建设用地中。因此，蓄滞洪用湿地应该居建设区适当距离，以减少对建设区在景观和安全方面的影响。此外，蓄滞洪用湿地宜退让现状道路红线 30m 以上，同时，新建城市道路须避让蓄滞洪用湿地。

4.2.2.2 水质净化用湿地空间分布确定方法

为了减少工程投资，并充分发挥土地的综合效益，同时，方便水质净化用湿地进退水，应该将水质净化用湿地安排在污水处理厂附近的蓄滞洪区、常年无水的大型河道或城市规划绿地中。

由于水质净化用湿地会产生一些难闻的气味，且景观不美，因此水质净化用湿地的建设应该距建设区（非工业区和市政场站用地）300m 以上，以减少对市民健康的影响。此外，由于工厂、道路所产生的噪声、废气和废水会影响水质净化用湿地内的生物，因此，水质净化用湿地的建设应距现状工厂适当距离，退让现状道路红线 30m 以上，同时，新建城市道路及工厂须避让水质净化用湿地。

4.2.2.3 景观生态用湿地空间分布确定方法

在构建环境友好型社会的过程中，建设“可持续发展的生态城市”必然成为城市发展的目标。围绕这个目标，城市建设必须努力改善生态和景观，因此景观生态用湿地的建设是十分必要的。

由于景观用湿地是城市居民休闲娱乐的场所，因此景观用湿地应安排在规划公园或城市绿地中建设，并且尽量位于居民集中的区域，特别是土地和水资源较为充裕的地区，可适当多安排景观用湿地。

4.2.2.4 调节小气候用湿地空间分布确定方法

由于调节小气候用湿地主要是为了缓解城市热岛效应，因此其空间分布应该主要集中在城市热岛效应较为明显的区域。特别是设置在城市上风向处，有利于减缓热岛效应，增加下风方地区的湿度。此外，在相对开阔空间设置湿地更有利于小气候效应的发挥，增加人体舒适度。

4.2.2.5 补给地下水用湿地空间分布确定方法

对地下水补给用湿地进行空间位置选择，首先需要依据地下水渗透强度分区确定较为适宜进行地下水补给的区域；然后，结合地下水超采严重区对补给地下水用湿地选址进行优化；最后，需要结合城市地形及城市水量情况对补给地下水用湿地进行最后筛选。

4.2.2.6 历史文化用湿地空间分布确定方法

对历史文化用湿地进行空间位置选择，首先必须对城市古湿地进行调查；然后，在历史古湿地调查的基础上选择具有较强历史价值的湿地进行恢复；再次，结合用地、资金、水源、城市规划等方面，综合考虑对需要恢复的湿地进行筛选；最后，对确定需要恢复的湿地尽量在原址进行恢复。

4.2.3 小结

本节首先根据不同类型湿地的特点，分别讨论了不同类型湿地的空间分布确定方法，然后讨论了在城市湿地系统建设中需要考虑的生态问题，为湿地系统规划奠定了基础。

4.3 城市湿地系统最小生态需水量计算方法

4.3.1 研究区域内计算分区划分

4.3.1.1 划分原则

由于城市水系统是一个关联的整体，每个水系支流与干流，河道与湖泊间均存在连通关系，因此研究分区的划分必须依照城市水系进行划分，即本次研究的计算分区依照研究区域内的城市水系情况进行划分。

4.3.1.2 划分结果

按照上述划分原则，本次研究共划分为 6 个研究分区，分别为通惠河流域研究分区、坝河流域研究分区、凉水河流域研究分区、清河流域研究分区、永定河流域研究分区、南沙河流域研究分区以及温榆河流域研究分区。具体划分结果见分报告。

4.3.1.3 各分区生态现状概述

（1）通惠河水系生态现状

通惠河承担了中心城区较大的流域面积，该流域上游支流流经城市的中心区域，城区大部分的公园湖泊、湿地也属于该水系。其生态用水源现主要有两个：一个是密云水库经由京密引水渠向通惠河供水；另一个是官厅水库通过永定河引水渠供水。由于其功能和位置的重要性，生态用水在城区河湖中属于较多的，水质也较好。由于近年来北京连年遭遇干旱，现状的生态用水主要用于补充河湖水面蒸发渗漏造成的损失，水量不能够满足生态需求，水体得不到新鲜水源的稀释净化，而水质较差，"六海"中西海、后海、前海、北海水质均为V类，水质不能满足生态功能的要求。在气温较高的季节，部分河段湖泊爆发水华。2001年发生"水华"的河湖区有：北护城河、京密引水渠、中南海、积水潭、后海、什刹海、北海、红领巾公园、朝阳公园、圆明园等，水华的爆发导致水生态系统遭到严重破坏，除优势藻种外的其他生物生存受到严重威胁。通惠河上游的长河水系由于是重要的风景旅游区，有航运的要求，水量补给充裕，满足该段"一般鱼类保护区"的水体功能，水质达到III类水的标准。下游河段生态用水主要是高碑店污水处理厂的污水与上游退水，水量比较丰富，但是水质较差，为劣V类。

（2）凉水河水系生态现状

凉水河多年来是城区的排水河道，雨污合流，沿线有排污口1031个，其中常年排污口705个，大量未经过处理的工业废水、生活污水直接排入河道，整个凉水河水系年排放污水3亿多吨，造成河水恶臭，水质严重恶化。1991年，政府曾经对凉水河进行了综合整治。治理初期，效果较好。但随着沿岸居民的增长过多和最近几年北京雨水逐年减少，凉水河的污染日益严重。特别是上游西客站暗渠至旧宫桥段污染严重，致使周边10万以上的居民夏天不敢开窗。

（3）清河水系生态现状

虽然，随着清河污水处理厂等污水处理厂的兴建以及河道内的部分生态措施的建设，清河部分区域水质得到改善并形成了一定的观赏水面。但是，2004年7月底至8月初，北京市水务局组织相关单位对清河水质情况和排污状况进行调查。结果表明，清河水质状况仍较为恶劣，河水COD达134mg/L，BOD_5达55mg/L，氨氮达12mg/L，溶解氧在河面0～50cm水层平均0.3mg/L，50cm以下溶解氧浓度接近0mg/L。河水臭味严重，3～4km以外可闻到河水散发的臭味。

（4）坝河水系生态现状

坝河最高污水入河量约33万t/d。其中工业污水量占60.2%，约19.9万t/d，生活污水量占39.8%，约13.1万t/d。目前，坝河基本成了污水河，而且无自净能力。坝河下段（驼房营－温榆河）现状水质为劣V类。亮马河最高污水入河量27.2万t/d。水质严重恶化，现状水质为劣V类。萧太后河最高污水入河量约23.3万t/d，COD年入河量约22.9t/d，河道水质恶化，现状水质为劣V类。

（5）南沙河水系生态现状

南沙河水系位于海淀北部新区，流域范围内供需水间的矛盾日益突出。随着生活水平的不断提高，排放的污水量也在不断增加；同时由于近年的连续干旱，地表水水量不断减少，造成地表水水质逐渐恶化，区内地表水水质大部分为劣V类，主要污染物为氮和磷。为了满足用水的要求，该流域地区多年地下水一直处于超采状态，该流域地区的地下水埋深已由1980年的4.21m下降到2000年的13.76m，21年累计下降了9.55m，平均下降速度0.45m/a。目前，流域范围内的污水收集处理系统还很不健全，区内仅有污水处理厂 1 座，小型污水处理站 2 座，绝大多数的污水主要还是通过各种排污沟渠、管道直接排入南沙河水系。且由于缺乏新鲜的水源补给，导致其地表水水质正在逐年恶化。

（6）温榆河水系生态现状

本次研究的温榆河水系是指昌平温榆河以南地区以及小厂沟，现状主要排水沟渠有：闫家洼排水沟、十一排干、十二排干、十四排干、十三排干、一排干、白各庄村排水沟、十五排干、二排干、三排干、四排干、四排干支渠、五排干、六排干、六排干支渠、曹碾排水沟、八仙南排水沟、梁家沟、鲁疃西排水沟、鲁疃排水沟、八排干、九排干、十号渠、十排干、东小口沟、七号渠、小厂沟等 27 余条，总流域约为 140km²，总长度约为 87.9km。现状温榆河以南地区雨水及大部分生活污水主要通过上述 27 余条排水干渠排除，上述干渠除了少数干渠局部段进行过简单清淤、疏挖外，其余大多数排水干渠均多年未曾治理，渠道淤积、乱填乱盖现象严重，干渠水质多为劣 V 类，水生态环境很差。此外，在昌平温榆河以南地区还有几条主要输水灌渠：七燕干渠、豆各庄灌渠、杨庄灌渠，其中豆各庄灌渠和杨庄灌渠现在已经失去灌溉功能。

（7）永定河水系生态现状

本次研究的永定河水系主要指永定河在石景山境内的水面及附近的高井沟等排水沟渠，现状主要排水沟渠有：隆恩寺沟、潭峪沟、黑石头沟、石府沟、油库沟以及高井沟等 6 条主要沟渠。现状区域雨水主要依靠这些沟渠进行排水，但是由于上述干渠除了少数干渠局部段进行过简单清淤、疏挖外，其余大多数排水干渠均多年未曾治理，渠道淤积、乱填乱盖现象严重，水生态环境很差。此外，研究区域内还有永定河灌渠等输水灌渠。

4.3.2　计算分区划分及生态目标建立

4.3.2.1　计算分区划分

（1）划分原则

由于城市水系统是一个关联的整体，每个水系支流与干流，河道与湖泊间均存在连通关系，因此研究分区的划分必须依照城市水系进行划分，即本次研究的计算分区依照研究区域内的城市水系情况进行划分。

（2）划分结果

按照上述划分原则，归于北京市区共划分为 6 个研究分区，分别为通惠河流域研究分区、坝河流域研究分区、凉水河流域研究分区、清河流域研究分区、永定河流域研究分区、南沙河流域研究分区以及温榆河流域研究分区。

4.3.2.2　生态目标的建立

（1）研究总目标

总体生态目标是：全部河湖的生态至少不能低于现状；多数河湖的生态状况通过生态需水的满足得以改善，主要体现为在三个方面，即水生生物有良好的生物栖息地，水质能够满足水体功能的需求，并且具有一定的景观环境功能。

（2）各计算分区目标

在总体目标的基础上，再建立各计算分区的生态目标。

通惠河水系上游各支流地处京城中心地段，具有重要的生态、景观功能，且水源良好。生态目标主要是提供水生生物较好的生境，提供适宜的生物栖息场所，水质达到生物栖息需求，水体不发生水华现象，在部分重要的景观河段能够满足一些特殊的景观功能等。

凉水河、清河、坝河、南沙河、永定河、温榆河流域是城市重要的排水河段。水源主要来自上游退水和污水处理厂出水。由于水源状况及生态现状的限制，制定较高的生态目标，不但是超出实际能力，并且可能造成水资源的浪费。所以采用分阶段的生态目标制定，本次以现状为基础制定较低级的生态目标，主要是提供一定的水生生物栖息地需求，不发生水华等严重的生态问题，水体无色无味，符合感官要求，不会对周围的居民健康带来危害。经过相当长一段时间的水生态系统自我不断修复，及相应的河道生态工程的实施，改善河道的其他生境条件，再继续提高生态目标。

4.3.3 计算方法

4.3.3.1 计算方法概述

根据前文对于生态需水计算方法的比较，在本次研究中，根据研究的用途，采用利于城市规划的功能法作为生态需水量的计算的基础，并在功能法的基础上提出了利用外包络线的计算方法。具体计算步骤为：

第一，针对研究区域进行文献调研和现场调研，得到研究区域实际情况及规划目标、生态需水量计算公式库、生态需水量计算参数库、研究区域内生态需水主要承担功能划分情况以及研究区域范围及子区域范围划分；

第二，根据计算区域划分情况以及研究区域实际情况和规划目标，得到计算时段，计算总目标和各研究子区域分布；根据生态需水量计算公式库和计算参数库进行计算公式和计算参数的筛选；

第三，综合计算区域划分情况、计算时段、计算目标、计算公式和参数以及功能划分，得到各分区在各时段及各功能下的生态需水量；

第四，根据木桶效应原理，取各功能下生态需水量的外包络线，得到各分区在各时段下的生态需水量，随后平衡各区域各时段的降水量，得到最终的各分区在各时段下的最小生态需水量。

4.3.3.2 满足各生态功能的生态需水量计算方法

（1）满足生物栖息地功能的生态需水量计算方法

湿地相对于河流来说，由于其水面面积较大，故可近似看作静态水生系统，所以在进行生物栖息地生态需水量计算的过程中，主要以生态水深来控制；同时需要考虑维持该生态水深而补充蒸发渗漏损失的水量。

$$W_1(t_i) = H_{生i}S_i + W_{损}(t_i) \tag{4-17}$$

$$W_1(T) = MAX(H_{生i}S_i) + \sum W_{损}(t_i) \tag{4-18}$$

式中：W_1（t_i）为第 t_i 时段湿地生物栖息地需水量，单位为 $10^4 m^3/a$；$H_{生i}$ 为第 t_i 时段湿地生态水深，单位为 m；S_i 为第 t_i 时段湿地平均水面面积，单位为 ha；$W_{损}$（t_i）为第 t_i 时段湿地水量损失，单位为 $10^4 m^3/a$；W_1（T）为 T 周期内湿地生物栖息地需水量，单位为 $10^4 m^3/a$。

（2）满足稀释净化功能的生态需水量计算方法

生态稀释净化需水量是指在加强城市点源、面源污染防治的前提下，为水生生物提供基本的生境，改善生境水质而需要补充的基本水量。

进行生态稀释净化需水量的计算，首先对水体现状及污染物情况进行调查，确定可能影响生物生存的主要水质问题，选择关键水质因子，以这些因子为主要水质控制目标。根据城市污染物质排放量及其分布，水系的水文、污染物排放等状况，选择适当的水质模型，模拟污染物浓度分布。选择污染不符合生态要求的区域，运用均匀混合模型，计算目标水质条件下的初步需水量，然后选用适当的水文水质模型，计算污染物浓度的分布规律，验证水质满足状况，如果仍然不能满足则增加稀释水量重新验算。最终按照河道、湿地的汇流面积进行稀释需水的分配。具体计算公式如下：

$$Q_{入i}=\frac{(Q_{出i}+K_iV_i)Csi-P_{污i}}{C_{入i}} \tag{4-19}$$

$$W_{2i}=\frac{(W_{出i}+K_iV_it_i)Csi-P_{污i}}{C_{入i}} \tag{4-20}$$

式中：V 为水体体积，单位为 $10^4\mathrm{m}^3$；C 为污染物浓度，单位为 mg/L；$Q_{入}$ 为生态稀释净化需水流量，单位为 $10^4\mathrm{m}^3$；$C_{入}$ 为生态稀释净化需水中污染物浓度，单位为 mg/L；$P_{污}$ 为进入水系的污染物负荷，包括外源和内源污染，单位为 t；$Q_{出}$ 为流出流量，单位为 $10^4\mathrm{m}^3$；$C_{出}$ 为流出水中污染物浓度，单位为 mg/L；K 为污染物综合衰减系数，单位为 d^{-1}；t_i为生态需水计算时段。

（3）满足景观环境功能的生态需水计算方法

人类是城市的主宰，由于人类与生俱来的亲水特性，故生态需水量的一个重要组成部分就是满足人类的景观环境需求的水量。景观环境需水要从水量、水质两个角度分析，水质的需求在生态稀释净化需水的水质目标中确定，即可满足水质要求。故在此进行计算主要从水量的角度来计算。

水量方面主要是为了满足人类的视觉感观（亲水特性）、旅游等功能，水体的景观娱乐功能主要体现在水面的大小与水深上，由于城市建设用地紧张，故湿地面积已经确定，在本次研究中视为定值，故在研究中主要以景观水深为控制参数进行计算，计算公式如下所示：

$$W_3(t_i)=H_{景i}S_i+W_{损}(t_i) \tag{4-21}$$

$$W_3(T)=MAX(H_{景i}S_i)+\sum W_{损}(t_i) \tag{4-22}$$

式中：W_3（t_i）为第 t_i 时段湿地满足景观环境需水量，单位为 $10^4\mathrm{m}^3$；$H_{景i}$为第 t_i 时段湿地景观环境水深，单位为 m；S_i 为第 t_i 时段湿地平均水面面积，单位为 $10^4\mathrm{m}^2$；$W_{损}$（t_i）为第 t_i 时段湿地蒸发渗漏损失，单位为 $10^4\mathrm{m}^3$；W_3（T）为 T 周期内湿地满足景观环境需水量，单位为 $10^4\mathrm{m}^3$。

（4）最小生态需水量的计算

在城市湿地的生态需水计算中，首先应该确定湿地的主要生态功能和存在的生态问题，并根据上文提到过的“木桶效应”原理，分析该湿地适宜的生态目标，选择上述生态需水不同功能下的计算方法。当需要满足几种不同的生态功能，选择不同功能下生态需水的外包络线，即可满足各种功能的需求。

$$W(T)=MAX\{W_1(T),W_2(T),W_3(T)\} \quad (4-23)$$

式中：$W(T)$ 为周期 T 内生态需水量，10^4m^3；其他符号意义同前文。

4.3.3.3 计算时段划分

生物生长比较旺盛的季节主要在春、夏、秋三季，而北京的旅游季节恰好主要是此三个季节，前面两者的时段划分一致。而北京的汛期主要是夏季。考虑到实际计算时，参数主要的差别是春夏秋三季与冬季间的差别，所以在本次研究中无论是降水、蒸发计算还是生态水深的选择都按照四个时段进行计算，四个计算时段分别为：

T_1 时段为 3 月 1 日至 5 月 31 日；

T_2 时段为 6 月 1 日至 8 月 31 日；

T_3 时段为 9 月 1 日至 10 月 31 日；

T_4 时段为 11 月 1 日至次年 2 月 28 日。

计算情景确定。首先，分为平水年、枯水年和丰水年三个较大的情景。其次，由于污水处理厂出水水质以及对于初期雨水的控制会对湿地系统产生重大的影响，因此根据污水处理厂是否对污水进行深度处理及城市是否进行面源污染防治设计 4 个情景，即污水不深度处理且不进行面源污染防治；污水不深度处理且进行面源污染防治；污水深度处理且不进行面源污染防治；污水深度处理且进行面源污染防治。

4.3.4 生态需水重点参数选择

4.3.4.1 用于计算生物栖息地需水量的参数确定

（1）生态水深

由于湿地可看作静水生态系统，故水深就是湿地生物栖息地需水的主要指标，同时由于湿地系统具备较高的自净能力，且其独特水文特征，因此湿地系统不易有过大的生态水深。本次研究借鉴湖泊生态水深研究中[68]“最小”标准仍小的 0.5m 作为基准值，并且可以确定湿地不同时段生态水深值（如表 4－6 所示）。

不同时段湿地生态水深值 **表 4－6**

时段	生态水深
T_1	0.3m
T_2	0.5m
T_3	0.3m
T_4	0.2m

（2）蒸发渗漏损失

根据 2001～2002 年对六海的观测，蒸发渗漏等水量 470 万 m^3，即可计算出单位面积蒸发渗漏损失为 0.9cm/d；通过对龙潭湖的现场调研，每年补水 2～3m，而且还用湖泊中的水灌溉园内绿地，粗算可得蒸发渗漏损失约为 0.8cm/d。对利用地下水补水的奥林匹克森林公园内的碧玉湖补水情况进行调查了解，日平均蒸发渗漏量为 1.6cm。龙潭湖、六海是城区较早的典型湖泊，经过长期的淤积，渗漏量相对较少；而碧玉湖属于郊区较新湖泊，渗漏水量较大。一般来讲，北京河流初冰起始时间在 11 月底或 12 月初；终冰时间由 2 月中旬到 3 月下旬。冰期时间一般在 80～100d，最少是74d，最多是122d，这期间的蒸发渗漏量相应减少，由于缺乏相应时段城区内河湖的蒸发渗漏观测，所以综合上述两种典型的情况，认为年内的蒸发渗漏量是均匀的，本次研究取两个代表损失量的平均值——1.2cm/d作为湖泊蒸发渗漏损失定额[84~87]。

对于湿地系统，水面蒸发渗漏量可以取与湖泊相同的值，但是由于湿地系统有大量的水生植物存在，因此在考虑蒸发渗漏的时候还要考虑植物的蒸腾量。通过对湿地标志性水生植物——芦苇的大量观测，可以得到芦苇的蒸腾量约为1cm/d。因此本研究取2.2cm/d作为湿地蒸发渗漏损失定额。

4.3.4.2 用于计算稀释净化需水量的参数确定

经过文献调研与总结，在本次研究中，水质控制参数可以采用COD、TP、TN。

（1）点源污染估算参数

由于研究区域内为北京市区及周边部分区域，污水截流情况基本达到了100%，故点源排放仅考虑研究范围内的污水处理厂。研究范围内污水处理厂水量情况如所示。对于污水处理厂不进行深度处理的情况，出水浓度根据酒仙桥、北小河与高碑店三个污水处理厂的出水浓度平均得到，即COD浓度40.0mg/L，TN浓度10.0mg/L，TP浓度1.5mg/L；对于污水处理厂进行深度处理的情况，取COD浓度20.0mg/L，TN浓度1.5mg/L，TP浓度0.1mg/L[85~90]。

（2）面源污染估算参数

本次研究的需要稀释的主要污染物还要考虑雨水汇流带入污染物。根据2001~2002年的统计结果，这两年路面径流的COD负荷达到2700~3700mg/m^2，屋面的COD负荷均值达到800~900mg/m^2，选择COD负荷在路面和屋面径流分别为3000mg/m^2、850mg/m^2，根据北京市总体规划，可以得到道路占城市面积的25%，屋面占城市面积的40%，降雨的径流系数为0.9，通过COD与SS、TN、TP的相关关系，可以计算出来其他的污染物负荷[91,92]。对于其他用地类型的污染物负荷（如草地），由于相对较小，故在本次研究中忽略。

4.3.4.3 用于计算景观环境需水量的参数确定

湿地由于其特定的性质，因此不需要制定专门的景观水深，景观需求水深可按照生态水深计算。

4.3.5 小结

本次研究建立了城市生态需水研究和计算方法，并在此基础上，有机地结合北京市的相关规划，预测生态需水量，为制定城市湿地规划，维护城市生态环境提供了基础。

4.4 面源污染控制

城市面源污染是汛期城市水系污染的主要来源之一，因此，在本次进行湿地系统规划的过程中特别对面源污染控制提出了相关的防治措施，以保证河湖水质的清洁，减少污染，保护城市生态环境。

4.4.1 截流初期雨水进行处理

由于城市面源污染主要是由于初期雨水携带的污染物造成的，因此规划建议对初期雨水进行截流，并进行处理，具体方法有：

（1）利用污水处理厂及水质净化用湿地对初期雨水进行处理

规划考虑沿河道两岸建设初期雨水截流管道，将初期雨水就近截流进入污水处理厂进行处理。同时，在条件许可的地区，可在雨水管道上游地区，将初期雨水截流进入污水管道，并送至污水处理厂处理。当进入污水处理厂的初期雨水和污水流量，小于污水处理厂的处理能力范围时，初期雨水和污水在污水处理厂内进行处理；当超过污水处理厂的处理能力范围时，超过部分的初期雨水和污水可被输送至水质净化用湿地进行处理，最后将处理后的初期雨水排放进入自然水体。

（2）利用蓄滞洪湿地对初期雨水进行处理

对于无法法将初期雨水截流入到污水处理厂的地区，如距离蓄滞洪湿地较近的雨水管道，并且地形条件许可，规划考虑可将其截流到蓄滞洪湿地，并在蓄滞洪湿地内建设水质净化湿地，对这其进行处理，再排放进入自然水体。

4.4.2 利用滨水绿地进行面源污染控制

对于通过地表径流直接进入自然水体的初期雨水，规划建议通过对滨水绿地系统的改造实现对这部分面源污染的控制。具体改造方法如图 4－7 所示：

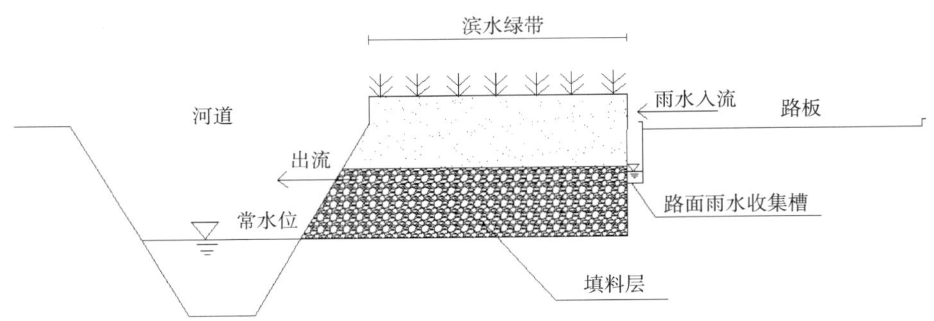

图 4－7 滨水绿地改造示意图

首先，在绿地与道路之间修建路面雨水收集槽，收集雨水；然后，在绿地土壤下设置填料层（主要为沸石、粉煤灰等），将路面雨水收集槽内的雨水导入填料层，对其进行处理；最后，将经填料层处理后的雨水排放进入自然水体。

4.4.3 加强流域污染管理与控制

初期雨水水质恶劣的主要原因在于雨水冲刷所裹携的地面污染物；另外，虽然北京一直在积极开展雨污水分流建设，但是对于雨水管道的管理仍然存在薄弱环节，导致部分污水混流入雨水管道造成河湖污染。因此，控制初期雨水必须与流域综合管理相结合，加强对庭院和道路垃圾的清扫，以及雨水管道的监管力度。

4.4.4 小结

由初期雨水带来的城市面源污染，是汛期城市水环境恶化的重要原因之一，也是建设宜居城市过程中我们所必须要解决的重要问题。本节从利用湿地系统对初期雨水进行处理、改造滨水绿地以及加强管理三个方面对面源污染的控制进行了研究，给出了初期雨水的治理方式，为面源污染控制提供了解决途径。

4.5　绿化隔离带宽度确定

随着城市建设的进一步展开，越来越多的人开始关注滨河景观的利用与开发。人们正试图从行为心理学、美学、生态学和工程学等多个角度诠释滨河景观的价值与功能。滨河景观带不仅是城市天然的风光带，更是城市中理想的生态走廊。但是，大多数城市滨河景观带是在防洪堤的基础进行改造而成，通常为线形或带状，用地较平坦，一般单面临水，与城市道路景观相辅相成。很长一段时间，受“功能至上”思想的影响，滨水带通常采用截弯取直、石砌护坡等方法，追求干练的硬质景观特色。岸线界定了水陆两种不同景观特质元素。传统的工程措施改变了水域岸线的自然特征，只是满足了人类对安全的需求，冷漠的景观特色与生活在城市高速发展时期的人的需求及其价值取向格格不入，城市景观的社会文化价值受到了极大的损害。因此，科学的滨河景观建设对于建立高质量的城市绿线具有积极的意义。

4.5.1　河道绿化隔离带规划建设的原则

4.5.1.1　与城市规划相结合

河道绿化隔离带的建设是城市建设的一部分，因此其建设与规划必须与已有的城市规划相结合，可以说河道绿化隔离带的建设是城市规划的进一步深化。

4.5.1.2　为城市可持续发展服务

城市的可持续发展需要良好的市政基础和安全保障，因此在进行河道绿化隔离带的规划建设过程中，必须要综合考虑市政管线和城市防洪安全等多方面的因素，为城市可持续发展提供条件。

4.5.1.3　突出生态效益

应用生态学原理，以自然生境为摹本，运用天然材料，塑造景观个性，实现景观的可持续发展。这里主要从生物多样性角度出发，努力营造自然生物群落景观特色。

4.5.1.4　保持形式与功能的统一

河道绿化隔离带应满足城市居民在景观、生态、健身、文化、休闲等诸多方面的功能。通过园林空间、植物配置、小品雕塑等供视觉景观享受和文化品位欣赏，使滨水景观绿带外有花园之貌，内有人文蕴涵，为城市居民创造一个优美舒适的文化娱乐、休闲健身、旅游观光的生态花园式的滨水景观带。在建设过程中的调查分析以及后期评价，注重民众的参与，彰显城市风貌的亲和力。

4.5.1.5　延展城市的文脉

延续城市文化景观特色，保护与利用并重，旨在提高景观活力，塑造与城市景观统一协调的滨江风光带。

虽然河道绿化隔离带的建设是现代式的景观设计，但也不能完全脱离本地原有的文化与当地人文历史沉淀下来的审美情趣，不能割裂传统。在处理这个问题时一般有两种方式：一种是保留传统园林的内容或文化精神，整体上仍沿用传统布局，在材料及节点处理上呈现一定的现代感和现代工艺、手法，这是30年代园林师们逐渐从古典园林设计中走出来时采用的一种谨慎小心的做法，即“旧瓶装新酒”；而目前国际景观设计界流行的做法是在设计中汲取“只言片语”的传统园林形式移植入现代景观设计中，使人在其中隐隐约约地感受历史的信息与痕迹。

4.5.1.6 注重居民的亲水性

受现代人文主义极大影响的现代滨水景观设计更多地考虑了“人与生俱来的亲水特性”。在以往，人们惧怕洪水，因而建造的堤岸总是又高、又厚，将人与水远远隔开。而科学技术发展到今天，人们已经能较好地控制水的四季涨、落特性，因而亲水性设计成为可能。如何让人与湖水进行直接接触式的交流，是处理这类景观设计时应着重探讨的。

4.5.1.7 景观需要进行立体设计

在以往景观、园林设计中，景观设计师们非常注重美学上的平面构成原则，甚至到了苛求的地步，去刻意追求平面图案的美观、线型的流畅。但他们忘了景观是使人在其中游憩的场所，人不能一直俯瞰这个景观空间，而对于人的视觉来讲，垂直面上的变化远比平面上的变化更能引起他的关注与兴趣。因而，景观设计不应仅仅是平面设计，而应是全方位的立体设计。纵观现代景观设计的一些名品，无不注重立体层次的设计。立体设计涵盖了软、硬质景观两方面：软质景观如种植乔木、灌木时，应先堆土成坡，再分层高底立体种植；硬质方面则运用上下层平台、道路等手法进行空间转换和空间高差创造。

4.5.2 河道绿化隔离带宽度的确定方法

按照河道绿化隔离带的功能，可以分别确定不同功能需求下河道绿化隔离带的宽度，并在各功能用地的基础上求得河道绿化隔离带的宽度。

4.5.2.1 预留因城市发展拓宽河道的用地

由于目前我国还处于社会主义初级阶段，社会经济和城市规模还有较大的发展空间，因此未来城市建设用地规模很可能突破现有规划，建设区面积的增加将会导致地表径流量的增大。此外，随着城市的发展，对于防洪安全的要求也逐渐增加，随着防洪标准的提高，设计洪水量也会增加。同时，为了统筹城市的防洪管理，城市间的河道还将进行必要的洪峰流量调度。综合以上三个方面，随着城市的发展，城市河道的洪水量将会增加，这必然要求河道进行拓宽。因此，为了保障城市的防洪安全，必须预留一定的河道拓宽用地，从而为将来拓宽河道提供可能性，从而保证城市长期的防洪安全。根据河道洪水计算方法，同时参照北京以往河道治理工程的经验与实例，从长远的角度分析，需要在河道两侧各预留10m用地以预备河道的拓展。

4.5.2.2 保留防汛管理用地

为了保证城市的防洪安全，在河道两侧必须设立一定的闸房等管理设施，一般需要在河道两侧占用5～10m的用地。此外，为了保证汛期抢险车辆能够顺利进入施工现场，需要在河道两侧预留巡河路，已保证车辆通行，需要在河道两侧各预留5～10m用地。同时，在防洪过程中，需要预留一定的抢险作业面和取土空间，根据工程实际情况，抢险作业面和取土空间各需要预留 5 ~ 10m 的用地。综合以上几个方面，在优化各项功能用地的情况，需要在河道两侧各预留 10 ~ 15m 的用地以保证防汛管理的顺利进行。

4.5.2.3 为河道堤防预留用地

为了保证城市的防洪安全，在一些大型排水河道常常要设置堤防，为了保证城市堤防的安全，堤顶一般需要预留 5 ~ 10m 的用地，堤外坡需要预留 10m 的用地，此外，在堤外坡外还需要预留排水沟渠、道路等辅助设施，同时考虑安全距离等因素，需要预留 10m 的用地。综合考虑，为保证河道堤防的安全，在河道两侧各需要预留 25 ~ 30m 用地。

4.5.2.4 为市民提供休憩用地

人与生俱来具有亲水的特性，因此，在河道两侧留用一定的市民休憩用地，是提高人民生活品质，创建宜居城市的必然要求。根据休憩场所植物种植、休闲设施安置等方面的要求，此项功能，需要在河道两侧预留 20 ~ 50m 用地。

4.5.2.5 为城市景观提供滨水空间

蓝线（河道上口线）是规划的水陆用地的分界线，控制滨水建筑后退蓝线距离如同控制街道建筑后退红线同样重要。建筑后退蓝线距离为建筑线距水岸的最小距离，与水体尺度、滨水地形地貌有密切关系，应满足滨水开敞空间、绿化、滨水活动组织的用地要求，与滨水开放空间控制、滨水绿化带控制相统一，与建筑高度控制相协调，以达到舒适协调的空间尺度关系。建筑后退蓝线一般应大于建筑高度，即 $D > H$；此外后退距离因该大于河道上口宽度，以利于创建良好的景观视觉效果。此外，对于不同尺度的水体，要规定不同的最小后退宽度。滨水建筑界面要与空间序列的组织相统一。

综合考虑，为满足景观需要，需要在河道两侧预留至少与河道上口宽度一样的绿化隔离带。

4.5.2.6 为市政管线预留通道

城市市政管线是城市发展的命脉，从城市长远发展的角度，必须预留足够的市政管线通道，以保证城市的长期发展和人民生活品质的不断提高。由于河道具有长度长切连通性好的特点，因此河道的绿化隔离带是预留市政管线通道的理想位置。根据各类管线的铺设要求，如果在河道绿化隔离带内同时安排供水、雨水、污水、中水、供热、燃气、电信、有线电视等管线，需要在河道两侧预留 20 ~ 40m 用地。

4.5.2.7 水源防护用地

城市河道除防洪功能外，部分河道还承担的输水功能。为了保证输水的安全，参照《北京市两库一渠管理条例》，需要在水源河道（京密引水渠）两侧预留 100m 用地。

4.5.3 河道绿化隔离带管理办法

根据北京市《关于划定市区河道两侧隔离带的规定》，在城市建设区范围内的风景观赏河道隔离带，必须逐步进行绿化，形成滨河绿化带。在非建设区的河道隔离带内的土地，可以继续耕种，鼓励植树造林、种花植草。河道隔离带内可以按规划修路，埋设必要的市政管线，修建少量的园林小品及必要的附属设施，如闸房、游船码头等。在隔离带内，不准建造生产和生活用房以及各类临时棚屋，不准堆料、堆垃圾，不准取土挖砂石。个别确属十分必要的施工临时设施，应按临时占地的规定从严审批，并由批准机关监督其在工程完成后立即拆除，恢复地貌。在隔离带内过去经过批准已经建设的单位（不含违章占地的单位），原则上不再扩大用地和新增各类建筑；现有房屋如确需翻建时，应尽可能迁建或退到隔离带以外进行改建，各类新建房屋应一律按规划进行建设。隔离带内的农村居民点和工副业点，原则上也不再扩大用地，可根据批准的农村建设规划进行调整改造，并尽可能多保留一些绿地。凡违反本规定在河道隔离带内占地建房者，均按违章占地和违章建筑处理。

4.6 本章小结

本章从城市湿地系统的面积确定、空间分布确定、绿化带宽度确定、面源污染控制措施和最小生态需水量计算方法五个方面，对湿地系统规划的方法进行了讨论。在城市湿地系统面积计算方法的研究中，分别给出了防洪用湿地、水质净化用湿、景观生态用湿地、调节小气候用湿地、补给地下水用湿地以及景观文化用湿地占地面积的确定原则和方法。在城市湿地系统空间分布确定方法的研究中，分别就各类城市湿地空间分布确定方法。本章最后对绿化带宽度确定、面源污染控制措施和最小生态需水量计算进行了探讨，为湿地规划提供了支持。

第 5 章　北京中心城地区湿地系统规划

城市湿地系统规划是涉及环境、气象、水利、地质、生态、历史、经济、城市规划等诸多学科的复杂规划，本章在前面研究的基础上，从湿地系统的数量、面积、滨水带、面源系统控制等四个方面编制了北京中心城地区湿地系统规划方案，并从湿地系统水源、建设工程投资及运行费用匡算、湿地系统效益评估及湿地系统规划实施及保障措施四个方面对规划方案进行了评估与分析。

5.1　规划依据

1. 《北京城市总体规划（2004～2020 年）》
2. 《北京市中心城控制性详细规划》
3. 《北京市防洪规划》
4. 《北京历史文化名城保护规划》
5. 《北京市绿地系统规划》
6. 《北京市生态需水预测》
7. 《城市生活污水土地处理技术手册》
8. 《海淀北部新区整合规划——水系统专项研究》
9. 《海淀区水系总体规划》
10. 《朝阳区水系总体规划》
11. 《温榆河上游绿色生态走廊规划》
12. 《温榆河绿色生态走廊规划》
13. 《北京市再生水利用总体规划》
14. 《北京市雨水排除总体规划》
15. 《北京市污水排除总体规划》
16. 国家相关法律、法规、规范、标准
17. 研究范围内已编制的相关河道治理工程规划
18. 相关城市湿地的研究成果

5.2　规划目标

5.2.1　规划预期总目标

通过对北京中心城地区湿地系统各种效能的研究，分析出湿地在城市防洪安全、水环境、水生态、水景观、调节水资源、调节小气候、补给地下水、旅游、城市文化品位等方面对北京中心城地区的影响和作用，并充分利用湿地的这些功能作用，结合《北京城市总体规划（2004～2020年）》编制北京中心城地区湿地系统规划，确定北京中心城地区合理的湿地数量及分布，从而改善北京中心城地区的人居生活状况，为把北京市建设成适宜人类居住的城市创造条件。

5.2.2 规划预期具体目标

5.2.2.1 防洪效益目标

1. 蓄滞洪湿地要满足城市防洪要求；

2. 城市河道的行洪能力满足城市防洪排水要求，出中心城地区洪水满足限泄要求。

5.2.2.2 水环境效益目标

1. 经过湿地进一步处理后的再生水达到景观水体水质标准，满足中心城地区河湖水质要求，提升中心城地区水环境质量；

2. 城市河道的出境水质满足河道水质功能区划要求。

5.2.2.3 景观效益目标

1. 北京中心城地区水面面积符合城市最佳水面面积要求；

2. 为中心城地区居民提供适宜休闲场所。

5.2.2.4 生态效益目标

有效保护中心城地区生物多样性。

5.2.2.5 文化效益目标

1. 恢复部分历史古湿地；

2. 有效提升城市文化品位；

3. 增加城市旅游资源。

5.2.2.6 调节小气候效益目标

1. 有效缓解城市热岛效应；

2. 从调节小气候的角度，明确单块湿地建设最小面积。

5.2.2.7 回补地下水效益目标

明确城市补给地下水的位置及补给水量。

5.3 规划时间范围

本次规划的时间范围为：2006～2020年

规划基准年为2004年

规划水平年为2010年（近期），2020年（远期）

5.4 城市最佳的湿地系统面积分析

湿地系统在城市景观中能够发挥其巨大的作用，很大程度上依赖于其提供的水面面积，因此研究湿地系统的景观效能就必须对景观建设影响最佳的湿地系统面积进行分析。

一座城市的水面面积与其自然环境条件、历史水面比例、社会经济发展历程有关。

所谓适宜的水面面积就是在综合分析城市自然条件、水资源可供量、社会发展趋势和经济发展水平等的基础上，确定适合城市各种因素的水面面积。该水面面积不仅要考虑现状水面率，而且更要考虑城市历史水面变化过程，根据水面可恢复性的原则，提出具有超前性、可达性和切合城市实际的城市适宜水面。

本章重点通过与国际、国内同类水资源条件地区的城市对比，得出一个可以借鉴的比例。

5.4.1　北京市中心城地区湿地现状

5.4.1.1　现状湿地面积统计

水量的丰枯变化导致湿地水面具有波动特征，滨水滩地又多为草地覆盖，湿地与绿地边界没有严格的界限，所以导致湿地统计面积数据差异较大。国家林业局组织的全国实地调查，选择了单块面积大于 100hm^2 的湿地，以及河床宽度大于或等于 10m，面积大于 100hm^2 的河流。根据 2003 年海南省开展的全国湿地资源调查试点工作，在 8hm^2 到 100hm^2 之间的湿地面积占全省湿地面积的 20% 以上，推而广之，不同尺度和分辨率条件下的湿地调查结果差异是较大的。不同来源的北京湿地面积数据也存在较大差异，有必要根据规划需求进行较精确的统计。

（1）统计对象

现有规划范围内的城市水面由四部分构成：

- 永定河、北运河和温榆河等处于规划边界的大河；
- 具有季节性水源保障的景观河道；
- 公园湖泊；
- 规划蓄滞洪区；
- 其他零散池塘洼地。

（2）统计手段与方法

➢ 数据来源：以 2004 年 5、6 月 SPOT 遥感影像（分辨率 2.5m/像元）为数据源，参照 CAD 规划图进行定位，对保障供水的水体面积进行逐个统计。

➢ 统计范围：采用北京市提供的 CAD 图范围边界，规划范围总面积为 1618.56km^2。

➢ 统计标准

统计具有水源保障的水面面积

- 北运河、温榆河等常年有水的河道以遥感影像显示水面面积计。
- 具有供水保障的经整治衬砌后的城市景观河、湖，按照满槽面积计算水面。
- 永定河以 50m 宽保障水面计。
- 城市景观河流、湖泊以工程界线内满水面计。
- 蓄滞洪区、零星坑塘等采用遥感影像实际水面的三分之一保障面积计。

◆ 对近年将要实施的水系连通工程也统计在内，如北土城沟东部与坝河的连通工程计入坝河，北护城河与亮马河的连通工程计入亮马河。

（3）统计结果

A. 遥感影像显示实际水面总面积 33.68km^2。水面比例为 2.08%。

B. 按照保障水面统计的结果：

①三条大河 9.659km^2；

②蓄滞洪区规划面积 17.1598km^2，

③蓄滞洪区保障水面 5.72km^2；

④城市景观河流 25.5318km^2；

⑤城市湖泊 6.604km^2；

⑥其他零散支渠、坑塘、洼地 10.6424km^2。

保障水面面积（①③④⑤）合计 47.5148km^2，占规划总面积的 2.94%。若在 2020 年保障水面实现，以预测人口 980 万计，则人均水面 4.85m^2。

最大潜力水面总面积（①②④⑤⑥）合计 79.256km^2，占规划总面积的 4.9%。若 2020 年实现全部水面，以预测人口 980 万计，则人均最大潜力水面 8.09m^2。这一面积的实现取决于蓄滞洪区和支渠、坑塘、洼地水面的充分实现。

5.4.1.2 北京市城近郊区湿地与绿地的不均衡性特征

北京市湿地水面和绿地同时存在不均衡性。湿地面积主要集中西北的海淀山后东部的温榆河地区。绿地重点分布在城市外圈，海淀、丰台、石景山和朝阳四区的绿化覆盖率均超过 40%，而城四区的绿化覆盖率介于 23% ~33% 之间。不均衡性是规划面临的一个重要问题。

城八区 2003 年国土、绿化情况和 2004 年 10 月遥感湿地统计面积　　表 5-1

行政区	海淀	朝阳	丰台	石景山	西城	东城	宣武	崇文	合计
土地面积（km^2）	426.0	470.8	304.2	81.8	30.0	24.7	16.5	15.9	1369.9
湿地面积（km^2）	21.3	24.4	9.21	3.22	1.7	0.476	0.5	0.69	61.5
湿地比例（%）	5	5.18	3.03	3.9	5.7	1.9	3.0	4.3	4.489
绿化覆盖率（%）	46.7	41.1	43.23	42.8	28	28	23.23	33.1	
户籍人口（万人）	178.4	159.8	86.4	33.8	79.7	64.3	56.8	39.6	
人均绿地（m^2）	47.5	60		60					
人均公共绿地（m^2）	13.4	12	11.05	22	11	11			

在城近郊区有 12 个自然生态系统服务盲区。城四区是湿地和绿地最缺乏的区域。东城区沿东四大街两侧的街区，西城区沿西四大街两侧的街区以及前门东、西大街两侧的街区，均是规模绿地（含水面）生态服务功能难以辐射到的盲区。这些服务盲区，也是城市热岛的高强度区，见图 5-1。

北京市城八区 12 个成片的自然生态系统服务盲区　　表 5-2

序号	自然系统服务盲区	行政区
1	东四大街两侧的街区：安定门街道、北新桥街道、交道口街道、景山街道、东四街道、东华门街道、东四街道、朝阳门街道	东城区

续表

序号	自然系统服务盲区	行政区
2	西四大街两侧的街区：金融街街道、新街口街道、展览路街道	西城区
3	大栅栏街道、椿树街道	宣武区
4	前门街道、崇文门外街道	崇文区
5	永定门外街道	崇文区
6	中关村街道	海淀区
7	小关街道	朝阳区
8	望京街道	朝阳区
9	八里庄街道、双井街道	朝阳区
10	方庄地区、东铁匠营街道、大红门街道	丰台区
11	太平桥街道、卢沟桥街道、丰台街道	丰台区
12	首钢公司、苹果园街道、八角街道	石景山区

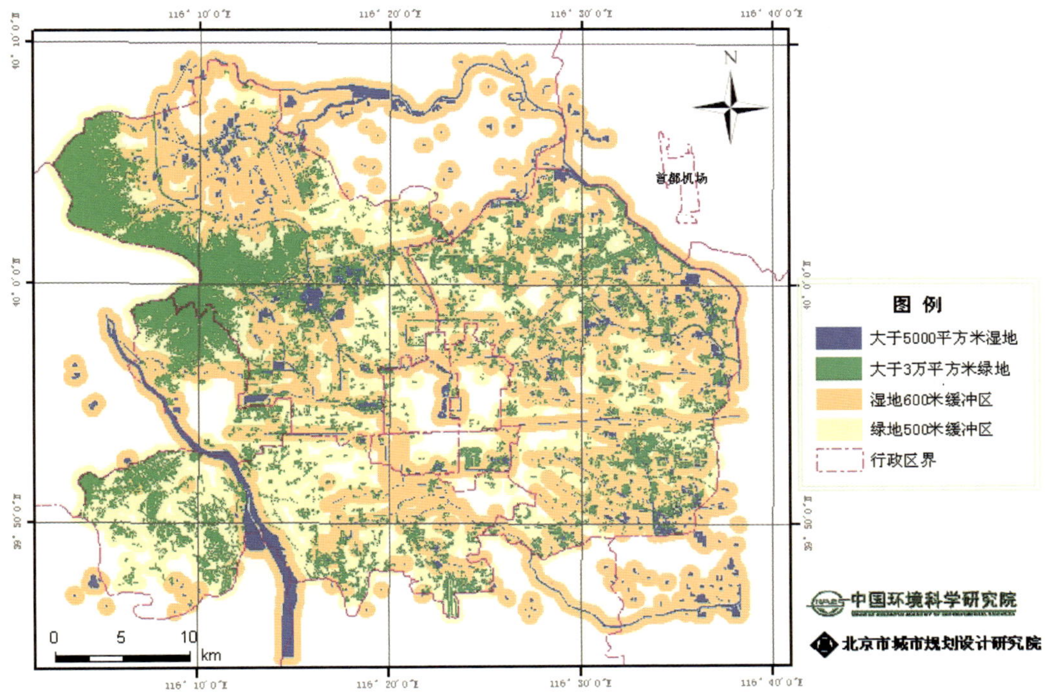

图 5－1　大于 0.5hm² 湿地 600m 半径＼大于 3hm² 绿地 500m 半径服务区范围及服务盲区

5.4.1.3　北京市恢复湿地面积比例的原则

基于湿地对于城市的景观意义，国内外城市湿地比例的综述，以及北京市水资源缺乏和自然生态系统分布不均的现状，提出以下原则：

A. 应尊重历史、自然条件和水资源供给状况确定适宜的湿地面积比例，最大可能循环利用水资源，提高生态功能，保障环境安全。

B. 湿地恢复应优先考虑具有重要历史意义的湿地和自然生态系统服务盲区，同时充分利用雨洪资源恢复蓄滞洪区和沟渠、坑塘。

C. 湿地恢复目标并不强求增加稳定水面面积比例，可根据供水保障条件恢复为草被或季节性水面。

D. 远期水面恢复目标是在丰水年达到最大潜力水面比例 4.9%。

具体内容如下：

（1）大力恢复历史河湖湿地

完善的水系对改善环境与美化城市景观有很大意义，北京城市总体规划修编强调水系是历史文化名城的重要组成部分，认为“城市水系、皇城和旧城基本格局，以及重要文物古迹和有价值的历史建筑是构成北京古都风貌的重要内容。”但是，对《历史文化名城保护规划》提出规划目标是“保护旧城内的历史河湖水系。部分恢复具有重要历史价值的河湖水面，使中心城地区河湖形成一个完整的系统”。历史河湖水系包括护城河水系，古代水源河道，古代漕运河道，古代防洪河道与风景园林水域。在未来的规划中，还应扩大历史河湖水系的保护范围，如古代漕运河道增加清河、萧太后河、温榆河，大胆地提出类似远期恢复前三门护城河这样的内容，如能否将御河全线恢复，等等。

（2）在自然系统服务盲区构建规模绿地或水面

在旧城拆迁的过程中重点落实自然生态系统服务盲区的城市绿化和湿地建设。

（3）全面保护分散的自然河洼地

现有的城市规划仅对边缘集团开展了详规，许多分散的低洼蓄滞洪区在规划上缺乏法律定位，或者已被划入建设开发用地，极易被吞占。应开展湿地勘测详查，制定详规，保护现存的河洼湿地，严禁开发建设中的填埋和占用。

（4）林水相依，水绿一体

湿地比城市林草地具有较高的热容量、具有更丰富的生物多样性。但是，在城市的生态系统中，二者是共同起作用的，孤立地提高哪一类的比例并不恰当。

应强化“林水相依”、“林水一体”的生态保护模式。沿河流建立的绿化带比目前的沿路网建立绿化带的模式生态效益更高。以水养林、以林护水。《北京市城市规划管理局关于划定市区河道两侧隔离带的规定》（北京市人民政府1984年11月15日京政发［1984］126号文件转发公布实施，1994年1日17日经市人民政府批准修订）中，对风景观赏河道和排水河道两侧隔离带宽度有明确的规定，应严格执行，用足政策。

由于河流绿化带的建设在水利和园林两大部门责任不清，成为绿化和绿地系统规划中的薄弱环节。建议在部门行政职能层面上落实河湖滨岸带的绿化职能归属。

（5）推广“集水园林”

推广设计实施低地园林和微地形集雨园林，将“集水园林”的建设制度化。

5.4.2 国际城市水面面积分析

世界上几乎所有的历史名城都和河流紧相毗邻。一些规划新建的首都，如澳大利亚的堪培拉、巴西的巴西利亚，都设计了大面积的河湖作为城市的最重要自然景观，进而成为世界城市规划领域的典范。在法国新城规划时都将邻近的水系、湖泊组织起来，建成向公众开放的休闲场所，丰富其自然景观，满足人们日益增长的休闲需求，巴黎新城马恩拉瓦莱北临马恩河，塞日庞邻近卢瓦兹河。荷兰低地的新城建造了大量的人工湖和排水渠，独具特色。

在查阅了世界上的历史文化名城和世界城市的水面面积比例的资料之后，没有得到一定的规律，内陆城市比例最高的有达拉斯（11.03%）、汉堡（8%）、柏林

(7%),低的有堪萨斯(1.41%)、马德里(1.25%),沿海城市水面比例高的有纽约(13.3%)、华盛顿(10.16%)、大阪(10%),低的有伦敦(1.64%)、东京(1.0%)。不因水面比例大小,却均因河流景观而著称。

与北京降水条件相似的国外城市主要有:巴黎(年降水量619mm)、华沙(年降水量680mm)、汉堡(年降水量700mm)、柏林(年降水量580mm),这几个城市的水面面积比例分别为:3.74%、3.70%、8%、7%,其中汉堡为港口城市,柏林位于欧洲最大的内陆湖区,因此,巴黎及华沙的城市水面面积对北京有较强的参考价值。

保护历史湿地遗存,是历史文化名城和国际城市共同的特点。城市水面的大小与自然地理条件密切相关,不必在比例上盲目贪大。这些城市优美的城市水环境多是曾经经历过工业化时期严重的水污染,历经多年流域综合治理恢复而成的。这些城市的绿化覆盖率高达50%左右。河湖水面和城市森林绿地一起构成了城市的生态质量的调控体系,城市河流与宽阔的滨河带、历史建筑、文化景观联系在一起散发永久的魅力。

5.4.3　国内城市水面面积分析

我国城市水面面积比例差别很大。根据对几十个城市的调查统计[61],南方平原地区城市水面面积比例较大,可达10.0% ~15.0%,如武汉市由于东湖、长江等大水面存在,水面可达25.1%;南京市由于玄武湖和长江等大水面的存在,城市水面面积达15.0%左右。无锡市地处太湖河网地区和梅梁湖和京杭大运河等复杂的河湖系统中,城市水面面积达15.0%;杭州市由于西湖、钱塘江等大水面的存在,水面面积达11.2%;上海市虽然没有较大的湖泊水面,但有苏州河、黄浦江,城市水面比例达5.9%。我国南方丘陵地区和无大水域的中等城市水面面积比例相对要小一些,一般可达5.0% ~15.0%。我国东部地区城市水面面积比例更小些,一般为2.0% ~5.0%。山东省大部分城市水面面积只有0.5% ~1.0%,河南省、湖北省、安徽省等城市水面面积一般在0.2% ~1.0%。我国西部地区城市由于水资源十分短缺,非汛期城市水面面积内有一些人工水面外,基本上接近为零。因此,我国城市水面面积比例见表5-3主要受水资源多少的影响。

我国部分城市水面面积比例　　表5-3

城市名	城区面积 (km²)	建成面积 (km²)	人口 (万人)	水域比例 (%)
武汉	3963.6	202.0	382.1	25.1
无锡	1623.0	—	215.9	15.0
南京	976.0	243.0	264.9	15.0
重庆	600.0	165.0	242.0	11.5
南通	224.0	24.0	74.0	11.5
泰州	—	50.0	58.6	17.5
盐城	583.0	50.0	50.0	3.8
扬州	148.0	45.0	50.0	5.2
连云港	830.0	115.2	62.6	16.3
淮安	100.0	73.0	73.0	10.0

续表

城市名	城区面积（km^2）	建成面积（km^2）	人口（万人）	水域比例（%）
宿迁	530.0	30.0	26.0	5.0
杭州	683.0	105.2	128.7	11.2
绍兴	101.0	25.1	31.2	10.0
丽水	—	33.0	35.4	11.8
福州	1043.0	70.5	139.6	8.2
南平	—	16.4	20.3	8.7
泉州	—	53.2	72.0	15.6
龙岩	—	26.5	25.0	15.0
广州	1443.6	266.0	397.5	7.1
海口	1127.0	34.0	54.3	6.8
徐州	963.0	26.0	240.7	6.7
哈尔滨	1637.0	220.0	329.8	6.2
桂林	565.0	46.5	58.8	6.1
上海	—	869.0	869.0	5.9
昆明	2081.0	125.0	125.0	2.6
太原	177.0	—	159.9	2.6
北京	1370.0	448.0	722.0	2.1
成都	—	92.2	301.0	1.9
长春	3583.0	150.0	292.8	1.6
泰安	—	55.0	50.0	0.8
烟台	2643.6	—	168.5	0.5
郑州	1024.0	—	219.0	0.6
洛阳	—	554.0	145.0	0.9
深圳	2020.0	—	750.0	0.9
焦作	—	371.0	75.0	0.2
新乡	—	187.0	71.0	0.2
安阳	—	247.0	71.0	0.3
濮阳	—	255.0	48.0	1.2

城市河湖水面面积、人均水面面积、水面比例直接关系到城市的舒适度、人居的适宜度以及“亲水”度，是城市生态的重要指标。

王超等根据多年从事城市水生态系统建设规划的实践经验[62]，提出我国城市水面面积比例的建议：一般来说，在我国水资源丰富的长江以南地区城市，水面面积要大些，可达15%～25%，这些城市经济水平、人们的期望值和自然条件可以实现这样的水面比例；在水资源一般的长江与淮河之间的中东部地区的城市，水面面积可以规划在10%～15%；在水资源条件较为短缺的黄河与淮河之间的中东部地区以及东北地区城市，水面面积建议在5%～10%；在水资源短缺的华北地区城市可设计一些景观水域，水面面积建议在1%～5%；在我国水资源特别短缺的西北干旱地区城市，非汛期可不人为设计水面比例。

5.4.4　适宜水面面积比例

综上所述，北京中心城地区水面面积的极限比例为 2% ~5%，鉴于极限情况不宜达到，综合考虑北京的水资源情况以及国内外自然条件类似城市的实际情况，本次研究认为 3% ~4% 为北京较为适宜的水面面积比例。

5.5　北京中心城地区湿地系统规划方案

本节主要研究了北京中心城地区防洪用湿地、水质净化用湿地、景观生态用湿地、历史文化用湿地、调节小气候用湿地以及补给地下水用湿地的占地面积、数量及空间分布，并研究了滨水带、面源污染控制规划方面的内容。

5.5.1　防洪用湿地规划

防洪用湿地主要包括排水河道以及蓄滞洪用湿地。

5.5.1.1　防洪标准

本次规划参照《北京城市总体规划（2004 ~ 2020 年）》、《北京市中心城控制性详细规划》和《北京市防洪规划》确定北京中心城地区的防洪标准为不小于 200 年一遇。中心城内部河道治理要按 20 年一遇洪水为基本不淹没城市主要与水管道出口内顶的标准设计，并根据流域内防护区的重要性、洪水为害程度和防护人口数量确定其校核标准，为 50 年或 100 年一遇；其中南旱河左堤、永定河引水渠、昆玉河左堤、南、北护城河、通惠河高碑店以上段、凉水河亦庄段等按 100 年一遇洪水标准筑堤；凉水河（除亦庄段外）、清河、坝河、通惠河高碑店以下端及其他各支流河道按 50 年一遇洪水标准校核。

5.5.1.2　各流域规划流量计算

1. 通惠河

通惠河流域总面积 214km²，其中规划建设区面积 154km²，农田区面积 60km²。根据《北京市防洪排水规划》中的计算结果，可以得到通惠河规划流量，如表 5 – 4 所示。

通惠河规划流量分析计算成果表　　表 5 – 4

序号	断面名称	规划流量（m^3/s）	
		Q_{20}	Q_{50}
1	高碑店闸	464	566
2	西会村西	570	687
3	普济闸	602	726
4	通州	611	746

2. 凉水河

凉水河流域总面积 408km²，其中规划建设区面积 228km²，农田区面积 180km²。根据《北京市防洪排水规划》和《凉水河（广外大街—通惠排干）治理工程规划》

中的计算结果，可以得到凉水河规划流量，如表5－5所示。

凉水河规划流量分析计算成果表　　表5－5

序号	断面名称	规划流量（m^3/s）	
		Q_{20}	Q_{50}
1	万泉寺铁路桥	183	234
2	分洪道	305	328
3	京津铁路桥	377	475
4	大红门闸	607	763
5	新凤河入口前	657（530）	910（751）
6	通惠排干入口前	864	1077

3. 清河

清河流域总面积210km^2（不包括北长河的流域面积），其中规划建设区面积105km^2，农田区面积94km^2，山区面积11km^2。根据《北京市防洪排水规划》与《清河治理工程规划》中的计算结果，可以得到清河规划流量，如表5－6所示。

清河规划流量分析计算成果表　　表5－6

序号	断面名称	规划流量（m^3/s）	
		Q_{20}	Q_{50}
1	清河老河道入口前	88	103
2	万泉河入口前	158	190
3	小月河入口前	288	357
4	仰山大沟入口前	424	518
5	东小口沟入口前	476	581
6	沙子营桥	554	688
7	入温榆河口	554（316）	688（450）

4. 坝河

坝河流域总面积163.1km^2，其中规划建设区面积73.6km^2，农田区面积89.5km^2。根据《北京市防洪排水规划》、《坝河（北岗子桥—温榆河）综合治理工程规划》以及《坝河（东北城角—和平里北街）治理工程规划》中的计算结果，可以得到坝河规划流量，如表5－7所示。

坝河规划流量分析计算成果表　　表5－7

序号	断面名称	规划流量（m^3/s）	
		Q_{20}	Q_{50}
1	和平里北街	62	63
2	北土城沟入口前	154	178
3	亮马河入口前	218	263
4	北小河入口前	296	369
5	楼梓庄前	432	558
6	入温榆河	442（340）	568（340）

5. 南沙河

南沙河，干流长约15.2km，流域面积约264km²。从1990～1996年，海淀区水利局陆续对南沙河（京密引水渠至海淀区界段）进行过治理，现状河道横断面为土渠梯形断面，上口宽约为20～95m，平均河深约3～4m，不能满足规划防洪排水要求。南沙河沿线的主要设施及建筑物有上庄水库、稻香湖闸、玉河橡胶坝等。海淀区境内，南沙河的主要支流有后沙涧沟、前沙涧沟、后柳林沟、前柳林沟、周家巷沟、宏丰渠、五一排水渠、风格渠、友谊渠、前章村沟、罗家坟排水沟、上庄后河等，南沙河规划流量分析计算成果，见表5－8。

南沙河规划流量分析计算成果表 **表5－8**

序号	断面名称	规划流量（m³/s）	
		Q_{20}	Q_{50}
1	柳林河入口前	240	357
2	稻香湖闸	438	651
3	上庄闸	572	873
4	八达岭高速公路	609	906

5.5.1.3 排水河道规划

根据上述防洪标准，河道规划流量以及省市间排水协议，本次规划确定北京中心城地区的排水河道共133条，总长度为683.9km，面积约3251hm²，如图5－2所示。由于部分河道已经进行了综合整治，因此规划进行综合治理的排水河道共90余条，总长度约392km，总占地面积约1206hm²。同时，规划恢复前三门护城河，新挖水碓湖至红领巾湖连通渠、亮马河首段、青年路沟五环路段、马草河至旱河连通渠、水衙沟至郭水沟连通渠、坝河出口分洪渠等7条新挖河道，总长约15km，总占地面积约56hm²。

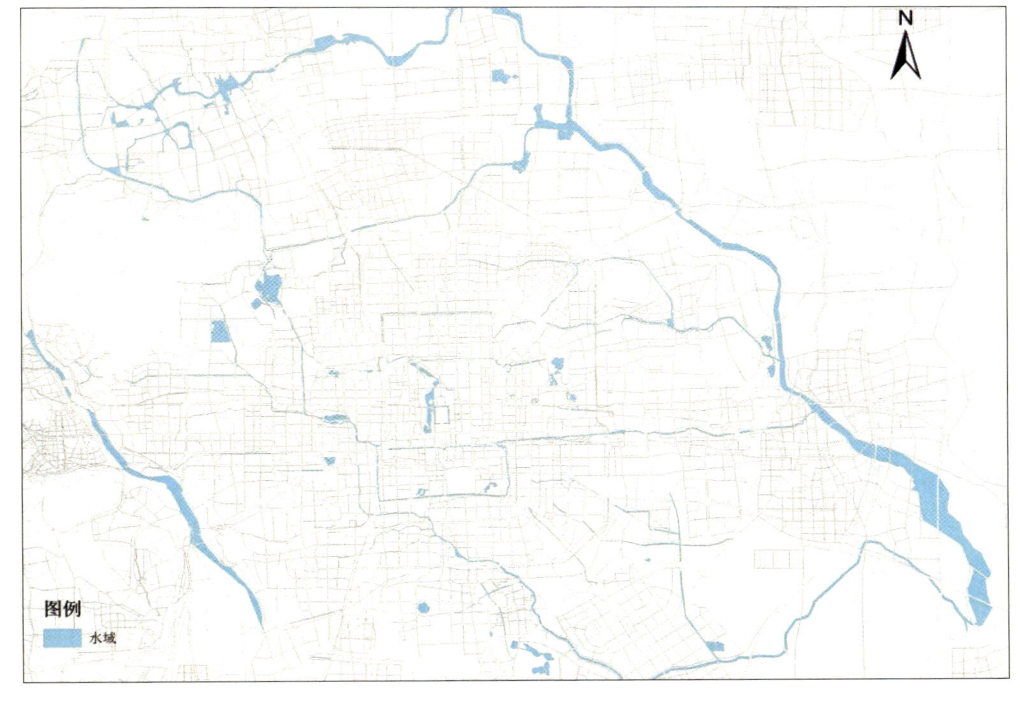

图5－2 河道分布图

研究区域规划保留及新挖河道情况汇总表　　表 5－9

河道名称	明河长度（m）	规划河上口宽（m）	规划占地面积（hm^2）
永定河水系			
隆恩寺沟	1410	4～5	0.6
潭峪沟	2100	7～10	1.6
黑石头沟	2200	10～15	2.7
石府沟	2600	6～10	2.4
油库沟	1630	14～17	2.5
高井沟	3270	30～40	12.0
永定河灌渠	7980	5～30	20.1
永定河	20300	260～1860	346.8
小计	41490		388.7
通惠河水系			
永定河引水渠	22420	6～50	97.3
八大处沟	1140	20	2.3
南旱河	6580	32～41	24.7
香山南支沟	3180	5～8.5	2.5
松林排洪沟	1630	10.5	1.7
前进排洪沟	2360	4～18	2.4
军福沟	3250	22～24	7.8
京密引水渠	5750	20～42	19.4
北长河	3370	18～34	8.2
昆玉河	7370	50～60	41
金河	4600	20	9.2
西郊机场排水沟	2120	19	4
南护城河	15150	60	90.9
前三门护城河（新挖）	6990	33～50	33.3
长河	5360	23～35	14.9
双紫支渠	2240	20	4.5
转河	3700	15～25	6.4
北护城河	6000	24～45	24.5
通惠河（高碑店湖以上）	6920	60	41.5
通惠河（高碑店湖以下）	8030	68	54.6
工体水系上段	430	30	1.3
平房灌渠	1290	10～15	1.4
二湖连接渠（新挖）	1770	26	4.6
二道沟	5360	20～40	18.1
红领巾退水渠	420	33	1.4
青年路沟（局部新挖）	4400	18	7.9
咸宁侯沟	3200	30	9.6
小计	135030		535.4
清河水系			
清河	23040	46～91	192.6
北旱河	5220	25～28	13.9
北旱河北支沟	2130	7	1.5
清河故道	1200	30	3.6

续表

河道名称	明河长度（m）	规划河上口宽（m）	规划占地面积（hm^2）
清河水系			
万泉河	7470	12～30	11.0
圆明园退水渠	940	17.5	1.6
北土城沟上段	4010	28	11.2
小月河	5180	39	20.2
清河导流渠	6600	10～55	17.3
仰山大沟	2120	28～50	9.4
七号渠	3710	10～15	5.2
东小口沟	5000	24～34	15
十号渠	1640	15	2.5
十排干	5530	15	8.3
回龙观排水沟	2600	15	3.9
北苑排水沟	2310	20	4.6
雷桥村东排水沟	1460	24	3.5
沙总排水沟	3420	30～32	10.5
小计	83580		335.8
坝河水系			
坝河	21700	20～80	150.6
北土城沟下段	6100	28	17.1
安家楼排水沟	1010	10	1.0
亮马河（其中首段新挖）	9510	24～65	40.5
亮马河故道	900	5～30	1.9
五环路排水沟	2720	23	6.2
北小河	15470	44～60	82.4
羊坊灌渠	3370	20	6.7
紫月亮排水沟	6270	30	18.8
沈家坟干渠	9080	18～25	20.1
辛店排水沟	2580	45	11.6
望京沟	4430	35	15.5
黑桥三干沟	1500	20	3.0
草场地排水沟	4250	20	8.5
东金楼排水沟	1910	20	3.8
曹各庄排水沟	3220	20	6.4
坝河出口分洪渠（新挖）	1330	55	7.3
半截河	2180	36	7.8
小计	97530		409.2
温榆河水系			
温榆河	22400	300～500	430.0
半壁店沟	7490	16～40	18.8
七燕干渠	8550	20	17.1
三排干	1230	15	1.8
一排干	1030	15	1.5
十五排干	360	15	0.5
二排干	650	15	1.0

续表

河道名称	明河长度（m）	规划河上口宽（m）	规划占地面积（hm^2）
温榆河水系			
辛堡西沟	1750	24	4.2
西干沟	7240	14～24	13.8
沈干七支渠	3340	20	6.7
孙河干沟	3800	20～30	10.5
前苇沟	2230	24	5.4
金盏老河湾	4610	37～200	0.0
平房干渠	2150	12	2.6
小厂沟	5800	21～36	11
朝阳干渠	6340	16	10.1
长营沟	760	30	2.3
小计	79730		537.3
凉水河水系			
新开渠	6880	15～30	19.4
莲花河	4200	30～42	16.5
凉水河	13450	42～120	122.6
水衙沟	3660	30～40	12.8
水衙支沟	1380	12～16	2.1
郭水沟	640	10	0.6
水衙沟郭水沟连通渠（新挖）	570	10	0.6
高万沟	1640	16	2.6
丰草河	5100	30	15.3
分洪道	750	44	3.3
马草河	14150	20～30	40.2
马草河故道	1710	14	2.4
旱河	4790	24	11.5
马草河旱河连通渠（新挖）	840	20	1.7
小龙河	10580	16～40	34.7
凉凤灌渠	4120	20	8.2
黄土岗灌渠	12020	16	19.2
葆李沟	4700	20～30	10.6
大羊坊沟	7460	40	29.8
横街子沟	3930	20	7.9
肖太后河	12240	30～80	67.1
东南郊灌渠	8160	20	16.3
通惠排干	5720	26～60	22.2
通惠灌渠	9920	20～27	22.1
大柳树沟	8260	20	16.5
大柳树支沟	1050	20	2.1
观音堂沟	3740	18～24	8.0
大稿沟	6890	24	16.5
小计	158550		532.8
南沙河水系			
南沙河	15000	111～350	235

续表

河道名称	明河长度（m）	规划河上口宽（m）	规划占地面积（hm^2）
南沙河水系			
后沙涧沟	6600	31～71	39.6
前沙涧沟	4700	8～14	5.64
后柳林沟	4045	20	8.09
前柳林沟	4400	26	11.44
周家巷沟	4020	58～111	32.16
温泉沟	3529	52～122	35.29
东埠头排水沟	6854	6～55	20.56
大寨渠	2422	17.4	4.21
团结渠	5633	30	16.90
宏峰渠	6629	28～78	33.15
五一排水渠	5150	24～30	12.88
风格渠	4340	24～32	13.02
友谊渠	4740	25	11.85
前章村沟	3700	38	14.06
罗家坟沟	2440	30	7.32
上庄后河	3800	26～31	10.64
小计	88002		511.8
总计	683900		3251

5.5.1.4　蓄滞洪区规划

首先，本次规划按照《北京城市总体规划（2004～2020 年）》、《北京市中心城控制性详细规划》确定了防洪原则为“西蓄东排，南北分洪”；然后，按照此原则，为保障城市上游地区的洪水不进入中心城地区，在通惠河流域布置蓄滞洪区蓄滞城市上游洪水；其次，为满足城市间排水协议要求的河道下泄流量，在清河、南沙河、坝河流域布置蓄滞洪区蓄滞流域内的洪水；最后，为了解决区域排水问题，在凉水河流域安排蓄滞洪区。

据此，本次规划在北京中心城地区共规划 15 处蓄滞洪用区，面积约 1075hm^2，得到结果如表 5－10、图 5－3～图 5－8 所示。

各蓄滞洪区面积及调蓄水量汇总表　　表 5－10

流域	蓄滞洪区	面积（hm^2）	调蓄水量（$\times 10^4 m^3$）		
			20 年一遇	50 年一遇	100 年一遇
通惠河流域	西郊砂石坑	65	280	390	500
	南旱河蓄滞洪区	146	98.0	151.7	221.6
	玉渊潭	40	60	60	60
	小计	251	438	601.7	781.6
凉水河流域	三海子蓄滞洪区	131	150	260	260
	通汇排干出口蓄滞洪区	56	112	112	112
	小计	187	262	372	372

续表

流域	蓄滞洪区	面积（hm^2）	调蓄水量（$\times 10^4 m^3$）		
			20 年一遇	50 年一遇	100 年一遇
清河流域	万泉庄蓄滞洪区	36	95	95	95
	沈家坟水库蓄滞洪区	86	172	172	172
	沙子营蓄滞洪区	98	119	240	240
	小计	220	386	507	507
坝河流域	水碓湖	54	64	64	64
	千亩湖	88	不启用	54	54
	坝河出口蓄滞洪区	133	96	253	253
	小计	275	160	371	371
南沙河流域	现状水库	67	130	130	130
	苏家坨蓄滞洪区	54	80	80	80
	西玉河蓄滞区	3	4.8	4.8	4.8
	南沙河河湾蓄滞洪区	18	10	10	10
	小计	142	224.8	224.8	224.8
总计	15 处	1075	1470.8	2076.5	2256.4

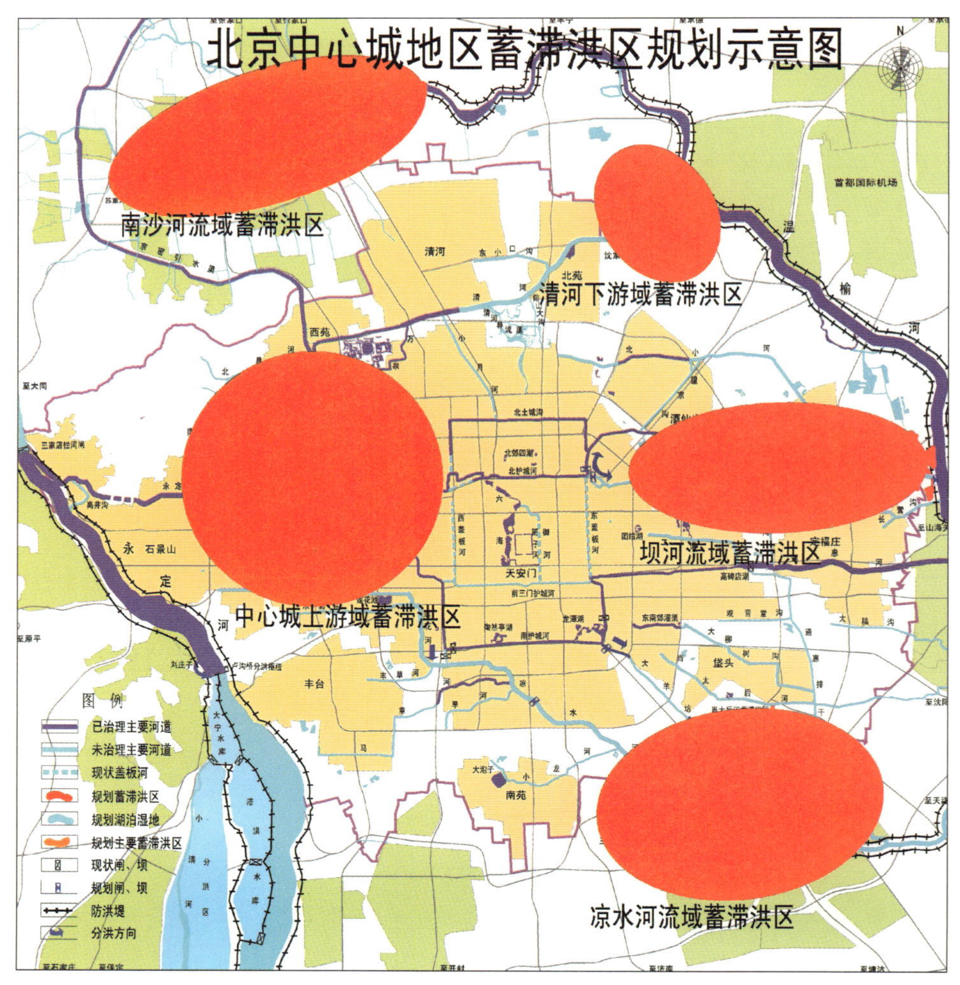

图 5-3 蓄滞洪用湿地分布图

图 5－4　通惠河流域蓄滞洪区分布图

图 5－5　坝河流域蓄滞洪区分布图

图 5－6　凉水河流域蓄滞洪区分布图

图 5－7　清河流域蓄滞洪区分布图

此外，对于蓄滞洪区内的常水面有如下考虑：

➢ 规划对蓄滞洪区全部均综合利用，平战结合，充分发挥其蓄洪、水质净化、景观、回灌地下水、雨洪利用、补给地下水、调节气候的作用；

➢ 承担景观功能的蓄滞洪区内规划常水面面积不小于 30%；

➢ 规划提高蓄滞洪区使用频率，充分利用高频率雨水；

➢ 与水质净化用湿地结合的蓄滞洪区保障常水面。

据此，本次规划蓄滞洪区共 15 处，面积 1075hm^2，其中常水面面积约为 633hm^2，占蓄滞洪区总面积的 59%，详见表 5－11。

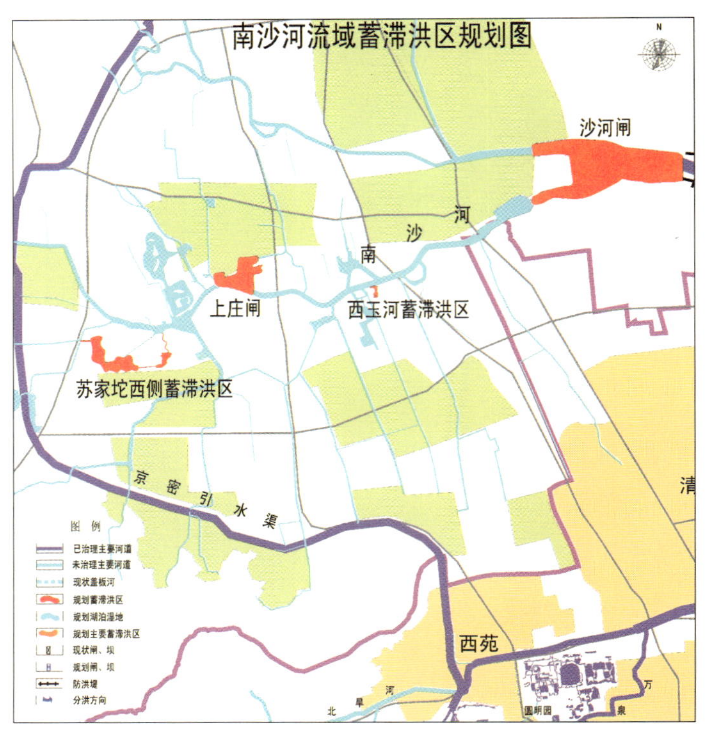

图 5－8 南沙河流域蓄滞洪区分布图

各蓄滞洪区常水面面积及功能汇总表 **表 5－11**

蓄滞洪区	面积（hm^2）	常水面面积（hm^2）	常水面比例	景观	水质净化	补给地下水	调节小气候
西郊砂石坑	65	19.5	30%	√		√	√
南旱河蓄滞洪区	146	43.8	30%	√		√	√
玉渊潭	40	40	100%	√			√
三海子蓄滞洪区	131	75	57%	√	√		√
通汇排干出口蓄滞洪区	56	56	100%	√	√		√
万泉庄蓄滞洪区	36	10.8	30%	√		√	√
沈家坟水库蓄滞洪区	86	60.2	70%	√	√		√
沙子营蓄滞洪区	98	68.6	70%	√	√		√
水碓湖	54	54	100%	√			√
千亩湖	88	88	100%	√	√		√
坝河出口蓄滞洪区	133	15	11%	√	√		√
现状水库	67	67	100%	√			√
苏家坨蓄滞洪区	54	16.2	30%	√			√
西玉河蓄滞区	3	0.9	30%	√			√
南沙河河湾蓄滞洪区	18	18	100%	√			√
总计	1075	633	59%				

5.5.1.5 小结

本次规划在中心城地区共建设防洪用湿地 $4326hm^2$，其中排水河道 $3251hm^2$，蓄滞洪用湿地 $1075hm^2$。可以满足北京中心城地区的防洪排水要求。

本次共规划排水河道共 133 条，总长度为 683.9km，面积约 $3251hm^2$。其中需要进行综合治理的排水河道共90余条，总长度约392km，总占地面积约1206hm^2；规划恢复前三门护城河，新挖水碓湖至红领巾湖连通渠、亮马河首段、青年路沟五环路段、马草河至旱河连通渠、水衙沟至郭水沟连通渠、坝河出口分洪渠等7条新挖河道，总长约15km，总占地面积约56hm^2。本次共规划蓄滞洪区15个，面积约1075hm^2。其中，新挖蓄滞洪区13个，面积约960hm^2；全部蓄滞洪区中常水面面积为633hm^2，占蓄滞洪区总面积的59%。

以上防洪用湿地的实施可以满足中心城防洪标准，同时减少出境洪水并适当解决超标洪水的出路问题，从而保障中心城地区的防洪安全。

5.5.2　水质净化用湿地规划

因目前北京中心城地区河湖水质较差的主要原因之一是城市污水处理厂出水水质不能达到景观水体的要求，为改善河湖水质，规划利用人工湿地系统对污水处理厂的二级退水进行深度处理，这些湿地主要安排在规划绿地和蓄滞洪用湿地内。

研究区域内，2万吨/天以上的现状与规划污水处理厂共21处，其中中心城地区16座，分别为：卢沟桥污水处理厂、小红门污水处理厂、吴家村污水处理厂、高碑店污水处理厂、五里坨污水处理厂、酒仙桥污水处理厂、东坝污水处理厂、清河污水处理厂、北苑污水处理厂、垡头污水处理厂、定福庄污水处理厂、郑王坟污水处理厂、回龙观污水处理厂、北小河污水处理厂、肖家河污水处理厂、方庄污水处理厂；南沙河流域2座，分别为温泉污水处理厂、永丰污水处理厂；通州1座，为通州新城污水处理厂；温榆河流域2座，分别为南沙河污水处理厂及北七家污水处理厂。

由于北小河污水处理厂、肖家河污水处理厂、方庄污水处理厂、回龙观污水处理厂、温泉污水处理厂、永丰污水处理厂、通州新城污水处理厂、南沙河污水处理厂及北七家污水处理厂处理深度将全部达到中水标准，已满足规划的景观水体标准，故本次规划不考虑再为其安排水质净化用湿地。

由于郑王坟污水处理厂为远期建设污水处理厂，本次规划也暂不考虑安排新增水质净化用湿地。

由于清河污水处理厂、小红门污水处理厂、高碑店污水处理厂、定福庄污水处理厂处理规模较大，二级退水水量较大，需要新增的水质净化用湿地面积较大，污水处理厂周边用地不能满足要求，此外，经核算，其退水能够分别满足清河下段、凉水河下段、通惠河下段和大稿沟的生态流速要求，河道内不会发生水华，故本次规划在安排这四个污水处理厂的水质净化用湿地时，按照现有用地情况进行安排，从而改善这四个河段的水质。

综上所述，需要用于深度处理各污水处理厂退水的水质净化用湿地共有11处，面积约472.5hm^2，可深度处理污水$112\times10^4m^3/d$，如表5-12所示。在需要新增的水质净化用湿地中有120hm^{2}需要通过对污水处理厂的绿地改造实现，占总面积的25.40%；352.5hm^{2}可以结合污水处理厂周边的蓄滞洪区建设进行，占总面积的74.60%。可以发现，通过对蓄滞洪湿地的利用，有效地节约了城市用地，如表5-12所示。

用于深度处理各污水处理厂退水的湿地表 **表 5－12**

污水处理厂名称	需要深度处理量（$\times 10^4 m^3/d$）	需要湿地面积（hm^2）	备注
卢沟桥	1	5	规划利用污水处理厂周边绿地进行湿地建设
吴家村	1	5	规划利用污水处理厂周边绿地进行湿地建设
五里坨	1.5	7.5	规划利用污水处理厂周边绿地进行湿地建设
酒仙桥	3	15	规划利用千亩湖蓄滞洪区进行建设
东坝	3	15	规划利用坝河出口蓄滞洪区进行建设
北苑	4	20	规划利用清河出口蓄滞洪区进行建设
垡头	10.5	52.5	规划利用通惠排干蓄滞洪区进行建设
清河	25	125	规划利用沈家坟及清河出口蓄滞洪区进行建设
小红门	15	75	规划利用三海子蓄滞洪区进行建设
高碑店	38	102.5	规划利用污水处理厂周边绿地进行湿地建设
定福庄	10	50	规划利用通惠排干蓄滞洪区进行建设
总计	24	472.5	

注：高碑店污水处理厂的需要湿地面积为根据实际用地情况量测得到。

根据各污水处理厂需要湿地面积，结合北京市中心城地区控制性详细规划及新城规划，得到水质净化用湿地处理系统分布图，如图 5－9 所示。

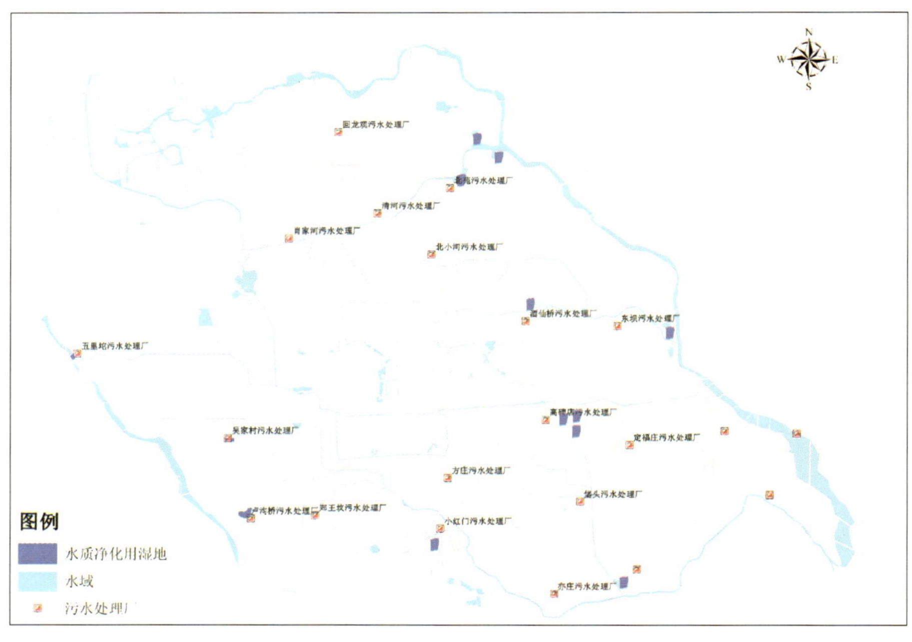

图 5－9 水质净化用湿地分布图

5.5.3 景观生态用湿地规划

5.5.3.1 景观湖泊规划

根据《北京城市总体规划（2004～2020 年）》、《北京市中心城控制性详细规划》，规划景观湖泊有 57 个，水面面积约 1309hm^2，如表 5－13 所示。其中新挖及改建湖泊共 35 个，水面面积 643.3hm^2。

研究区域内湖泊汇总表（单位：hm^2）　表 5－13

湖泊名称	湖泊水面面积	湖泊名称	湖泊水面面积
昆明湖	196.98	动物园湖	2.62
圆明园	134.4	展览馆后湖	2.42
紫竹院湖	12.5	莲花池	27.33
广外青年湖	1	东小口湖＊	5.5
大观园湖	1	紫玉湖＊	4.88
北郊四湖	11.4	朝来湖＊	2.16
六海	124.2	师家南湖＊	2.47
陶然亭湖	15.22	西园北湖＊	0.97
大泡子湖	38.39	西甸湖＊	19.49
八一湖	7.3	坝河北湖＊	6.03
姜庄湖	2.78	后五里湖＊	4.76
团结湖	4.52	安家楼湖＊	6.78
龙潭湖	35.1	驼房营东湖＊	4.88
香江别墅南湖	3.97	将台湖＊	9.17
红领巾湖	20.87	曹各庄湖＊	93.76
窑洼湖	2.2	平房公园湖＊	12.39
南马场水库	1.8	小厂南湖＊	27.72
高碑店湖	16.19	兴隆公园湖＊	3
工体湖	3.2	南花湖＊	12.21
永引渠南湖＊	38.31	大山子湖＊	11.88
小郭庄湖＊	23.79	肖太后湖＊	19.14
玉泉山湿地＊	20.77	花墙子湖＊	18.51
园外园湖＊	12.54	横街子湖＊	2.96
岳各庄湖＊	2.71	小龙湖＊	6.22
黄土岗湖＊	7.92	西北门湖＊	92.54
郭公庄湖＊	10.93	长店湖＊	6.92
大泡子北湖＊	23.5	东窑湖＊	65.63
奥运公园水系＊	48	金楼湖＊	6.7
清羊湖＊	8.13		
合计	1309		

注：表中＊的湖泊为新挖或者改建湖泊。

5.5.3.2　景观河道规划

城市河道一般均具有景观功能，本节所列规划景观河道，为不承担排水功能的纯景观河道。根据《北京城市总体规划（2004～2020 年）》、《北京市中心城控制性详细规划》，规划保留及新挖的纯景观河道有 3 个，分别为御河、筒子河及菖蒲河，其中御河为新挖河道。规划景观河道总长 5km，规划总占地面积 20hm^2。

研究区域规划景观河道汇总表　表 5－14

河道名称	明河长度（m）	规划河上口宽（m）	规划占地面积（hm^2）
御河（新挖）	1060	15	1.6
筒子河	3440	52	17.9
菖蒲河	500	10	0.5
合计	5000		20

5.5.3.3 小结

本次规划在中心城地区共建设景观用湿地1329hm²，其中景观湖泊1309hm²，景观河道20hm²。如图5－10所示，景观湿地均匀分布在中心城地区，提高了城市的景观效能及文化品位。

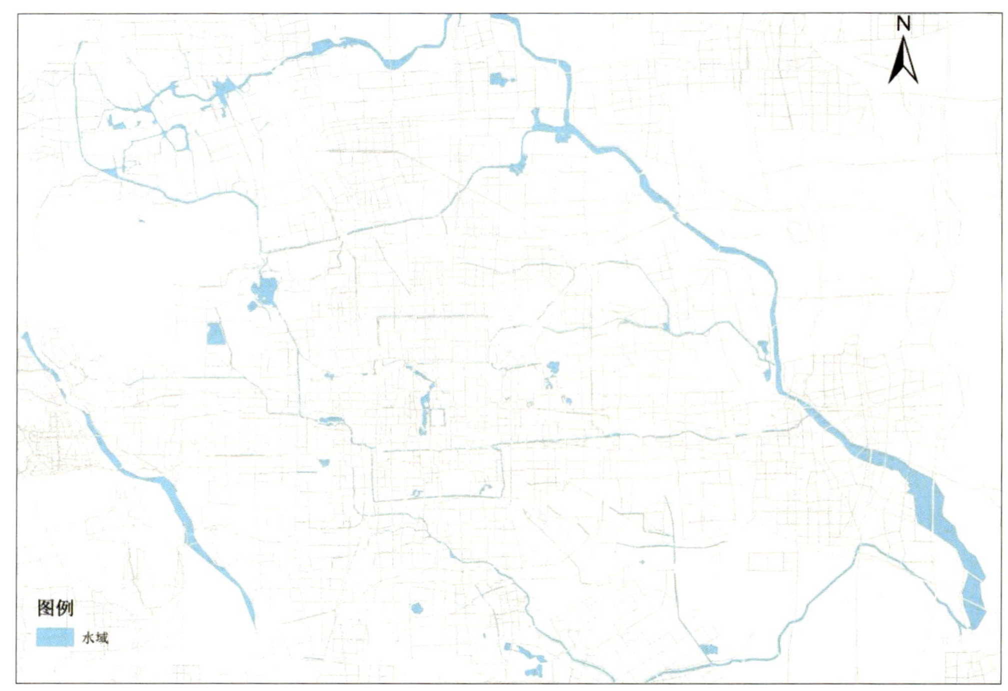

图5－10 北京中心城地区水系分布图

5.5.4 历史文化用湿地规划

5.5.4.1 需要恢复的历史河道规划

参照《北京历史文化名城保护规划》，研究范围内需要恢复的历史河道主要为菖蒲河、前三门护城河和御河，如图5－11所示。

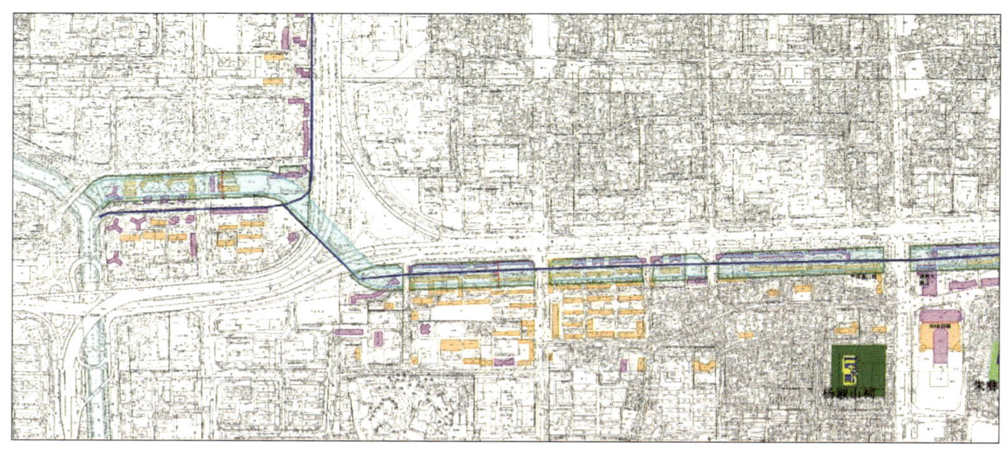

a. 前三门护城河规划图（西段）

图5－11 历史河道恢复规划图

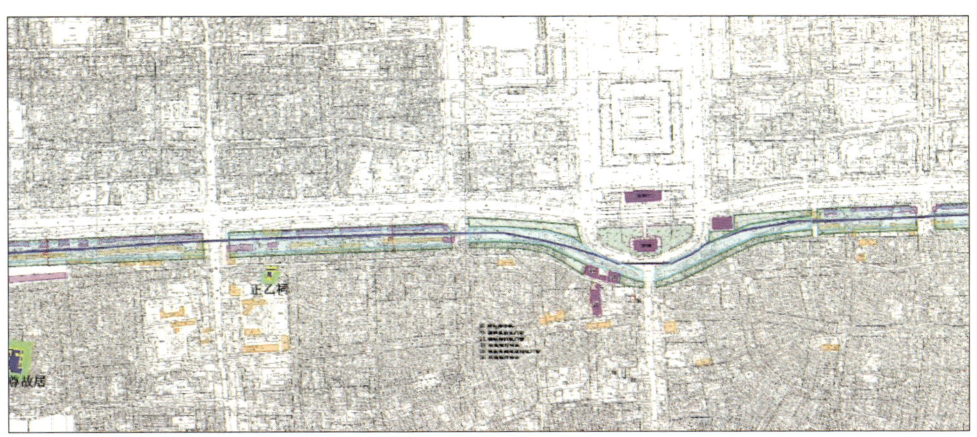

b. 前三门护城河规划图（中段）

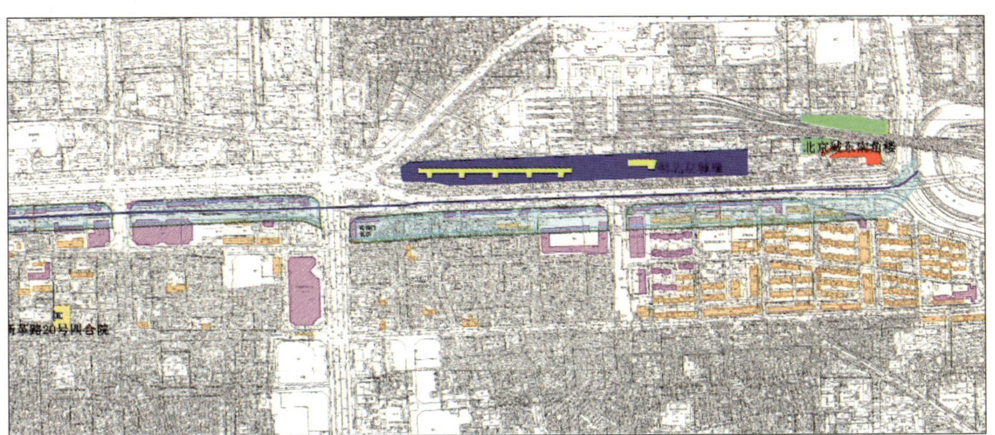

c. 前三门护城河规划图（东段）

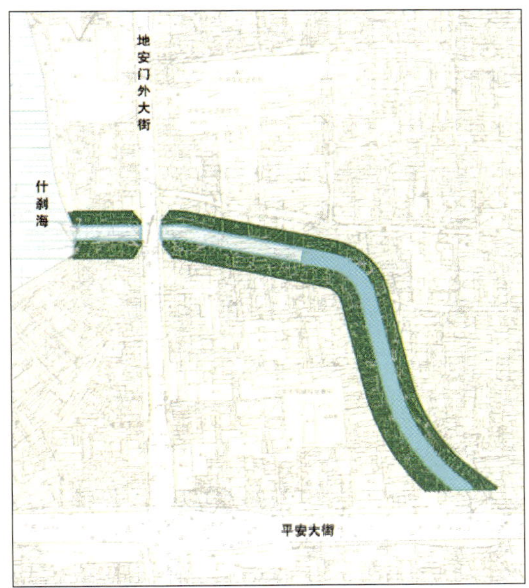

d. 御河规划图

图5－11 历史河道恢复规划图（续图）

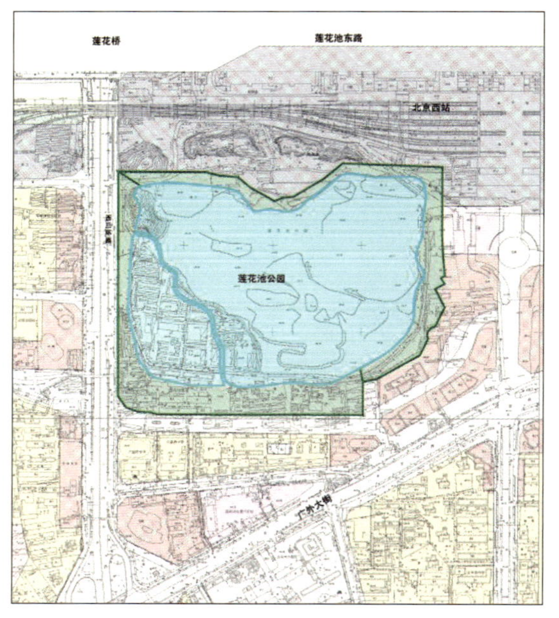

a. 莲花池规划图

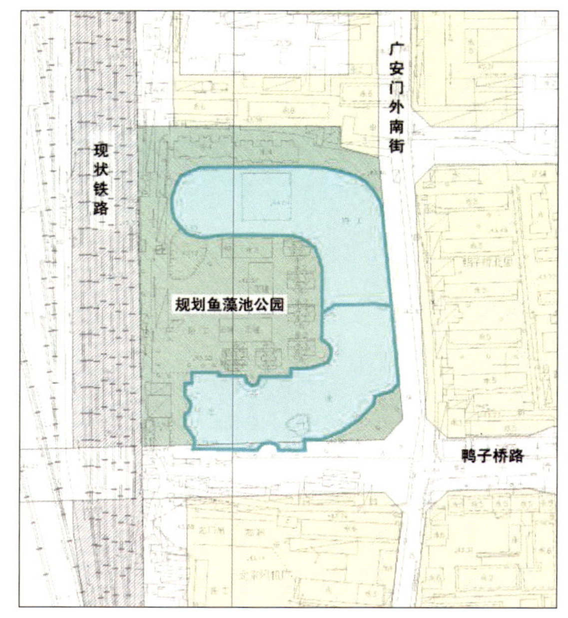

b. 鱼藻池规划图

图 5－12 历史湖泊恢复规划图

5.5.4.2 需要恢复的历史湖泊规划

参照《北京历史文化名城保护规划》，研究范围内需要恢复的历史湖泊主要为鱼藻池和莲花池（局部），如图 5－12 所示。对于西郊的高水湖、养水湖，规划认为可以结合南水北调以及山区雨洪利用措施，在北京地下水资源逐步恢复以及玉泉山泉水复流的基础上，适时进行恢复。

5.5.4.3 小结

本次规划在中心城地区恢复的历史古河道 2 条，分别为前三门护城河及御河；恢复的历史古湖泊 2 个，分别为鱼藻池及莲花池（局部），如图 5－13 所示。

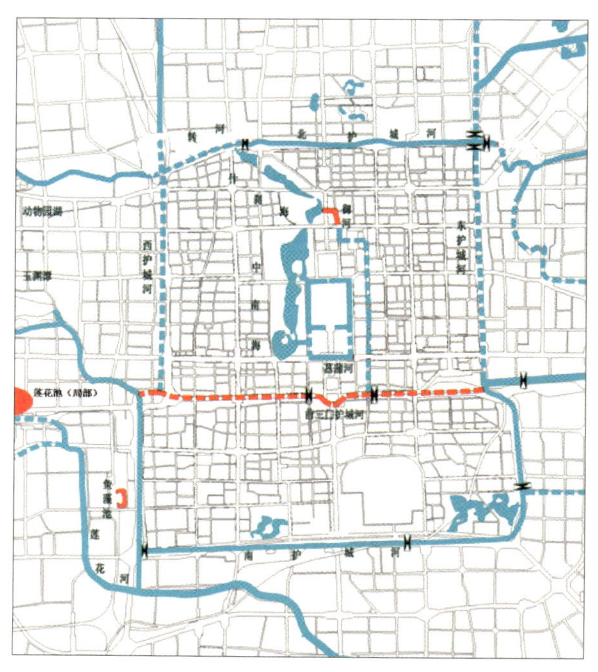

图 5－13 历史古湿地恢复规划图

5.5.5 调节小气候用湿地规划

根据从气象卫星遥感反演的北京市地表辐射亮温的结果，北京中心城热岛的主要集中区域为大栅栏地区，考虑大栅栏地区位于中心城地区，用地十分紧张，规划考虑充分发挥各类湿地的综合效能，不单独规划气候调节用湿地。

在大栅栏地区，规划考虑利用前三门护城河，以及上风向的六海、筒子河等水系缓解大栅栏地区的热岛效应。但规划认为需要在下一工作中，结合该地区修建性详细规划安排湿地，以进一步缓解该地区的热岛效应。

5.5.6 补给地下水用湿地规划

由于北京市的水资源的匮乏，目前地下水资源超采现象严重，已经造成了较为严重的后果，如地下水质恶化、地面沉降等。因此，建设补给地下水用湿地是十分必要的。但是，由于土地、资金、水资源量等方面的限制，补给地下水用湿地的面积不宜过大。为了充分发挥湿地的多重效益，本次规划考虑结合西部西郊沙石坑、南旱河和万泉庄等蓄滞洪用湿地的建设进行补给地下水用湿地的建设，总面积 247hm^2。

5.5.7 小结

综上所述，北京中心城地区共规划湿地 5775hm^2，其中防洪用湿地 4326hm^2（其中排水河道 3251hm^2，蓄滞洪用湿地 1075hm^2）；水质净化用湿地 120hm^2（除去与蓄滞洪用湿地重复部分）；景观生态用湿地 1329hm^2（其中景观湖泊 1309hm^2，景观河道 20hm^2）；历史文化用湿地规划、调节小气候用湿地以及补给地下水用湿地规划结合其他湿地类型进行建设，故在面积统计时不再重复统计。规划方案完全实施后，北京中心城地区内湿地面积占总面积的 3.13%，北京中心城地区内人均湿地面积 6.08m^2，提高了城市的景观效能。通过水质净化用湿地达到了改善城市河湖水系水质的目的；通过防洪用湿地解决了中心城地区的防洪排水问题。此外，通过湿地系统地建设还改善了生态环境，并且提升了城市品位。对比《北京城市总体规划（2004～2020 年）》以及《北京市中心城控制性详细规划》，本次规划主要增加了 120hm^2 水质净化用湿地，各类湿地分布，见图 5－14。

图 5－14 各类湿地分布总图

5.6 绿化隔离带规划

纵观城市发展的历史，从某种意义上说，城市是在需求的层次推演进程中，由个体的经营向集聚效益的转变，由自发演变向系统规划飞跃。而其中，江河不仅孕育了文明，更成为城市景观风貌的重要组成部分，生态环境良好、优美生动的滨水带往往成为都市人引以为傲的城市亮点。现今，水域的利用由简单的水利、防洪处理，转化成从美的本质出发，以人的需求为主要研究对象，以生态学理论为指导，运用新材料、新技术，涵盖物质和精神多个层面的规划建设活动，因此一个优秀的滨水带规划将为宜居城市的建设增添靓丽的一笔。

5.6.1 北京中心城地区河湖绿化隔离带规划

编制湿地系统规划时，要注意到城市滨水带规划的问题，具体体现在需要规划出各类湿地的绿化隔离带，作为城市开放空间，创建舒适的人居环境，并保护生态。

城市滨水带的规划与设计不但涉及水利，同时也牵扯着大量的城市设计工作，在本次规划中，受到时间制约，只对湿地系统的绿化隔离带进行了划定，在空间上为滨水带设计预留了足够的用地，对于滨水带中城市设计及建筑设计部分的内容没有进行深入的研究。

根据滨水带建设的原则，需要根据河湖的规模以及功能定位，并参照北京市人民政府“关于划定郊区主要河道保护范围的规定”（京政发［1986］51号文件），以及北京市水利局在1994年发“关于划定河道隔离带和管理范围的意见”（京水管［1994］109号文件），进行绿化隔离带宽度的划定，绿化隔离带的宽度为20～200m不等，详见表5－15、图5－15。其中，一般排水河道绿化隔离带宽度为20～50m，较大排水河道绿化隔离带宽度为50～70m，一般景观河道绿化隔离带宽度为50～100m，重要景观河道绿化隔离带宽度为70～200m，水源河道绿化隔离带宽度为70～100m，湖泊河道绿化隔离带宽度为30～50m。

各类河湖绿化隔离带宽度表　　表5－15

河湖类别	绿化隔离带宽度（m）	举例
一般排水河道	20～50	友谊渠、五一渠、丰草河、大柳树沟等
较大排水河道	50～70	坝河、清河、凉水河、通惠河等
一般景观河道	50～100	双紫支渠、南护城河、长河等
重要景观河道	70～200	温榆河、南沙河、昆玉河等
水源河道	70～100	永定河引水渠、昆玉河等
湖泊	30～50	昆明湖、动物园湖等

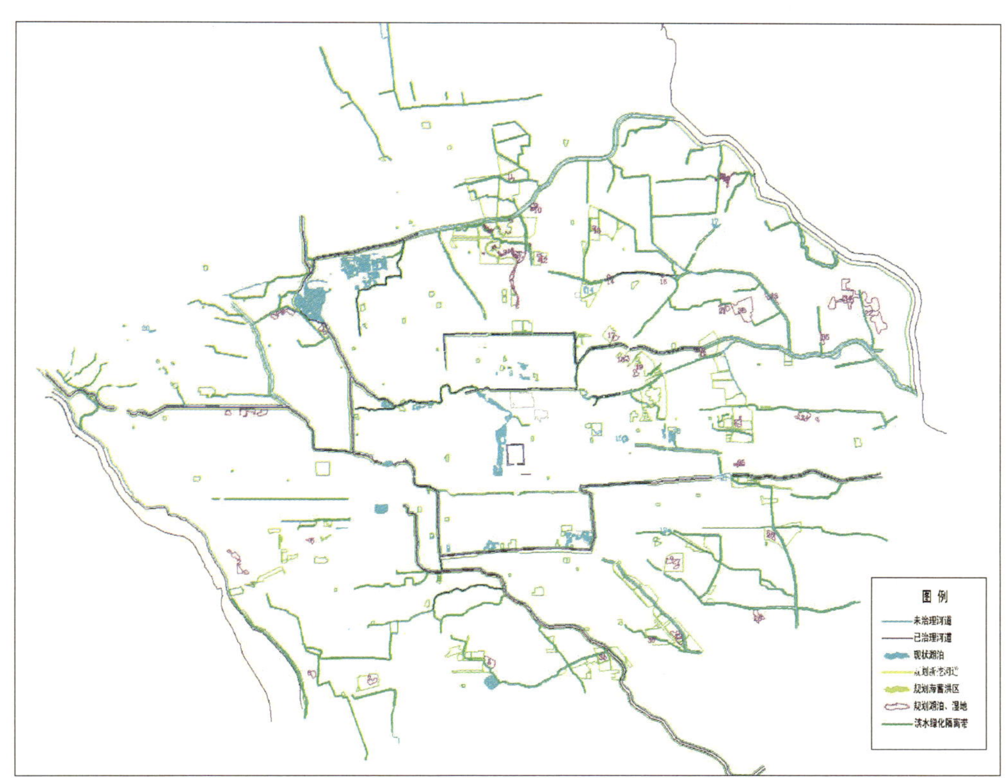

图 5－15　北京中心城地区滨水绿化隔离带示意图

5.6.2　小结

城市滨水带以其独特的景观资源而极具吸引力，本节在坚持以人为本的基础上，阐述了滨水带规划中水体与水岸设计，滨水开放空间设计、绿化及生态保护，滨水建筑布局与形态三个方面的内容，为提高滨水景观的综合效益，营造一个宜人的滨水空间奠定了基础。此外，针对北京中心城地区的特点，提出了宽度为 20～200m 河湖绿化隔离带，为今后在绿化隔离带内进行滨水景观设计预留了用地。

5.7　湿地系统水源规划

水源是湿地系统生存的必要条件，因此，在落实湿地系统规划时，必须对湿地系统生态需水量以及可补给水源进行分析研究，以便从水资源的角度判断我们可能拥有的湿地数量。

5.7.1　生态需水量计算

5.7.1.1　生态需水量计算方法

生态需水量的计算方法很多，在本次研究中，针对北京中心城地区的具体情况，采用了便于城市规划的功能法，作为生态需水量的计算基础。对于湿地不同功能需水要求，对应计算出各自的需水量，并在此基础上利用外包络线的计算方法分析确定了最终的湿地系统生态需水量（如图 5－16 所示），具体计算步骤为：

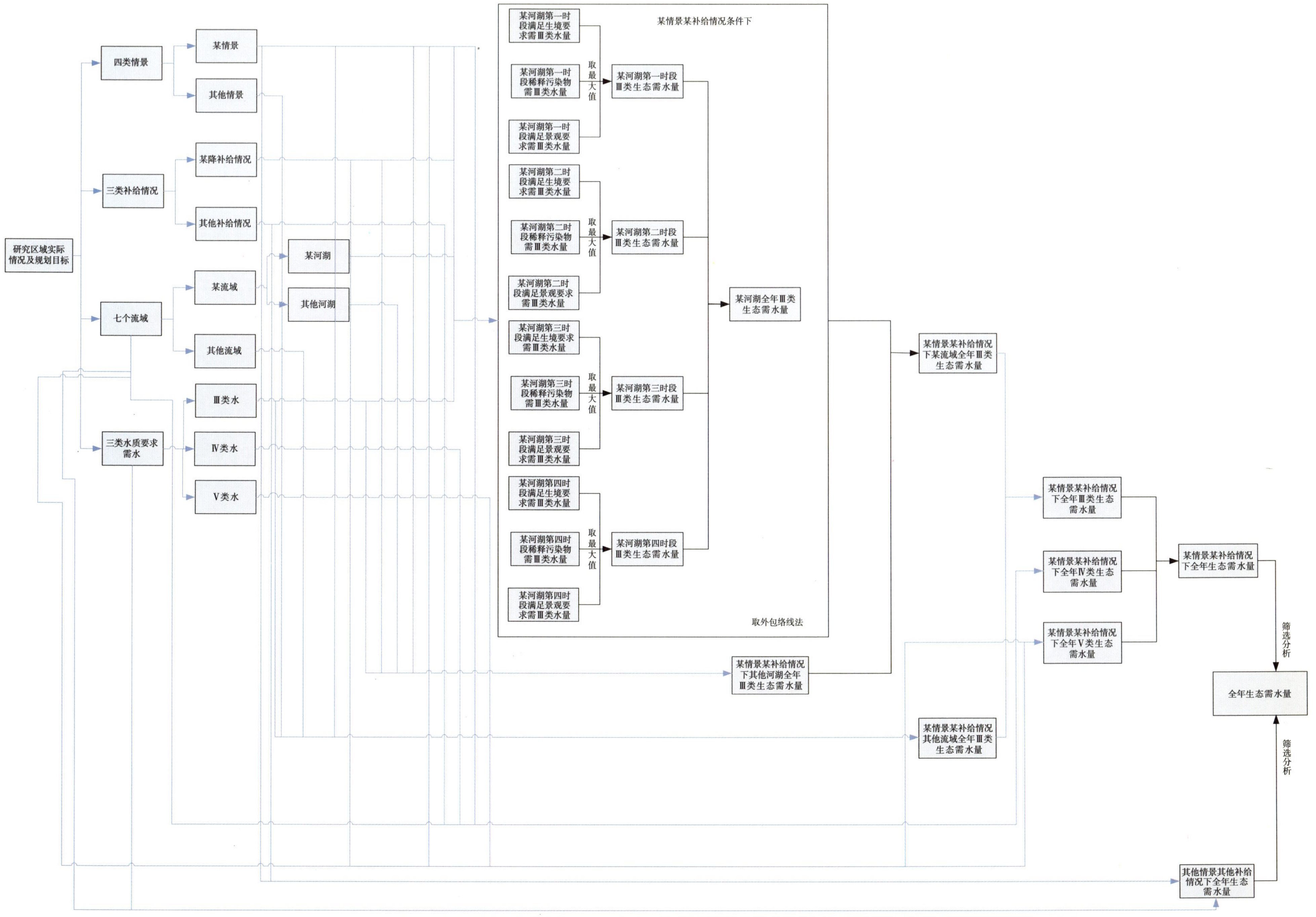

研究区域实际情况及规划目标

四类情景
某情景
其他情景

三类补给情况
某降补给情况
其他补给情况

七个流域
某流域
其他流域

三类水质要求需水
Ⅲ类水
Ⅳ类水
Ⅴ类水

某河湖
其他河湖

某情景某补给情况条件下

某河湖第一时段满足生境要求需Ⅲ类水量
某河湖第一时段稀释污染物需Ⅲ类水量
某河湖第一时段满足景观要求需Ⅲ类水量
取最大值
某河湖第一时段Ⅲ类生态需水量

某河湖第二时段满足生境要求需Ⅲ类水量
某河湖第二时段稀释污染物需Ⅲ类水量
某湖第二时段满足景观要求需Ⅲ类水量
取最大值
某河湖第二时段Ⅲ类生态需水量

某河湖第三时段满足生境要求需Ⅲ类水量
某河湖第三时段稀释污染物需Ⅲ类水量
某河湖第三时段满足景观要求需Ⅲ类水量
取最大值
某河湖第三时段Ⅲ类生态需水量

某河湖第四时段满足生境要求需Ⅲ类水量
某河湖第四时段稀释污染物需Ⅲ类水量
某河湖第四时段满足景观要求需Ⅲ类水量
取最大值
某河湖第四时段Ⅲ类生态需水量

某河湖全年Ⅲ类生态需水量

取外包络线法

某情景某补给情况下其他河湖全年Ⅲ类生态需水量
某情景某补给情况下某流域全年Ⅲ类生态需水量
某情景某补给情况其他流域全年Ⅲ类生态需水量

某情景某补给情况下全年Ⅲ类生态需水量
某情景某补给情况下全年Ⅳ类生态需水量
某情景某补给情况下全年Ⅴ类生态需水量

某情景某补给情况下全年生态需水量
其他情景其他补给情况下全年生态需水量
筛选分析
筛选分析
全年生态需水量

图5-16 生态需水计算方法示意图

第一，针对研究区域进行调研，根据研究区域的降水、外来引水、污染治理等方面的实际情况及各类功能（生态、景观和水质）的规划目标。

第二，根据研究区域实际情况及规划目标，研究设定了四个情景，即污水不深度处理且不进行面源污染防治、污水不深度处理且进行面源污染防治、污水深度处理且不进行面源污染防治、污水深度处理且进行面源污染防治；七个流域，即清河流域、南沙河流域、坝河流域、凉水河流域、通惠河流域、小厂沟流域、温榆河以南流域以及三类水质要求，即 III 类水、IV 类水、V 类水。

第三，利用外包络线法，分别计算各种情景、各降水水平年、各水质要求下的最小生态需水量（如图 5－16 所示）；

第四，比较分析各情景、降水水平年条件下北京中心城地区的生态需水量，得到优化后的最小生态需水量。

5.7.1.2 生态需水量计算结果

北京中心城地区共规划湿地 5775hm^2，其中防洪用湿地 4326hm^2（其中排水河道 3251hm^2，蓄滞洪用湿地 1075hm^2）；水质净化用湿地 120hm^2（除去与蓄滞洪用湿地重复部分）；景观生态用湿地 1329hm^2（其中景观湖泊 1309hm^2，景观河道 20hm^2）。根据上述计算方法，结合北京中心城地区的蒸发渗漏损失（1.2cm/d）以及补水制度等，可以计算出各情景、各情况和水质要求下的最小生态需水量，再扣除因为承担输水任务而常年有水的京密引水渠、永定河引水渠、南护城河、通惠河上段等河道的生态需水量，得到最终的生态需水量，如表 5－16 所示。

最小生态需水量汇总表（单位：×10^{4}m^3）　　**表 5－16**

类别	情景 1	情景 2	情景 3	情景 4
III	73263.8	57727.5	11866.9	11857.3
IV	103350.5	103166.4	46558.9	45676.4
V	44251.4	44247.1	36431.4	36593.4
总计	220865.7	205140.9	94857.3	94127.1

注：表中，情景 1 至情景 4 分别表示如下情景：污水不深度处理且不进行面源污染防治，污水不深度处理且进行面源污染防治，污水深度处理且不进行面源污染防治，污水深度处理且进行面源污染防治。

目前，由于受到社会经济发展条件的制约，北京尚不能普及污水深度处理及面源污染防治，因此将情景 1（污水不深度处理且不进行面源污染防治）计算出的水量作为近期生态需水量。随着经济条件的不断好转，在城市发展过程中市政基础设施会不断完善，将会实现污水深度处理及面源污染防治的目标，因此将情景 4（污水深度处理且进行面源污染防治）计算出的水量作为远期生态需水量。

综上所述，近期北京市中心城地区年生态需水量为 22.08 亿 m^3；远期北京市中心城地区年生态需水量为 9.4 亿 m^3。

5.7.2　补给水源分析

目前北京中心城地区的主要水源为：地表水（主要来自密云水库及官厅水库，远期还包括南水北调来水）、地下水、汛期的雨水、再生水。由于地表水及地下水源是生活饮用水的重要水源，并且目前地下水超采现象十分严重，因此，实际可用来补给生态需水的水源为：少量地表水、汛期的雨水、再生水。本节针对生态需水的三类补给水源，首先进行降雨平衡分析，计算出，除自然降水补给外还需要人工调配补给的生态需水量；然后，根据计算结果进行水量平衡分析。

5.7.2.1　降雨平衡分析

在上节生态需水量计算结果的基础上，本次根据1997～2000年的北京市降水及径流资料，扣除单场降水较小及单场降水较大的降水，得到各时段可以通过补给湿地系统的水量，然后，在计算结果中扣除了可以通过降水进行补给的水量，得到了需要人工调配进行补给的水量，详见表5－17。

平衡降雨后最小生态需水量汇总表（单位：$\times 10^4 m^3$）　　表5－17

类别	情景1	情景2	情景3	情景4
III	70501.9	54440.8	9105.0	8570.6
IV	76244.7	78344.4	31205.0	31754.7
V	42022.7	42018.4	30562.2	31675.9
总计	188769.3	174803.6	70872.2	72001.2

注：表中，情景1至情景4分别表示如下情景：污水不深度处理且不进行面源污染防治，污水不深度处理且进行面源污染防治，污水深度处理且不进行面源污染防治，污水深度处理且进行面源污染防治。

经过降雨平衡分析后，可以得到近期北京市中心城地区年需要人工配的生态需水量为18.87亿m^3；远期北京市中心城地区年需要人工调配的生态需水量为7.09亿m^3。

5.7.2.2　需水量与可供水源平衡分析

由5.7.2.1计算结果可以看出，经过雨量平衡分析后，近期需要人工调配的生态需水量为18.87亿m^3，其中III类水为7.05亿m^3，IV类水为7.62亿m^3，V类水为4.20亿m^3。III类水的主要补给水源为地表水（主要来自密云水库及官厅水库），由于地表水为中心城地区生活和生产用水的主要水源，因此如此大量的生态用水水源近期很难得到保障。IV类水和V类水的主要补给水源为再生水，北京中心区各污水处理厂年处理水量为7.71亿m^3，不能满足IV类水和V类水的补水需求。

远期需要人工调配的生态需水量为7.09亿m^3，其中III类水为0.91亿m^3，IV类水为3.12亿m^3，V类水为3.05亿m^3。III类水的主要补给水源为地表水，远期南水北调工程已经完工，可提供1亿m^3/年的清洁水源，可以满足生态用水需要。IV类水和V类水的主要补给水源为再生水，北京中心区各污水处理厂年处理水量为7.71亿m^3，可以满足IV类水和V类水的补水需求。

综上所述，近期由于生态需水量较大，且南水北调工程没有完工，因此生态需水补给特别是III类水的补给难以满足要求；远期随着南水北调工程完工，以及由于污水深度处理和面源污染防治的实现，生态需水量下降，生态需水水源能够得到保障。

5.7.3　小结

本节通过生态需水计算以及补给水源分析两个方面，对城市湿地系统水源规划进行了探讨。通过本节的计算，经过降雨平衡分析后，可以得到近期北京市中心城地区年需要人工配的生态需水量为 18.87 亿 m^3；远期北京市中心城地区年需要人工调配的生态需水量为 7.09 亿 m^3。同时，由于近期生态需水量较大，且南水北调工程没有完工，生态需水补给特别是 III 类水的补给难以满足要求；而远期随着南水北调工程完工及生态需水量下降，生态需水水源能够得到保障。

5.8　湿地建设工程投资及运行费用匡算

湿地系统建设的工程投资主要包括征地、拆迁和基建费用等。由于湿地建设所造成的征地、拆迁的不确定性因素过多，问题较为复杂，所以在本次投资匡算中未予计算，只计算了工程建设所需的工程费用及运行管理费用。由于气候调节湿地及补给地下水湿地的功能在其他类型湿地中均有体现（详见 5.1 节），因此没有规划单独的气候调节湿地和补给地下水湿地，在本次费用计算中也没有对这两类湿地的费用进行计算。

5.8.1　费用计算参数

根据相关工程规划手册，各类湿地系统的建设费用计算参数分别为 150 元/m^2（水质净化用湿地），1580 元/m^2（蓄滞洪用湿地），450 元/m^2（排水河道），1520 元/m^2（景观文化湿地）。另外，施工排水费取 5%，不可预见费取 10%。

5.8.2　湿地系统建设资金成本计算

本次湿地系统规划共规划建设水质净化用湿地 120hm^2，需要建设资金 7.08 亿元；蓄滞洪用湿地 981hm^2，需要建设资金 155.00 亿元；景观文化湿地 645hm^2（仅包括需要新建及改建的湖泊，以及御河），需要建设资金 99.79 亿元；排水河道 1262hm^2（仅包括需要新建的排水河道，不包括需要进行治理的河道），需要建设资金 56.79 亿元。综上，考虑施工排水费及不可预见费后，湿地系统建设共需要资金 366.47 亿元（不含征地拆迁费用），详见表 5－18。

湿地系统建设的资金表　　表 5－18

湿地类型	面积（hm^2）	建设费用（亿元）
水质净化用湿地	472.5	7.08
蓄滞洪用湿地	981	155.00
排水河道	1262	56.79
景观文化湿地	645	99.79
总计	3360.5	366.47

5.8.3 资金来源

湿地系统的建设是关系到城市防洪安全、生态安全和水环境安全的社会公益性工程，因此政府在湿地系统的建设过程中应该发挥其核心作用，即需要保障政府部门的资金投入，特别是对于水质净化用湿地和蓄滞洪用湿地的建设和运行管理更应该保障。

同时，由于湿地系统建设需要大量的资金，而我国又是一个处于社会主义初级阶段的发展中国家，经济条件有限，难以保障如此巨大的建设资金，因此，还需依靠社会的力量，即鼓励社会资本加入到湿地系统建设中来，通过政策鼓励等措施，充分调动各方面的投资积极性。

5.8.4 小结

经计算，北京市中心城地区湿地系统地建设工程投资约为30.26亿元（不含征地拆迁费用），年运行维护费用约为2032.5万元。由于湿地系统建设投资较大，因此政府在保证资金投入的同时，应该通过政策鼓励等措施，充分调动各方面的投资积极性。

5.9 湿地系统规划效益评估

经分析，因湿地系统是社会公益性事物，产生的直接经济效益，除一部分可用作景观游览的湿地能够有微薄的门票收入外，其他方面的直接经济效益并不明显；其效益主要为间接的社会综合效益，主要体现在环境、防洪、生态、景观、历史文化、旅游等方面。

5.9.1 水质净化效益

根据本规划方案，新增水质净化用湿地约472.5hm^2（其中部分与蓄滞洪湿地结合建设），可削减污染物量约为：5日生化需氧量4800.2t/年，氨氮2928t/年，总磷为1579.2t/年。

通过水质净化用湿地对污染物的控制和去除，可以保证污水处理厂出水经湿地的深度处理后，水质达到 $BOD_5 \leqslant 6mg/L$，氨氮$\leqslant 1.5mg/L$，总磷$\leqslant 0.3mg/L$。从而保证，中心城地区内主要河流基本满足水质功能区划的要求，大部分河道满足景观水体水质要求。

按照生活污水处理成本 N 为1.5元/kg，P 为2.5元/kg进行计算，水质净化的经济价值约为888万元/年。

5.9.2 防洪效益

本次规划建设蓄滞洪用湿地1075hm^2，排水河道3251hm^2。按本规划方案建设蓄滞洪湿地，可在发生20年一遇洪水时蓄滞水1470.8万m^3，50年一遇洪水时蓄滞水2076.5万m^3，100年一遇洪水时蓄滞水2256.4万m^3。有效减轻了城市及其下游地区的防洪排水压力，结合排水河道整治疏挖等其他防洪措施，可以保障城市防洪排水安全，达到城市防洪标准要求，同时也为满足北运河的下泄流量要求做出了贡献。同时产生的防洪效益约为 2256 万元/年。

5.9.3 景观效益

本规划方案在《北京城市总体规划（2004～2020 年）》和《北京市中心城控制性详细规划》的基础上，增加了水质净化用湿地、防洪用湿地、景观生态用湿地、气候调节用湿地、补给地下水用湿地等公共用地。规划方案完全实施后，北京中心城地区内共有湿地面积 5775hm^2，占研究范围总面积的 3.13%，研究范围内人均湿地面积 6.08m^2。

此外，规划编制过程中，充分考虑了湿地分布的均匀性，规划全部实施后，中心城地区内距水面直线距离大于 500m 的区域为 333.8km^2，占中心城地区总面积的 18.09%；大于 1000m 的区域为 52.8km^2，占中心城地区总面积的 2.86%，如图 5－17与图 5－18 所示。由于湿地分布的均匀性，故在维持生态系统多样性及调节气候等方面，能够起到良好的效果；此外，在局部景观方面，湿地系统也能起到良好的作用。

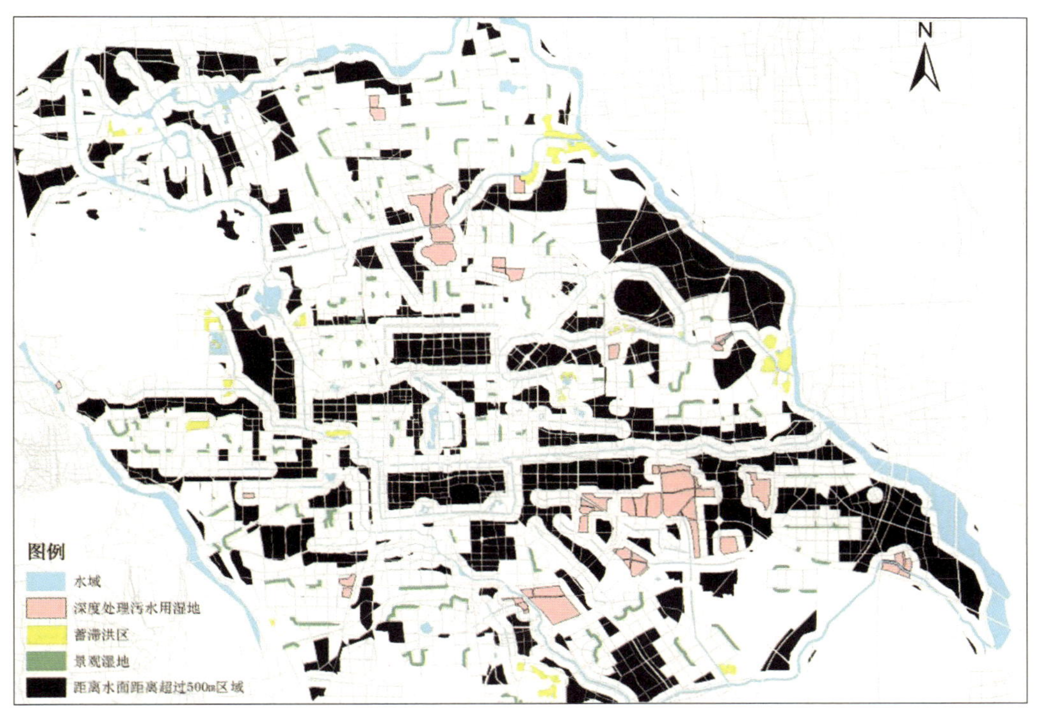

图 5－17 距离水面距离超过 500m 地区示意图

同比国内外其他城市，虽然北京在人均湿地面积及城市湿地面积比例等方面仍有一定差距，但本次规划从规划层次上通过巧妙处理滨水景观带建设、湿地分布的均匀性等方面的问题，使得湿地建设达到了少而精的效果，提升改善了城市景观，为建设宜居城市提供了有利的条件。

同时，由于景观改善产生的效益约为 30.168 亿元/年（包括房地产升值、公园门票收入及居民愿意为景观改善所支付的费用）。

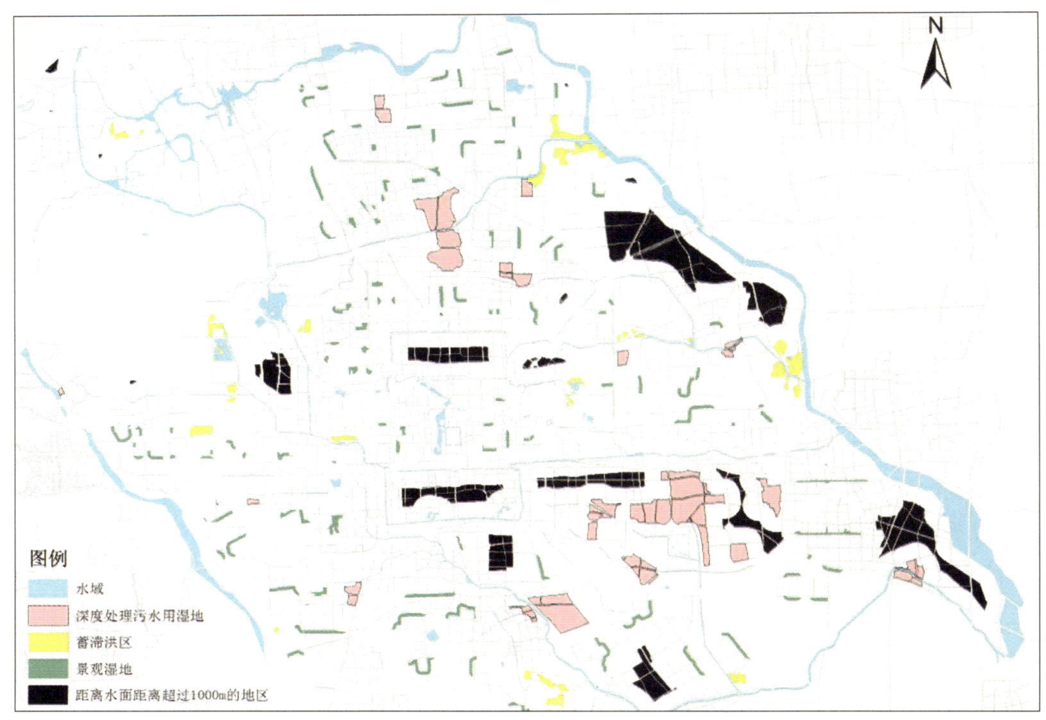

图 5－18 距离水面距离超过 1000m 地区示意图

5.9.4 生态效益

5.9.4.1 保持生物多样性

通过湿地系统的建设，可以为大量水生及湿生动植物提供了良好的生存环境，湿地中生长的多种动植物保持了湿地系统中复杂健康的食物链。同时，在湿地中大量的水生植物和各种各样的鱼类、虾、蟹、蚌等动物和微生物，为鸟类、鱼类提供丰富的食物和良好的生存繁衍空间，对物种保存和保护物种多样性发挥着重要作用。此外，湿地也是重要的遗传基因库，维持野生物种种群的存续、筛选和改良。总之，湿地系统的建设能够有效地改善北京中心城地区的生物多样性。

根据 Costanza 等（1997 年）的研究成果，水体提供栖息地或避难场所的年生态效益折合为人民币约为 3633.6 元/公顷，据此计算，北京中心城地区湿地系统保持生物多样性效能效益约为 1500 万元/年。

5.9.4.2 补给地下水资源

针对北京中心城地区的地质、地形、透水性、含水层、高程等情况，同时结合北京市防洪规划中确定的“西蓄东排”的方针，将地下水资源补给用湿地主要结合中心城西部的蓄滞洪用湿地进行建设，主要包括：西郊沙石坑、南旱河和万泉庄等蓄滞洪用湿地，总面积为 247 公顷，年平均补给水量约为 450 万 m^3，对缓解北京市地下水资源紧张状况做出了贡献。产生的效益约为 810 万元/年。

5.9.4.3 调节小气候

通过增加中心城地区湿地面积，夏季，在增设湿地的区域其下风方温度都有所降低，降温幅度为 0.2～1.0℃。同时，区域比湿的增量为 $1e^{-4}$～$7e^{-4}$g/g，受影响的最远可达湿地区域下风方向 12km 处。此外，湿地增加区域风速增加了 0.1～0.2m/s。而在冬季，湿地对于周边地区的温度、湿度以及风速的影响很少。综上所述，湿地系统的增加对缓解城市的热岛效应起到了积极的作用。

同时，通过调节小气候，减少 CO_2 产生的效益约为 23 亿元/年。

5.9.5 文化效益

本次湿地系统规划恢复前三门护城河、鱼藻池、莲花池（局部）、御河、高水湖、养水湖等历史湿地，这些湿地的恢复美化了首都的环境，同时也起到了历史文化传承的作用，有效地提高了城市的文化品位，为北京建设宜居城市和文化名城发挥了作用。

5.9.6 小结

本次湿地系统规划在北京中心城地区内共规划建设湿地 5775hm^2，占中心城地区总面积的 3.13%，中心城地区内人均湿地面积 6.08m^2，美化了城市景观，提高了城市品位。同时湿地的建设也为水质净化、保障城市防洪安全、补给地下资源、保持生物多样性、缓解城市热岛效应提供了条件，为建设宜居城市提供了有力的支持。共计产生效益约为 54 亿元/年。

5.10 湿地系统规划实施及保障措施

由于湿地系统的复杂性以及对于资金需求量较大，湿地系统的建设非常复杂，因此需要制定分期实施安排以及相关的保障措施以保证湿地系统规划的顺利实施。

5.10.1 分期实施安排

本次研究中新建改建的湿地共 3360.5hm^2，其中水质净化用湿地面积共 472.5hm^2，蓄滞洪用湿地面积共 981hm^2，景观文化用湿地 645hm^2，排水河道 1262hm^2。

基于征地拆迁难度、资金筹措情况、工程影响范围及分阶段目标等多方面因素的考虑，在规划实施过程中，建议采用分期实施的方式进行。下面按照近期、中期和远期的目标分别提出阶段工程项目实施建议。

5.10.1.1 近期建设项目

近期规划建设项目为 2010 年前需要建设完成的项目，主要为部分水质净化用湿地、城市上游蓄滞洪湿地、部分景观用湿地及排水河道。根据此项原则，可以列出近期需要建设的项目清单（除排水河道外），如表 5－19 所示。

综上，2010 年前需要建设水质净化用湿地 0.33km^2，占需要建设的水质净化用湿地的 6.98%；需要建设的蓄滞洪用湿地 2.11km^2，占需要建设的蓄滞洪用湿地面积的 21.51%；需要建设的景观用湿地 0.479km^2，占需要建设的景观用湿地面积的 7.42%；需要建设的排河道 3.00km^2，占需要建设的排水河道面积的 23.77%。2010 年前总计需要新建湿地系统 5.92km^2，占规划需要建设湿地面积的 17.60%。具体建设湿地系统地布局图如图 5－19 所示。

2010 年建设湿地清单 **表 5－19**

类型	名称	占地面积（hm^2）
水质净化用湿地	卢沟桥污水处理厂配套湿地	5
	吴家村污水处理厂配套湿地	5
	五里坨污水处理厂配套湿地	7.5
	酒仙桥污水处理厂配套湿地	15
	小计	32.5
蓄滞洪区	西郊砂石坑	65
	南旱河蓄滞洪区	146
	小计	211
景观用湿地	东小口湖	5.5
	紫玉湖	4.88
	朝来湖	2.16
	师家南湖	2.47
	西园北湖	0.97
	西甸湖	19.49
景观用湿地	坝河北湖	6.03
	后五里湖	4.76
	御河	1.6
	小计	47.86
排水河道	小计	300
	合计	591.36

5.10.1.2 中期建设项目

中期规划建设项目为2010～2015 年需要建设完成的项目，主要为部分水质净化用湿地、蓄滞洪湿地、景观用湿地及排水河道。中期需要建设的项目清单，如表5－20所示。2010～2015 年需要建设水质净化用湿地 0.15km^2，占需要建设的水质净化用湿地的 3.17%；需要建设的蓄滞洪用湿地 3.99km^2，占需要建设的蓄滞洪用湿地面积的 40.67%；需要建设的景观用湿地 2.034km^2，占需要建设的景观用湿地面积的31.53%；需要建设的排水河 3km^2，占需要建设的排水河道面积的 23.77%。2010～2015 年总计需要新建湿地系统 9.17km^2，占规划需要建设面积的 27.29%。具体建设湿地系统地布局图如图 5－20 所示。

2010～2015 年建设湿地清单 **表 5－20**

类型	名称	占地面积（hm^2）
水质净化用湿地	东坝污水处理厂配套湿地	15
蓄滞洪用湿地	通汇排干出口蓄滞洪湿地	56
	万泉庄蓄滞洪湿地	36
	沈家坟水库蓄滞洪湿地	86
	千亩湖蓄滞洪湿地	88
	坝河出口蓄滞洪湿地	133
	小计	399

续表

类型	名称	占地面积（hm^2）
景观用湿地	永引渠南湖	38.31
	小郭庄湖	23.79
	玉泉山湿地	20.77
	园外园湖	12.54
	岳各庄湖	2.71
	黄土岗湖	7.92
	郭公庄湖	10.93
	大泡子北湖	23.5
	奥运公园水系	48
	清羊湖	8.13
	安家楼湖	6.78
	小计	203.4
排水河道	小计	300
	合计	917.4

5.10.1.3 远期建设项目

远期规划建设项目为 2015～2020 年需要建设完成的项目即此规划的最终目标，完成全部湿地建设。

综上，2015～2020 年需要建设水质净化用湿地 4.25km^2，占需要建设的水质净化用湿地的 89.95%；需要建设的蓄滞洪用湿地 3.71km^2，占需要建设的蓄滞洪用湿地面积的 37.82%；需要建设的景观用湿地 3.94km^2，占需要建设的景观用湿地面积的 61.03%；需要建设的排水河道 6.62km^2，占需要建设的排水河道面积的 52.34%。2015～2020 年总计需要新建湿地系统 18.52km^2，占规划需要建设面积的 55.10%。具体建设湿地系统地布局图如图 5－21 所示。

2020 年建设湿地清单　　表 5－21

类型	名称	占地面积（hm^2）
水质净化用湿地	北苑污水处理厂配套湿地	20
	垡头污水处理厂配套湿地	52.5
	清河污水处理厂配套湿地	125
	小红门污水处理厂配套湿地	75
	高碑店污水处理厂配套湿地	102.5
	定福庄污水处理厂配套湿地	50
	小计	425
蓄滞洪用湿地	三海子蓄滞洪湿地	131
	苏家坨蓄滞洪湿地	139
	西玉河蓄滞洪湿地	3
	沙子营蓄滞洪湿地	98
	小计	371

续表

类型	名称	占地面积（hm^2）
景观用湿地	驼房营东湖	4.88
	将台湖	9.17
	曹各庄湖	93.76
	平房公园湖	12.39
	小厂南湖	27.72
	兴隆公园湖	3
	南花湖	12.21
	大山子湖	11.88
	肖太后湖	19.14
	花墙子湖	18.51
	横街子湖	2.96
	小龙湖	6.22
	西北门湖	92.54
	长店湖	6.92
	西北门湖	92.54
	长店湖	6.92
	东窑湖	65.63
	金楼湖	6.7
	小计	393.63
排水河道	小计	662
	合计	1851.63

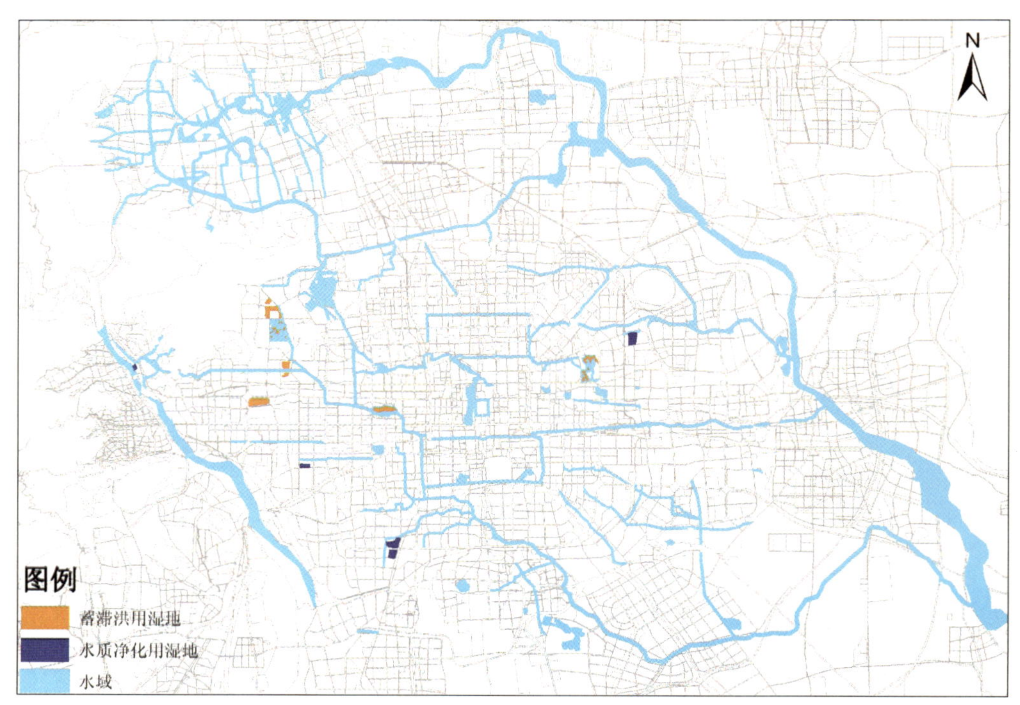

图 5－19　2010 年需要建设湿地系统分布图

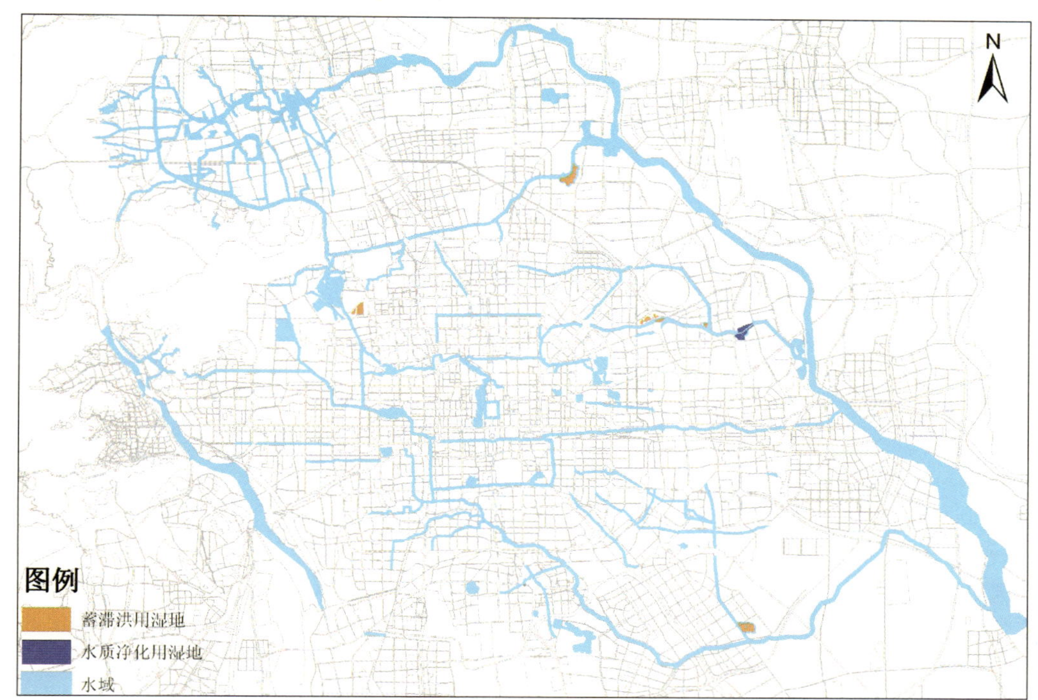

图 5－20　2015 年需要建设湿地系统分布图

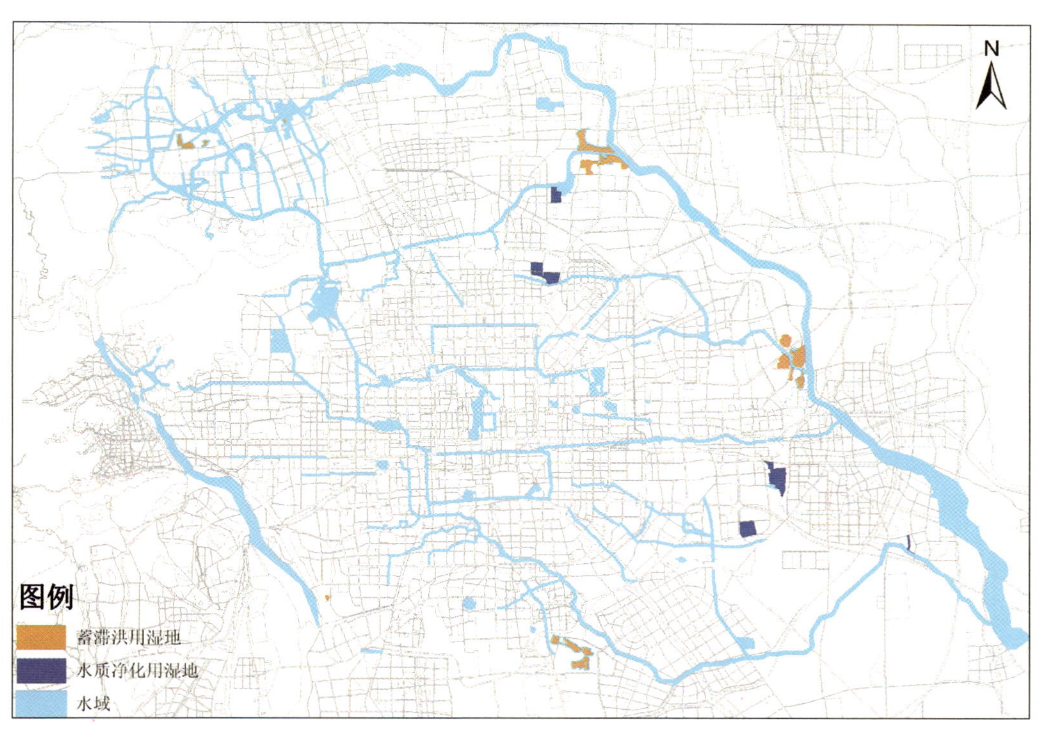

图 5－21　2020 年需要建设湿地系统分布图

5.10.1.4　小结

综上所述，2010 年前建设湿地面积共 5.92km²，2010～2015 年建设湿地面积共 9.17km²，2015～2020 年建设湿地面积共 18.52km²，不同阶段的湿地系统建设图，如图 5－22 所示。

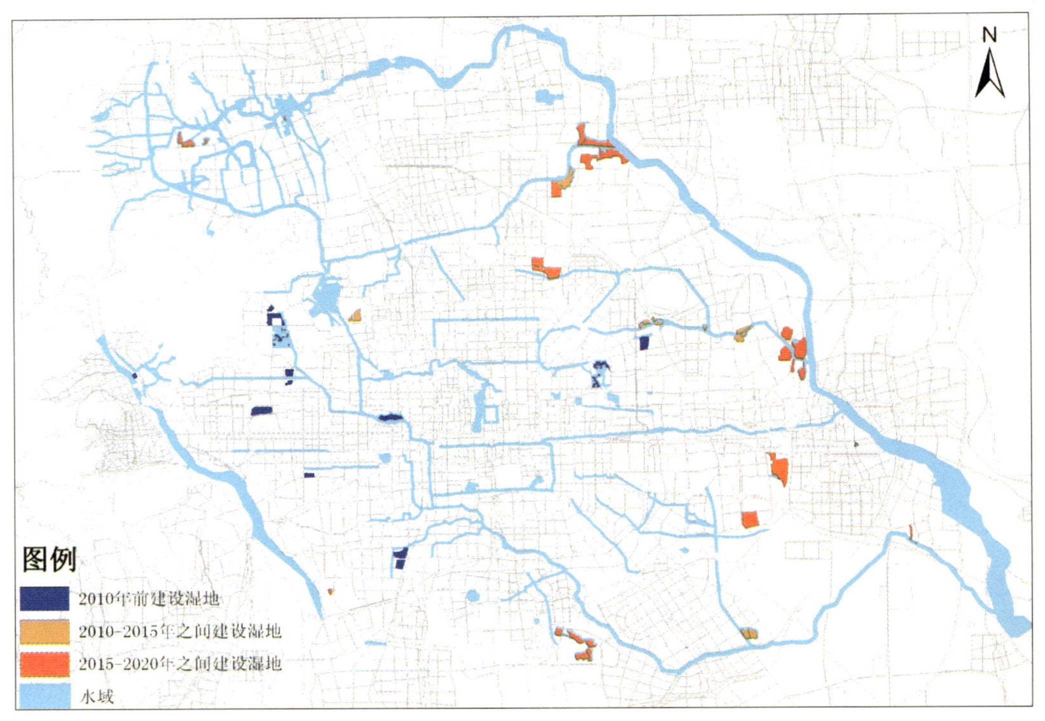

图5－22 湿地系统建设分阶段建设图

5.10.2 保障措施

5.10.2.1 组织保障

为了更好地进行湿地系统的建设，需要加强执政能力建设，做到行政管理上下协调、各有侧重。可以指定市水务局为总负责单位，协同规划、林业、环保、土地等部门以及各区县人民政府，负责整个全市各湿地系统的开发、利用、保护，水污染控制，自然生态保护，土地开发利用等工作。定期举行联席会议，协调各部门间关系并且监督规划的实施情况。同时，对于各职能部门可以根据其自身特点，发挥其作用，共同加强湿地系统的建设。

5.10.2.2 政策保障

在湿地系统建设的过程中，还要加强法规保障体系建设，做到有法可依，有章可循。即在现有法律法规基础上，补充完善，研究制定与湿地系统建设配套的政府文件，保障湿地的建设与管理的正常运行。

此外，还需要从政策的角度明确湿地系统建设的用地，从而为湿地系统的建设奠定良好的基础。

同时，非工程因素对北京城市湿地系统建设与管理也起着重要的作用。因此，引进先进的科学技术，建立北京市湿地系统的实时监测系统和管理信息系统。

5.10.2.3 资金保障

1. 保障政府投入力度

湿地系统是属于全社会的资源和财富，其建设是带有极强公共性的公益事业，因此各级人民政府必然作为湿地系统建设的投资主体，这就要求政府比以往投入更多的人力、精力、财力，充分重视和支持湿地系统的综合管理与整治工作开展。

2. 引入市场机制

能否拓宽融资渠道，引入足够的资金直接决定着湿地系统的综合管理与整治工作计划能否顺利实施。因此，政府应该鼓励社会投资，与企业一起联手统筹开发建设，做到企业与政府、经济效益与社会效益的双赢。

3. 建立一套要有效的资金筹措和管理机制

对湿地系统综合建设与整治专项资金进行管理与监督，做到立项明确、管理严格、全程监督、实施高效。

5.10.2.4 社会保障

1. 宣传教育

加强生态保护的宣传教育活动，在部分湿地系统可以建设人工湿地主题教育基地或者北京市环保、防汛教育示范基地，向市民开放，以此作为北京市防汛工作和环保工作的一个亮点示范工程。通过加强教育切实提高居民的意识和素质，从而为湿地系统的建设奠定良好的群众基础。

2. 强化社会监督机制

（1）保障广大人民群众的知情权。

（2）建立有效的信息反馈机制。

（3）健全举报制度，发挥新闻媒介的舆论监督作用。

5.10.3　小结

为了保障湿地系统规划的实施，本节分别从分期实施安排及保障措施两个方面对湿地系统规划实施及保障措施进行了探讨。得到了2010年以前、2010～2015年、2015～2020年的分期建设项目名单，以及组织保障、政策保障、资金保障、社会保障等保障措施。

5.11　本章小结

本章从湿地系统规划布局方案、湿地系统水源规划、滨水带规划、面源污染控制规划、建设工程投资及运行费用匡算、湿地系统效益评估及湿地系统规划实施及保障措施七个方面编制了北京中心城地区湿地系统规划，规划主要包括以下内容：

1. 北京中心城地区共规划湿地5775hm^2，其中防洪用湿地4326hm^2（其中排水河道3251hm^2，蓄滞洪用湿地1075hm^2）；水质净化用湿地120hm^2（除去与蓄滞洪用湿地重复部分）；景观生态用湿地1329hm^2（其中景观湖泊1309hm^2，景观河道20hm^2）；历史文化用湿地35hm^2（由于与防洪用湿地及景观生态用湿地结合建设，故没有重复统计面积）；调节小气候用湿地以及补给地下水用湿地规划结合其他湿地类型进行建设，故在面积统计时不再重复统计。与《中心城控制性详细规划》相比主要增加了水质净化用湿地472.5hm^2，除去与蓄滞洪用湿地结合建设的部分，实际新增规划湿地面积约120hm^2。

2. 为保证湿地系统的正常运行，本次规划分析计算了湿地生态需水量，在平衡降雨的条件下，近期北京市中心城地区年需要人工配的生态需水量为18.87亿m^3；

远期北京市中心城地区年需要人工调配的生态需水量为 7.09 亿 m^3。由于近期生态需水量较大，且南水北调工程没有完工，生态需水补给特别是 III 类水的补给近期难以满足要求；而远期随着南水北调工程完工及初期雨水截流管线的修建，生态需水水源能够得到保障。

3. 针对北京中心城地区的特点，本次规划提出了宽度为 20～200m 河道绿化隔离带，为今后在绿化隔离带内进行滨水景观设计预留了用地。

4. 从利用湿地系统对初期雨水进行处理、改造滨水绿地以及加强流域管理三个方面对面源污染控制进行了探讨，给出了初期雨水截流的模式和处理方式、滨水绿地改造方法，为面源污染控制提供了有力地支持。

5. 经匡算，湿地系统地建设工程投资约为 366 亿元（不含征地拆迁费用）。

6. 本次规划湿地系统占地面积 5775hm²，占中心城地区总面积的比例为 3.07%，中心城地区人均湿地面积为 5.97m²，同比国内外其他城市，虽然北京在人均湿地面积及城市湿地面积比例等方面仍有一定差距，但本次规划从规划层次上通过巧妙处理滨水景观带建设、湿地分布的均匀性等方面的问题，使得湿地建设达到了少而精的效果，提升改善了城市景观，为建设宜居城市创造了条件。经计算，湿地系统产生的效益约为 54 亿/年。

7. 为了保障湿地系统的建设，规划还编制了近远期实施计划及保障措施。其中 2010 年前建设湿地面积共 5.92km²，2010～2015 年建设湿地面积共 9.17km²，2015～2020 年建设湿地面积共 18.52km²。

第6章　结论与建议

6.1　结论

经过北京市规划委员会、北京市城市规划设计研究院、清华大学、中国环境科学研究院和北京市气象局气候中心等单位的努力下，历时3年完成了本次研究工作。其中北京市城市规划设计研究院主要负责湿地系统调蓄洪水作用研究、中心城地区湿地系统规划编制及总报告编写；清华大学负责湿地系统水质净化效能研究及湿地系统生态需水量计算；中国环境科学研究院负责湿地系统地下水补给效能、景观效能、生态效能的研究；北京市气象局气候中心主要负责湿地系统调节气候效能的研究。

本次研究在调查搜集国内外研究数据及成果的基础上，通过野外采样、现场试验等方式，取得了研究成果。本次研究成果以北京中心城地区湿地系统为研究对象，在较大的研究范围内进行了湿地系统规划。此外，本次研究在全面研究城市湿地效能的基础上，对城市湿地系统效能进行了综合分析，使研究具有极强的系统性及可应用性，可以直接作为规划依据，用于指导生产实践。

由于城市水系统是一个关联的整体，因此在对城市水系统进行研究的过程中不能将水系割裂开来进行研究，故而在本次研究中，没有按照行政边界进行研究，而是按照水系情况进行研究，具体研究范围为：南起新凤河~凉水河，北抵南沙河，西起永定河，东至温榆河~北运河，总面积约1845km^2，比规划中心城大760km^2。该研究范围内总人口约为950万人，比规划中心城人口多约100万人。

本次研究以城市湿地为核心，以建设宜居城市为目标，收集分析了国内外大量的研究成果与资料，并在此基础上，通过科学实验，着重研究了城市湿地在净化水质、防洪、景观、调节小气候、补给地下水、维持生物多样性，增加城市文化品位等各种效能，分析了北京城市水系变化与城市发展之间的关系，研究了城市湿地系统的规划方法，编制了北京中心城地区湿地系统规划，明确了中心城地区应用的湿地数量和占地面积。

从规划的效果看，本次规划湿地系统5775hm^2，占中心城地区总面积的比例为3.07%，中心城地区人均湿地面积为5.97m^2。通过规划，达到了在中心城地区范围内湿地系统的均匀分布，体现了以人为本、资源共享的原则，符合北京建设和谐社会和宜居城市的要求。按规划实施中心城地区的湿地系统后，中心城地区的防洪标准可达到总体规划要求的20~100年一遇；河湖水质可以达到水质功能区划要求，大部分河道达到景观河道标准；中心城地区湿地分布更加均衡，景观效益得到极大提升；通过规划的湿地系统，北京城市夏季温度略有下降，湿度和风速略有增加，适当缓解了热岛效应；通过西郊沙石坑、南旱河和万泉庄等蓄滞洪用湿地，年平均补给地下水量约为450万m^3，为缓解北京市地下水资源紧张状况做出了贡献；通过对于古湿地的恢复，延续了历史文脉，提升了城市品位；此外，城市湿地面积的增加还为保持生物多样性提供了条件。

总之，通过本次规划，能够达到充分利用水资源、保障城市防洪安全、协调城市湿地系统与其他城市建设用地关系以及改善城市景观提高城市品位的目的。

本次研究解决了目前许多城市河湖湿地规划中的具体技术问题，对今后的城市规划建设提供了依据，为北京创建宜居城市的宏伟目标打下了良好基础。主要研究成果有以下几个方面：

1. 分析了北京城市水系变化与城市发展之间的关系

本次研究分别从北京历史城市水系概况、北京城市历史演变与水系间关系、北京城市湿地减少的主要原因三个方面对北京城市水系变化与城市发展之间关系进行了研究分析。

研究认为，北京的城市发展是与北京的水系变化密切联系在一起的，可以说北京城是一个依水发展、循水演变的城市，无论是永定河渡口两侧的燕国和蓟国，莲花河畔的辽南京、金中都，高粱河畔的元大都，还是引玉泉山水养育的明清北京城，无不体现了北京城市循水而建，依水发展的特点。

此外，为了防御敌寇、防洪排水和引水，北京从春秋战国开始，就开始了不断的水利工程建设，可以说北京的城市建设史是与北京的水利工程建设史密不可分的。

而导致北京城市湿地不断减少，生态环境恶化的主要原因包括自然因素及人为因素，其中自然因素主要包括自然降水的减少以及地下水位的下降，人为因素主要包括城市建设用地不断挤占河湖水系。

2. 着重研究了城市湿地系统的主要效能

本次研究分别对城市湿地在水质净化、防洪、景观、调节小气候、补给地下水、保持生物多样性等方面的效益进行了分析研究。

（1）在水质净化方面：经实验研究，用水质净化用湿地对二级污水处理厂出水进行深度处理，可使出水水质达到：$BOD_5 \leq 6mg/L$，氨氮$\leq 1.5mg/L$，总磷$\leq 0.3mg/L$的景观水体标准，每5ha复合型湿地系统可以处理1万m^3/d流量的污水处理厂出水。

（2）在城市防洪方面：城市排水河道可以起到汛期泄洪的作用，而蓄滞洪区则可以充分调蓄洪水，从而保障城市防洪排水安全，达到城市防洪标准要求，同时也可为满足城市下泄流量的要求做出了贡献。

（3）在景观建设方面：通过调查研究，明确了景观用湿地的特点以及城市适宜的水面面积比例（北京为3%～4%）。

（4）在调节小气候方面：通过现场观测及模拟，城市湿地面积的增加在夏季能够提高风速和湿度，并降低温度，有效缓解热岛效应。如中心城地区，夏季，在增设湿地的区域其下风方温度都有所降低，降温幅度为0.2～1.0℃。同时，区域比湿的增量为$1e^{-4}$～$7e^{-4}g/g$，受影响的最远可达湿地区域下风方向12km处。此外，湿地增加区域风速增加了 0.1～0.2m/s。此外，研究发现，单块的小于 0.25km^2 的水体对环境的影响不明显，但是多块、密集分布的小面积水体会对环境的降温增湿效果更显著。因此在进行调节小气候用湿地用地建设时，必须要求单块湿地的建设面积不得小于 0.25km^2（多块、密集分布的湿地群除外，但湿地群总面积不小于 0.25km^2）。

（5）在补给地下水方面：结合城市蓄滞洪区的建设，安排地下水补给用湿地可以有效地对地下水进行补给，缓解城市地下水资源紧张。

（6）在保持生物多样性效能方面：通过湿地系统的建设，可以为大量水生及湿生动植物提供良好的生存环境，湿地中生长的多种动植物保持了湿地系统中复杂健康的食物链。同时，在湿地中大量的水生植物和各种各样的鱼类、虾、蟹、蚌等动物和微生物，为鸟类、鱼类提供丰富的食物和良好的生存繁衍空间，对物种保存和保护物种多样性发挥着重要作用。此外，湿地也是重要的遗传基因库，维持野生物种种群的存续、筛选和改良。

3. 建立了城市湿地系统的规划方法

本次研究从城市湿地面积计算方法、空间分布确定方法以及滨水带规划三个方面，对湿地系统规划的方法进行了讨论。

在城市湿地系统面积计算方法的研究中，分别给出了防洪用湿地、水质净化用湿、景观生态用湿地、调节小气候用湿地、补给地下水用湿地以及景观文化用湿地占地面积的确定原则和方法。

在城市湿地系统空间分布确定方法的研究中，分别就各类城市湿地空间分布确定方法和在城市湿地系统建设中需要考虑的生态问题两个方面进行了探讨与研究。

此外，本次研究还对滨水带规划进行了探讨，明确了滨水带的建设原则和建设要旨，为滨水带的规划提供了支持。

4. 编制了北京中心城地区湿地系统规划

本次研究从湿地系统规划布局方案、滨水带规划、湿地系统水源规划、面源污染控制规划、建设工程投资及运行费用匡算、湿地系统效益评估及湿地系统规划实施及保障措施等七个方面，编制了北京中心城地区湿地系统规划，主要成果有以下内容：

（1）北京中心城地区共规划湿地 5775hm^2，其中防洪用湿地 4326hm^2（其中排水河道 3251hm^2，蓄滞洪用湿地 1075hm^2）；水质净化用湿地 120hm^2（除去与蓄滞洪用湿地重复部分）；景观生态用湿地 1329hm^2（其中景观湖泊 1309hm^2，景观河道 20hm^2）；历史文化用湿地 35hm^2（由于与防洪用湿地及景观生态用湿地结合建设，故没有重复统计面积）；调节小气候用湿地以及补给地下水用湿地规划结合其他湿地类型进行建设，故在面积统计时不再重复统计。与《中心城控制性详细规划》相比主要增加了水质净化用湿地 472.5hm^2，除去与蓄滞洪用湿地结合建设的部分，实际新增规划湿地面积约 120hm^2。

对于防洪用湿地，本次规划排水河道共 133 条，总长度为 683.9km，面积约 3251hm^2。其中，需要进行综合治理的排水河道共 90 余条，总长度约 392km，总占地面积约 1206hm^2。另外，规划恢复前三门护城河，并新挖 6 条河道，总长约 15km，总占地面积约 56hm^2。本次共规划蓄滞洪区 15 个，面积约 1075hm^2。其中，新挖蓄滞洪区 13 个，面积约 960hm^2。

规划水质净化用湿地共有 11 处，面积约 472.5hm²，其中，需要通过对污水处理厂附近规划绿地改造实现的新增水质净化用湿地有 120hm²。

规划在中心城地区共建设景观用湿地 1329hm²，其中景观湖泊 1309hm²，景观河道 20hm²。

（2）为保证湿地系统的正常运行，本次规划分析计算了湿地生态需水量，在平衡降雨的条件下，近期北京市中心城地区年需要人工调配的生态需水量为 18.87 亿 m³；远期北京市中心城地区年需要人工调配的生态需水量为 7.09 亿 m³。由于近期生态需水量较大，且南水北调工程没有完工，生态需水补给特别是 III 类水的补给近期难以满足要求；而远期随着南水北调工程完工及初期雨水截流管线的修建，生态需水水源能够得到保障。

（3）针对北京中心城地区的特点，为满足滨水城市设计的用地要求，美化环境和为市民提供休憩场所，本次规划提出了宽度为 20～200m 河道绿化隔离带，为今后在绿化隔离带内进行滨水景观设计预留了用地。

（4）从利用湿地系统对初期雨水进行处理、改造滨水绿地以及加强流域管理三个方面对面源污染控制进行了探讨，给出了初期雨水截流的模式和处理方式、滨水绿地改造方法，为面源污染控制提供了有力地支持。

（5）经匡算，湿地系统地建设工程投资约为 366 亿元（不含征地拆迁费用）。

（6）本次规划湿地系统占地面积 5775hm²，占中心城地区总面积的比例为 3.07%，中心城地区人均湿地面积为 5.97m²，同比国内外其他城市，虽然北京在人均湿地面积及城市湿地面积比例等方面仍有一定差距，但本次规划从规划层次上通过巧妙处理滨水景观带建设、湿地分布的均匀性等方面的问题，使得湿地建设达到了少而精的效果，提升改善了城市景观，为建设宜居城市创造了条件。

（7）为了保障湿地系统的建设，规划还编制了近远期实施计划及保障措施。其中 2010 年前建设湿地面积共 5.92km²，2010～2015 年建设湿地面积共 9.17km²，2015～2020 年建设湿地面积共 18.52km²。

5. 明确了在城市湿地系统建设中需要考虑的生态问题

在以往的城市水系建设中，缺少对于生态问题的考虑，因此在本次规划中，对于城市湿地系统建设中需要考虑的生态问题进行了研究，主要成果为：

（1）植物对水质的耐受性程度

经现场调查与分析研究，用于水质净化用湿地的水深 40cm 左右时，透明度较好，可见底，沉水植物水绵和菹草多有发育。滨岸带芦苇等耐有机物污染的挺水植物群落大量发育。

（2）适宜的边岸坡度

根据野外调查，25 度～30 度坡是草本植物着生阈值区，在大于 25 度的坡段，草本植物着生明显减少。因此 30 度以下的边坡为适宜植物生长的边岸坡度。

（3）适宜的土壤深度

根据野外调查，在砾石基质之上土深小于 30cm 的区域，土壤含水量低，在得不到地下潜水蒸发的补充时，春季草本植物萌发受到明显影响。因此，在衬砌的边坡上植草，适宜的土壤深度为 30cm 以上。

（4）湿生植物发育的最佳范围

根据野外调查，水面以上0～40cm的范围是湿生植物集中发育的区域，此时湿生植物根系处于饱和含水土壤层中。河流整治中应尽可能扩大距常水面垂直高度40cm以内的边坡，以利于植物生长。

6.2 建议

1. 为保障本次规划能够切实贯彻实施，建议政府相关机构能够保证湿地系统建设投资，并加强监管，尽快开展湿地系统建设，为建设宜居城市奠定良好的基础。

2. 我国还没有一个全国性的湿地保护法规或条例。为此，必须加紧完善有关保护湿地的法律法规和行政章程，健全执法机构，加强执法和监督，尽快使湿地保护和开发利用纳入法制管理轨道。

3. 研究表明，前门大栅栏地区城市热岛现象突出，生态条件极为恶劣，由于现状用地紧张，本次规划仅在该地区安排了恢复前三门护城河，难以从根本上改变该地区的气象和生态状况，建议对该地区进行深入研究，在现有基础上再增加若干小块湿地，以缓解该地区的热岛现象，改善该地区生态环境。

参考文献

[1] 贾忠华，罗纨，王文焰，等．对湿地定义和湿地水文特征的探讨．水土保持学报，2001，15（6）：117～120

[2] Majumdar S K，Miller E W. Ecology of wetlands and associated systems. America：The Pennsylvania Academy of Science，1998，102～120

[3] Kent，Donald M. Applied wetlands science and technology. America：Lewis Publishers，1996，189～200

[4] Poianai，Karen A，Barbara L. GIS-based non-point source pollution modeling：Considerations for wetlands. J. of Soil and Water Cons，1995，61（3）：203～210

[5] Skaggs R W，Amatya D. Characterization and evaluation of proposed hydrologic criteria for wetlands. J. Soil and Water Cons，1994，49（5）：501～510

[6] 吕宪国，刘红玉．湿地生态系统保护与管理．北京：化学工业出版社，2004，2～4

[7] 安树青．湿地生态工程．北京：化学工业出版社，2003，2～10

[8] 国家林业局《湿地公约》履约办公室．湿地公约履约指南．北京：中国林业出版社，2002，2～22

[9] Donald L，Tilton. Integrating Wetlands into Planned Landscapes. Landscape and Urban Planning，1995，32（3）：205～209

[10] Catherine R. Water Budget and Flow Patterns in an Urban Wetland. Journal of Hydrology，1995，（169）：171～187

[11] Kerry A，Thurston. Lead and Petroleum Hydrocarbon Changes in an Urban Wetland Receiving Storm water Runoff. Ecological Engineering，1999，（12）：387～399

[12] Laura E，Jackson. The Relationship of Urban Design to Human Health and Condition. Landscape and Urban Planning，2003，64（4）：191～200

[13] 朱颜明，黎劲松，杨爱玲，等．城市饮用水地表水源非点源污染研究．城市环境与城市生态，2000，13（4）：1～4

[14] Joan G E. Evaluating Wetlands within an Urban Context. Ecological Engineering，2000，（15），253～265

[15] Hopkinson C，Cane T，Gaborit S. Intergrated Approach to the Planning and Management of Urban Wetlands：The Case of Bechtel Park Wetland，Waterloo，Ontario. Canadian Water Resources Journal，1997，22（1）：45～55

[16] Commission of European Communities. Wise use and conservation of wetlands. Communication from the Commission to the Council and the European Parliament. Document COM（95）189final. Office for Official Publications of the European Communities，Luxembourg，1995，203～220

[17] Brad D L，Robert C G，Thomas E L. Pedogenesis in a wetland meadow and surrounding serpentinitic landslide terrain，northern California，USA. Geoderma，2005，61（2）：185～202

[18] Nakivubo Urban Wetland Association. The Importance of Integrating Wetland Values Ito Land and Development Decisions. Uganda：Uganda Press，2000，1～20

[19] Kapil G. Urban Wetland Design in Developing Countries. Landscape and Urban Planning, 2000, 25 (1): 19 ~ 32

[20] Grayson J E, Underwood A J. The assessment of restoration of habitat in urban wetland. Landscape and Urban Planning, 1999, 43 (2): 227 ~ 236

[21] Tian Xiangyue, Ji Yuanliu, Sven Erik, et al. Landscape change detection of the newly created wetland in Yellow River Delta. Ecological Modeling, 2003, 164 (1): 21 ~ 31

[22] Lin Yingfeng, Jing Shunren, Lee Deryuan. The potential use of constructed wetlands in a recirculation aquaculture system for shrimp culture. Environmental Pollution, 2003, 123 (1): 107 ~ 113

[23] 潮洛蒙，俞孔坚．城市湿地的合理开发与利用对策．规划师，2003，7 (2)：23 ~ 26

[24] 俞孔坚，李迪华，潮洛蒙．城市生态基础建设的十大景观战略．规划师，2001，17 (6)：1 ~ 5

[25] 张鸿雁．生态与环境——城市可持续发展与生态环境控制新论．南京：东南大学出版社，2000，24 ~ 40

[26] 许宁．天津湿地现状及其保护利用对策分析．海河水利，2002，(6)：11 ~ 15

[27] 陈久和．城市边缘湿地生态环境脆弱性研究——以杭州西溪湿地为例．科技通讯，2003，19 (5)：395 ~ 399

[28] 陈久和．试论城市边缘湿地的可持续利用——以杭州西溪湿地为例．浙江社会科学，2002，(6)：181 ~ 183

[29] 崔心红．建设湿地园林，改善生态环境——上海市湿地园林建设的探索．中国园林，2002，(6)：60 ~ 63

[30] 杨欧，刘苍宇．上海市湿地资源开发利用的可持续发展研究．海洋开发与管理，2002，(6)：42 ~ 45

[31] 琼次仁，拉琼．拉萨市拉鲁湿地的初步研究．西藏大学学报，2000，15 (4)：40 ~ 41

[32] 于少鹏，孙广友，窦家珍．人工湿地污水处理技术及其在东平湖水质净化中的运用．湿地科学，2004，2 (3)：228 ~ 233

[33] 白晓平．城市中湿地与绿化的保护和建设．山西建设，2002，28 (10)：51 ~ 52

[34] 刘舒亚．关于北京城市河湖水环境建设的思考．北京水利，2002，(5)：36 ~ 37

[35] 阎水玉，王祥荣．城市河流在城市生态建设中的意义和应用方法．城市环境与城市生态，1999，12 (6)：36 ~ 38

[36] 杨学军，唐东芹．城市地区湿地生境类型的生态绿化与对策．林业科技通讯，2001，7：3 ~ 5

[37] Hammer D A, Burckhard D L. Designs for nitrogen removal Minot constrcted wetland – 10 years later. The 7th International Conference on Wetland Systems for Water Pollution Control, 2000, 1: 247 ~ 252

[38] USEPA. Constructed Wetlands Treatment of Municipal Wastewater. America: USEPA, 2000, 68 ~ 95

[39] Reddy K. R, Kadlec, Flaig R. H. Phosphprus assimilation in streams and wetland: a review. Critical Reviews in Environmental Science and Technology, 1998, 29 (1): 83 ~ 146

[40] 高拯民，李宪法．城市污水土地处理手册．北京：中国标准出版社，1991，55 ~ 58

[41] Hiley P D. The reality of sewage treatment using wetland. ICWS' 94 proc, 1994: 68 ~ 83

[42] 付贵萍．复合垂直流构建湿地净化工艺与水流流态研究：［博士学位论文］．武汉：中科院水生生态研究所，2003

[43] Reed K R, Patrick W H. Nitrogen transformations and loss in flooded soils and sediments. CRC Crit. Rev. Envir. Control, 1984, (13): 273 ~ 300

[44] Vymazal J. Algae and element cycling in wetlands. USA: CRC Press/Lewis Publisher, 1995, 28 ~ 49

[45] 王歆鹏，陈坚，华兆哲，等．硝化细菌在不同条件下的增殖速率和硝化活性．应用与环境生物学报，1995，5（1）：64 ~ 68

[46] White K D. Enhancement of nitrogen removal in subsurface flow constructed wetlands by employing a 2 – stage configuration, an unsaturated zone, and recirculation. Water Sci. Tech, 1995, 32 (3): 59 ~ 67

[47] 沈耀良，王宝贞．废水生物除磷工艺中聚磷菌的过量积累的作用机制及运行控制要点．环境科学与技术，1995，(2)：11 ~ 16

[48] 宋志文，郭本华，韩潇源，等．潜流型人工湿地污水处理系统及其应用．工业用水与废水，2003，34（16）：5 ~ 8

[49] 沈耀良，王宝贞．废水生物处理新技术．北京：中国环境科学出版社，2000，40 ~ 55

[50] 郭明新，李万庆．天津市城市污水自由水面构筑物湿地处理系统中污水氮去除规律的研究．环境化学，1996，15（6）：516 ~ 522

[51] 宋志文，毕学军，曹军．人工湿地及其在我国小城市污水处理中的应用．生态学杂志，2003，22（3）：74 ~ 78

[52] 向立云，魏智敏．洪水资源化——概念、途径与策略．水利发展研究，2005，(7)：24 ~ 29

[53] 肖笃宁，裴铁凡，赵羿．辽河三角洲湿地景观的水文调节与防洪功能．湿地科学，2003，1（1）：21 ~ 25

[54] 赵羿，李月辉，曹宇．辽河三角洲盘锦湿地防洪功能研究．应用生态学报，2000，11（2）：261 ~ 264

[55] 向立云．蓄滞洪区管理案例研究．中国水利水电科学研究院学报，2003，1（4）：260 ~ 265

[56] 金春久，赵锋．孟庆红湿地在松花江流域防洪抗旱中的作用及保护措施初探．水资源保护，1999，(4)：3 ~ 4

[57] 吴炳方，黄进良，沈良标．湿地的防洪功能分析评价——以东洞庭湖为例．地理研究，2000，19（2）：189 ~ 193

[58] 丁颖．试论水体景观．安徽建筑，2002，(2)：35 ~ 36

[59] 孙丽娟，曹绪峰．浅析城市绿地系统规划中水景生态化的营造．南京农专学报，2003，19（4）：40 ~ 43

[60] 王超，王沛芳．城市水生态系统建设与管理．北京：科学出版社，2004，172 ~ 183

[61] Daily G C. Natures Services: Societal Dependence on Natural Ecosystems. Washington D. C: Island Press, 2000, 18 ~ 50

[62] 曹新向，翟秋敏．城市湿地生态系统服务功能及其保护．水土保持研究，2005，12（1）：145 ~ 148

[63] 郑华，欧阳志云．人类活动对生态系统服务功能的影响．自然资源学报，2003，18（1）：118 ~ 126

[64] 李博等．生态学．北京：高等教育出版社，2000，33

[65] 孔红梅，赵景柱．生态系统健康与环境管理．环境科学，2002，23（1）：1 ~ 5

[66] 杨志峰．生态环境需水量理论、方法与实践．北京：科学出版社，2003，60 ~ 85

[67] Gleick P H. Water in Crisis: Paths to sustainable water use. Ecological Applications, 1999, 8 (3): 571 ~ 579

[68] Martin Pusch, Andreas Hoffmann. Conservation concept for a river ecosystem impacted by flow abstraction in a large post-mining area. Landscape and Urban Planning, 2000, 51, 165 ~ 176

[69] 汤奇成．绿洲的发展与水资源的合理利用．干旱区资源与环境，1995，9 (3)：107 ~ 112

[70] 温跃达，李敏．东昆仑山临近地区水资源开发利用．新疆气象，1995，18 (5)：26 ~ 29

[71] 贾宝全，许英勤．干旱区生态用水的概念和分类——以新疆为例．干旱区地理，1998，21 (2)：8 ~ 12

[72] 贾宝全，慈龙骏．新疆生态用水量的初步估算．生态学报，2000，20 (2)：243 ~ 250

[73] 樊自立，马映军．干旱区水资源开发及合理利用的几个问题．干旱区研究，2000，17 (3)：6 ~ 11

[74] 王礼先．黄土高原生态用水与植被建设．水利规划设计，2000，(3)：21 ~ 23

[75] 沈国舫．生态环境建设与水资源的保护和利用．中国水利，2000，8：26 ~ 30

[76] 魏彦昌，苗鸿．城市生态用水核算方法及应用．城市环境与城市生态，2003 (16)：23 ~ 27

[77] 杨志峰，尹民．城市生态环境需水量研究——理论与方法．生态学报，2005，25 (3)：389 ~ 396

[78] Tennant D L. Instream flow regimens for fish, wildlife, recreation, and related environmental resources. In: Proceedings of the Symposium and Speciality Conference on Instream Flow Needs II. Maryland: American Fisheries Society, 2000, 359 ~ 373

[79] Reiser D W, Wesche T A. Status of intream flow legislation and practices in North America. Fisheries, 1999, 14, 22 ~ 29

[80] 王西琴，刘昌明．河道最小环境需水量确定方法及其应用研究（I）——理论．环境科学学报，2001，21 (5)：544 ~ 547

[81] 宋庆辉，杨志峰．对我国城市河流综合管理的思考．水科学进展，2002，13：377 ~ 382

[82] 宁远译．河流保护与管理．北京：中国科学技术出版社，1997，44 ~ 100

[83] Mitrovic S M, Oliver R L. Critical flow velocities for the growth and dominance of Anabaena circinalis in some turbid freshwater river. Freshwater Biology, 2000, 48 (3): 164 ~ 174

[84] 张自杰．排水工程，下册（第四版）．北京：中国建筑出版社，1999，38

[85] 方宇翘，张国莹．苏州河水的黑臭现象研究．上海环境科学，1993，12 (12)：20 ~ 26

[86] 方宇翘，裘祖楠．城市河流中黑臭现象的研究．中国环境科学，1993，13 (4)：43 ~ 48

[87] 北京市区污水处理厂合理规模研究课题组．北京市区污水处理厂合理规模研究．北京：中国建筑工业出版社，2005，40 ~ 60

[88] 杨永兴．从魁北克 20 世纪湿地大事件活动看 21 世纪国际湿地科学研究的热点与前沿．地理科学，2002，22 (2)：150 ~ 155

[89] Keddy P. Wetland ecology principles and conservation. Canbridge: Cambridge University Press, 2000, 478 ~ 542

[90] Middleton B. Wetland restoration, flood pulsing, and disturabance dynamics. New York: John Wiley&Sons Inc, 1999, 1 ~ 50

[91] 车伍，刘燕．城市雨水径流面污染负荷的计算模型．中国给水排水，2004，20 (7)，56 ~ 58

[92] 张亚东，车伍．北京城区道路雨水径流污染指标相关性分析．城市环境与城市生态，2003，16 (6)：182 ~ 184

[93] 李扬帆，李青松．湿地与湿地保护．北京：中国环境科学出版社，2003，1 ~ 50